全球变暖的科学

王绍武　罗　勇　赵宗慈　闻新宇　黄建斌　编著

气象出版社
China Meteorological Press

内容简介

本书主要讲述了全球变暖研究中的科学问题，特别是气候科学问题。进入21世纪以来，这门学科的研究范围，从大气或大气-海洋扩展到地球系统，特别是加强了对过去研究较少的生物-地球化学过程的关注。气候模式也从耦合模式发展到地球系统模式。因此，近10余年是全球变暖研究发生本质性变化的时期。

本书除第1章讲述气候变暖的研究历史外，后面5章集中讨论了生物-地球化学过程、气候模式、气候预估、2℃阈值、临界点五个问题，重点介绍最新研究进展。尽管这些问题的讨论有时超出了气候学范畴，但是本书尽量从气候学角度进行分析。

本书可供气象学、气候学、大气科学、地理学、海洋学、环境科学、生态学、社会学及经济学等专业人士，以及对全球变暖问题有兴趣的研究生、大学生参考，也可供希望深入了解全球变暖的普通读者阅读。

图书在版编目(CIP)数据

全球变暖的科学/王绍武等编著.
北京：气象出版社，2013.10
ISBN 978-7-5029-5755-1

Ⅰ.①全… Ⅱ.①王… Ⅲ.①全球变暖 Ⅳ.①P467

中国版本图书馆CIP数据核字(2013)第181869号

全球变暖的科学
Quanqiu Biannuan de Kexue
王绍武 等 编著

出版发行：气象出版社
地　　址：北京市海淀区中关村南大街46号　　**邮政编码**：100081
总 编 室：010-68407112　　**发 行 部**：010-68409198
网　　址：http://www.cmp.cma.gov.cn　　**E-mail**：qxcbs@cma.gov.cn
责任编辑：李太宇　崔晓军　王祥国　　**终　　审**：周诗健
封面设计：博雅思企划　　**责任技编**：吴庭芳
印　　刷：北京地大天成印务有限公司
开　　本：787 mm×1 092 mm　1/16　　**印　　张**：13.75
字　　数：352千字
版　　次：2013年10月第1版　　**印　　次**：2013年10月第1次印刷
定　　价：80.00元

序　一

为王绍武教授等的新作《气候变暖的科学》作序，是一件高兴的事情！

2011年秋，王老师在他的《全新世气候变化》一书问世前，把草稿给了我，邀我写了序言。之后的两年里，王教授等就“全球变暖”这一气候变化科学中的命题，发表了一系列的论文，向读者介绍在气候自然变率和人类活动排放温室气体的共同作用下，近百年来全球气候系统变暖的事实、过去15年全球变暖停滞(warming hiatus)、气候敏感度、地球系统模式、古气候对照、预估未来变化、2 ℃阈值、地球系统的临界成员和临界点等国际科学研究的最新进展。现在他又结合其志同道合的合作者的研究成果，汇集而成《气候变暖的科学》一书。在政府间气候变化专门委员会(IPCC)第五次评估报告(AR5)第一工作组(WG1)报告即将发布之际，这部专著几乎同时问世，对我们深刻理解IPCC AR5，了解最近几年国际全球气候变化科学的发展和水平，提高我们的学术水平，以及对保护气候、保护环境，实施可持续发展战略，建设生态文明等，都有裨益。我热烈祝贺王教授领衔完成的这一著作，也欣然接受他的再次邀请，为此书作序！

我通读了王教授等的大作，感到书中论及的问题都是气候变化科学最敏感、最前沿的问题，不仅有挑战性，有的还有争议。科学研究有争论很正常，展开辩论是促进科学进步、成就优秀人才的重要方式。王教授等在书中不回避有争议的问题，选择了“Singer对变暖的否定”、“曲棍球杆”问题、电影“后天”、“NIPCC”、“气候门”和“最近15年全球变暖的停滞”等六个所谓争议问题，专门列章讨论。书中的陈述实事求是，科学观点鲜明，摆事实讲道理，很有说服力，值得学界同仁细读。我很乐见他的这种大度和分析、讨论问题的方式，相信读者读后都会有同感，也会有收获。

众所周知，联合国于1992年签署了《联合国气候变化框架公约(UNFCCC)》(以下简称《公约》)。应《公约》的要求，IPCC应运而生。IPCC是在联合国(UN)麾下，世界气象组织(WMO)和联合国环境规划署(UNEP)联袂，根据IPCC的工作程序，经各国政府推荐，各工作组主席团根据学术、性别和地理平衡等原则遴选，再经IPCC主席团审核批准组成的科学家组织。IPCC的决策层是IPCC主席团，下设第一、第二和第三(WG1，WG2和WG3)等三个工作组，分别负责对“气候变化的科学认知”，“气候变化的影响、适应和脆弱性”，以及“减缓气候变化的可能对策”等三部分内容进行科学评估，编写评估报告。这些报告面向决策者，是《公约》谈判时的科学依据，有极强的政策导向作用。评估报告根据全世界气候变化科学领域正式发表的成果展开工作，自1988年起已完成四次评估报告，每次都对全球气候系统变化有新认识。如1990年IPCC WG1的第一次评估报告(FAR)指出,人类活动的排放正在显著增加大气圈中温室气体的浓度,推动了1992年《公约》的签署和1994年《公约》的生效;1995年第二次评估报告(SAR)指出人为气候变化是可以辨别的,气候变化的社会经济影响被确定为新主题,为系统阐述《公约》最终目标提供了坚实的依据,推动了1997年《京都议定书》的通过;2001年第三次评估报告(TAR)进一步明确了过去50年全球变暖的大部分现象(66%以上)可能归因于人类活动,促使《公约》谈判确立适应和减缓气候变化两大议题,推动了气候变化国际谈判进程;而2007年的第四次评估(AR4)报告明确指出,过去50年的气候变暖很可能(90%以上)归因于人类活动,推动了2008年“巴厘路线图”的诞生,为国际应对气候变化谈判提供了科学依据。目前,IPCC第五次评估报告WG1的报告已近尾声,WG2、WG3和综合报告(SyR)也将于2014年9月底之前逐步完成,并通过IPCC全会审查。IPCC AR5将继续对《公约》谈判起积极作用。

自2007年AR4发布以来,气候变化科学研究有许多新进展,已观测到气候系统继续变暖,但最近15年(1998—2012年)全球地表变暖停滞,在云和气溶胶、碳循环反馈作用、海平面上升和未来预估及模式发展和气候预估等许多方面,都有不少新认识。如冰冻圈加速融化,2012年夏季北极海冰面积比1979年减少了约13%,自2007年7—8月北极海冰出现快速融化以来,2012年同期融化面积远高于多年平均值。北极海冰在加速融化。1971—2009年全球山地冰川平均每年融化冰量2 260亿t,其中1993—2009年为2 750亿t,最近16年的融化量比过去40年高出22%,说明冰川退缩在加速。1901—2010年全球海平面上升速率为1.7 mm/a,1993—2010年为2～3 mm/a,说明海平面也在加速上升。1901—2012年全球地表平均温度上升了0.89 ℃,升温速率为0.08 ℃/10a,但最近15年(1998—2012年)下降到0.05 ℃/10a,大大低于1951—2012年的0.12 ℃/10a,学术界称之为“全球变暖停滞”,其原因是气候系统内部变率、辐射强迫的误差和模式响应偏差三个因素共同作用而致。1750—2011年,人类已排放5 450亿t碳,其中2 400亿t存留在大气圈,导致全球大气CO_2浓度从工业化前的278 ppmv① 升高到2012年的391 ppmv,2013年在夏威夷Mauna Loa、青海瓦里关等全球大气本底站(Global Atmosphere Watch,GAW),都记录到400 ppmv的CO_2日最高浓度值。到2012年,CO_2,CH_4和N_2O的浓度比工业化前分别增加了40%,150%和20%,这些人为总辐射强迫是正值,导致气候系统吸收能量。20世纪60年代以来大气圈内的CO_2浓度不断攀升,辐射强迫也相应增加,导致全球变暖。但是,人为排放同时也产生各种气溶胶,加上云的作用,产生诸多不确定性。1750年以来,太阳总辐射量和火山喷发会使地球降温,但贡献很小,和人类活动导致的增温不是一个数量级。自AR4发布以来,气候模式继续得到改进,增加了碳循环参数的模式,可以重现实测到的20世纪后半叶区域尺度地表温度及其年代际变化趋势,对降水和

---

① 1 ppmv=10^{-6},下同。

海冰面积的模式模拟水平也有较大提高，估计观测到的1951—2010年全球平均地表温度升高的一半以上是人类对气候的影响造成的，从而导致20世纪下半叶海洋变暖、冰雪融化、全球平均海平面上升及一些极端气候事件发生变化。新的研究还指出，大气温室气体浓度继续增加会造成进一步变暖。以目前速率或更高速率排放，会引起气候系统各个要素的变化，某些变化很可能在过去几百年、上千年里都是前所未有的，预估全球所有地区都将发生变化，包括陆地、海洋、水循环、冰冻圈、海平面、某些极端事件和海洋酸化，其中很多变化将持续若干世纪，等等。新发现、新进展太多，这里不可能一一列举。这些进展王教授的书里多有涉猎，而即将问世的AR5 WG1的报告则更有精彩评述。IPCC评估报告对决策者是政治博弈的科学依据，对科学家是气候变化科学的最新读本，对青年学子是一部内容不断更新的教科书。所以我说，IPCC WG1的报告需要精读，而王教授的这本专著是精读前的入门和导读。

这次，王教授再次请我为他的著作作序，除了感到荣幸之外，我还想借此机会表达我对他的敬意和感谢。王教授是《中国气候与环境演化：2012》科学报告和《第二次气候变化国家报告》主要作者之一，是《气候变化研究进展》杂志参加全部编委会会议的编委，是IPCC第一至第四次评估报告的主要作者和审稿人，还是IPCC AR5的审稿专家。更早，他还是《中国西部环境气候科学评估报告》的作者。上述工作多数是我主持的，王老师的认真和一丝不苟，他对事业的忠诚和对科学事业的追求，除了对科学的贡献外，还是对我工作的支持，借此机会，向他表示谢意！

秦大河

于北京香山

2013年6月22日

序　二

全球变暖在地球气候的演变中曾多次发生，时间尺度也不相同。现代气候变化中的全球变暖是指近百年全球地表温度不断上升的趋势，它在三个方面不同于地质年代和历史时期的气候变暖：(1)温度上升的速度为 0.74 ℃/100a(1906—2005 年)，虽然还不能确定这个升温率是否超过了 40 万年或 80 万年以来的自然升值率的幅度，但可以得知近百年来的升温率是非常快的；(2)相应大气中 CO_2 等温室气体浓度近 200 年来增加的幅度达 120 ppmv，它至少超过了过去 65 万年来的自然变幅，并且现代气候变暖的特点是 CO_2 等温室气体的增加超前于温度的上升，这与古气候中的绝大多数变暖情况是不同的；(3)很难只由自然变化的强迫因子解释近百年的全球变暖。现代的气候变暖，尤其是 20 世纪 50 年代以后的变暖，是由人类活动燃烧化石燃料和土地利用变化排放的 CO_2 等温室气体所引起的，它是气候变暖的主要驱动因子之一。这可以由物理学中的温室效应理论和气候模式模拟得到合理的解释，也得到了气候变化监测和归因研究的证实。近百年的全球变暖是建立在大量观测研究和科学理论基础以及复杂的气候模式的模拟之上的，因而可以称之为全球变暖的科学。

王绍武先生等人的这本专著正是针对这一鲜明的主题而撰写的。气候变化科学之所以是典型的发展中学科，是因为气候系统极其复杂，目前人们的认知水平也有限，还不足以回答涉及气候变化的所有科学问题，包括人类强迫因子和自然因子对气候变化的作用与相对重要性，并且还在不断出现新的现象和变化，这是一个重大的挑战。只有继续加大气候变化科学研究的广度和深度，不断改进和提高认知水平，才能从根本上认识气候变化的规律，从复杂的现象中理解其本质。

目前国内关于全球变暖的书已出版多种，各自有其特点，从不同方面阐述了气候变暖问题。本书在下列几个方面独具特色：(1)科学性强，各种概念阐述清晰、准确，问题的表述逻辑性强。(2)内容新颖，使用的资料翔实，引用的文献是最新的，大多数皆发表于国际著名杂志上。这些新结果经过王绍武先生等的消化理解，融会贯通，经过再加工化为自己的知识以流畅的语言叙述出来，使全书读来通俗易懂，引人入胜。(3)全书内容全面、系统，但取材又十分简洁、明快和确切，使读者读来毫无冗长、繁杂和乏味的感觉，而且能很快获得必要的知识与结论。(4)对有争议的问题和观点皆以事实和科学的理解做了释疑和回答，内容和说理十分具有针对性。(5)只要有可能，作者对问题的阐述多采用古今对比的方式，以更长更多的资料和证据阐明问题。这也是目前地球科学和全球变化研究的一个新的途径。

由上可见，本书不但是一本阐述全球变暖科学的基础性专著，适合于高等院校师生及研究人员阅读，而且也是一本可以为广大读者读懂的、比较通俗的读物。有兴趣的读者一定会从中受益。

最近气象出版社出版了英国 Houghton 教授撰写的《全球变暖》(第四版)一书。该书是作者在过去版本的基础上利用政府间气候变化专门委员会(IPCC)第四次评估报告得到的新结果重新补充改写的，内容更加丰富，阐述更加全面、系统；而王绍武先生等撰写的这本《全球变暖的科学》主要依据了 2000 年之后，尤其是 2011—2013 年在国际著名杂志上发表的论文撰写，内容更新颖，科学观点更明确，结果的共识性更高。两书各具特长，相互补充。如果读者能把两本书结合在一起阅读，相互印证，将会备加受益。

丁一汇

于中国气象局

2013 年 5 月 24 日

前　言

《全球变暖的科学》有三个特点：从全球角度看变暖问题；变暖不只是大气问题；主要关注科学上的创新。本书的酝酿可以分为三个阶段：(1)从2004年到2012年对国际上5次"全球变暖"的争议做出回应；(2)从2011年末开始，为迎接政府间气候变化专门委员会(IPCC)第五次评估报告(IPCC AR5)发布，特别关注对"全球变暖"问题研究的最新进展；(3)从2012年6月开始，在《气候变化研究进展》的"科学知识：全球变暖"栏目下，发表了一系列短文。

2004年英国《观察家》报透露出美国国防部的"秘密报告"，指出2010—2020年可能发生令人恐怖的气候突变。罗勇等组织了"香山会议"，并于2004年7月在《科技导报》上发表了专题讨论文章。2001年，IPCC报告引用了Mann等的千年温度变化曲线，在国际上引起"曲棍球杆"之争。2005年，王绍武、罗勇、赵宗慈等先后发表论文，指出"曲棍球杆"的确存在问题，但是支持了IPCC"现代气候变暖主要是人类活动造成的"这一观点。2008年，国际上出现了"非政府间气候变化专门委员会"(NIPCC)，与IPCC相对立。王绍武、罗勇、赵宗慈等发表论文，分析了NIPCC观点存在的问题，维护了全球变暖的观点。2009年关于全球变暖"停滞"的争议。罗勇首先提出了这个问题，与大家广泛交换意见，这时国际上也对此展开了讨论，随后王绍武、罗勇等发表论文指出，当前气候仍然处于暖期。2012年1月《华尔街日报》刊登了16位科学家的文章，呼吁不要压制气候变暖怀疑论者。唐国利、罗勇等发表论文，再次指出近10年仍是有观测记录以来最暖的10年。

2013—2014年IPCC即将发布第五次评估报告(IPCC AR5)，为了编写这份报告，一大批世界上的著名气候学家及研究与全球变暖相关问题的单位，近年来十分活跃，新的研究成果层出不穷，除了*Science*(《科学》)和*Nature*(《自然》)外，*Nature*的子刊物*Nature Geoscience*(《自然地球科学》)及*Nature Climate Change*(《自然气候变化》)分别于2008年和2011年创刊。*Nature Geoscience*更多关注"全球变暖"的物理问题，*Nature Climate Change*多发表与环境、社会和经济有关的"全球变暖"研究论文。为了抓住这个科学发展的势头，本书作者及时发表论文，介绍"全球变暖"研究的最新进展。王绍武、罗勇、赵宗慈曾先后担任IPCC评估报告的主要撰稿人，2009—2010年闻新宇和黄建斌先后从博士后工作站出站，分别在北京大学及清华大学任教。因此，五个人就形成了一个研究小组，经常对"全球变暖"的基本问题进行讨论、分析。

2012年8月，一次偶然的机会，一位不相识的读者鼓励我们把这些"科学知识"汇集成一本书。后来在闲谈中，丁一汇院士也建议把这些材料整理成书。该想法一提出来，就得到其他四位作者的热烈响应，大家一起积极讨论编写大纲、分析观点、收集整理文献、修改图表、校对文字，终于在不到一年的时间内完成了初稿。当然，如果没有前面大约10年的基础，这也是不可能做到的。所以从这个意义上讲，也可以认为本书的编写从酝酿到完成已经有10年了。

从一开始我们的目的就不是写一本介绍气候变暖基本知识的书籍，因为这样的出版物已经有不少了。我们想突出讨论这门学科发展中的一些生长点，也就是新观测、新思想和新方法，并把这个思想贯穿始终。第1章概括讲述这门学科的发展简史，重点为气候变暖及其成因的认知过程以及国际范围为此而进行的奋斗。对于目前已经得到较为广泛承认的气候变暖的事实，就不再进行详细的讨论了。同样，第2章介绍与温室气体变化有密切关系的生物-地球化学过程，也不再讲述温室效应的原理以及温室气体排放的基本情况。这些生物-地球化学过程大多是近年来才提上议事日程，但是却对未来大气中温室气体的变化有巨大的潜在影响。第3章及第4章分别介绍气候变暖的模拟与预估，但是我们并未深入到模式本身去分析，那是一本书甚至两本书才能说明白的内容。这里只是从宏观角度介绍进行气候变暖的模拟与预估的基本知识及有关的问题。2 ℃阈值本来只是第4章的一节，但是在2012—2013年冬季，欧洲科学家发表了不少有分量的论文来阐述这个问题。何况2 ℃阈值已被联合国气候变化框架公约缔约国接受，成为全球减缓行动的基石，所以我们就把这个问题扩展为一章——第5章。第6章讲述临界成员与临界点问题。这也是一个对未来意义重大的问题。地球系统或地球系统的一部分有没有可能发生不可逆转的变化，显然对全人类来讲都是至关重要的问题。可惜现在国际上并没有对每个可能发生转变的成员都进行系统的研究，因此我们只能讨论其中几个重要的成员。

本来我们希望尽量把讨论限制在气候范围内，因为本书的作者都是“气象”出身。但是，后来发现如果想了解“全球变暖”研究的最新动态，只限于研究气候问题是不可能的。例如“生物-地球化学过程”“2 ℃阈值”“临界点”，都是目前国际上的热门问题，如果不讲述这些问题，那还有什么意义！所以，后来把这三个问题各写为一章。当然，这对我们是一个极大的挑战。为了弥补我们知识的不足，请了几位专家，帮我们审阅初稿。审稿人：第1章 高云，第2章 陈立奇、周力平，第3章和第4章 姜大膀、徐影，第5章 姜克隽、高云，第6章 周力平、陈立奇。他们的宝贵意见对我们是极大的鼓励。例如，第6章初稿于3月2日中午发给陈立奇，3月3日上午9时就收到加了密密麻麻批注的修改稿。他是用了一夜时间看完的，这真的让我们感动。这时的心情已经是不能简单地用感谢两个字所能表达的。正是接受了他的意见，把“tipping points”译为临界点。在这些专家的帮助下，这本书才能顺利完成。尽管如此，我们相信本书还是会有这样那样的问题。因此，特别欢迎读者能指出我们的错误，无论将来本书是否再版，这对我们都是非常有益的。请把意见发至我的信箱，我们再次预先表示深深的谢意。

丁一汇院士曾任 IPCC TAR 第一工作组共同主席。秦大河院士连续两届任 IPCC AR4 及 IPCC AR5 的第一工作组共同主席，同时又任《气候变化研究进展》的主编或名誉主编。上述短文及历次有关气候变暖争议的论文，大多是在这个刊物上发表的。所以，除了对秦大河院士一贯支持我们的工作表示感谢外，还请他们二位各写一篇序。能得到两位三届 IPCC 第一工作组共同主席写序，也是难得的机遇，这是我们的幸运。此外，还要感谢《气候变化研究进展》编辑部主任苗秋菊及编辑部全体工作人员对我们的支持。北京大学陈振华老师承担了本书的录入工作，也在此表示深深的感谢！气象出版社李太宇编审为本书的出版做了大量的工作，崔晓军副编审对全文进行了认真的编辑加工，在此表示衷心的感谢。

本书的出版得到了以下项目的支持：自然科学基金重点项目（项目编号：41130105），自然科学基金面上项目（项目编号：41175066），中国科学院战略先导项目（项目编号：XDA05090104），自然科学基金青年项目（项目编号：41005035）。

王绍武
于北京大学
swwang@pku.edu.cn
2013 年 5 月

目　录

第 1 章　概　论

本章扼要介绍气候变暖研究的几个关键问题。1.1 节从理论上说明人类活动造成的温室效应加剧可能造成全球变暖。1.2 节着重指出近百年来的观测事实，证明全球气候确实是变暖了。但是，这并不意味着全球气候的变暖就是人类活动造成的。这个问题需要严格的论证。1.3 节介绍一项最新研究结果，扼要说明有足够的证据证明：人类活动造成的温室效应加剧，确实是 20 世纪以来全球气候变暖的主要原因。1.4 节指出，至今仍有不少怀疑论的支持者，怀疑气候变暖是否是人类活动造成的。1.5 节简要介绍为减缓气候变暖所进行的艰苦的国际行动，这些行动受到了全世界的广泛关注。

1.1　人类活动影响研究的历史

全球变暖已经是不争的事实。全球平均温度序列证明，1910—2009 年的升温趋势为 0.70～0.75 ℃/100 a(唐国利 等，2011)。粗略地讲，目前已经升高了 0.8 ℃。如果把气候变化的值限制为 2 ℃(EU Climate Change Expert Group，2008)，则今后只有 1.2 ℃的上升空间，这就是我们面临的严峻形势(《第二次气候变化国家评估报告》编写委员会，2011)。根据全球气候系统的概念，全球变暖不仅仅是地面温度升高，还包含了冰冻圈的融化、海平面的上升、永冻土的解冻以及全球植被的变化等。这些变化已经、正在或将来可能影响到人类生活的方方面面。所以不难理解，为什么各国政府、科学家、公众及媒体都这样关心全球变暖的问题。全球变暖现在已经发展成一门科学，建立了自己的科学体系。这个体系不仅包括了气象学、海洋学、环境科学等自然科学分支，也同经济学、社会学的发展有密切的联系，并对国家的发展与国计民生有重要的意义。但是，为了使线索更为清晰，本节主要讨论全球变暖中的气候学问题。

全球变暖作为一个科学问题，已经有将近 200 a 的研究历史(Mitchell，2002；Cullen，2010)。Archer 等(2011)汇编了有关全球变暖的历史文献，并附上简要的评论，为研究全球变暖科学的发展提供了方便。为了对这个问题有一个系统的认识，我们从中选出 6 篇有里程碑意义的论文，再加上第一次世界气候大会(The First World Climate Conference，FWCC)及政府间气候变化专门委员会(Intergovernmental Panel on Climate Change，

IPCC)的 4 个评估报告，总共 11 个关键点，指出每个关键点在全球变暖科学发展中的地位。

温室效应 法国物理学家 Fourier(1824)提出温室效应的概念，指出：太阳辐射是地球能量的主要来源，但是，地球的温度并没有持续上升，因此地球必然也把同等量的能量发射回宇宙空间，这样才能保持“行星能量平衡”；但是，直接计算返回宇宙空间的能量时，发现这样得到的地球温度要在 0 ℃以下，而不是现在观测到的 14 ℃，因此，设想是大气保存了地球的热量。他把这个作用称为“温室效应”，因为大气像玻璃一样地阻止了红外辐射的外逸。

温室气体 爱尔兰科学家 Tyndall(1861)证实二氧化碳(CO_2)有温室效应。他制造了分光光度计，用来测量各种气体对辐射的吸收。他的实验表明：氧气(O_2)、氮气(N_2)、氢气(H_2)等气体对太阳光线和红外辐射没有吸收作用，但是 CO_2、甲烷(CH_4)、氧化亚氮(N_2O)和水汽(H_2O)则对红外辐射有强大的吸收作用。是这些气体造成了“温室效应”，所以，现在人们把这些气体称为“温室气体”。

CO_2浓度加倍的气候影响 瑞典科学家 Arrhenius(1896)提出，燃烧化石燃料以及其他燃烧过程中排放的 CO_2 可能导致全球变暖，而且估算出 CO_2 浓度加倍的情景下气温可能上升 8 °F(约 4.5 ℃)。后来人们经常称这个数值为平衡气候敏感度(equilibrium climate sensitivity, ECS)。虽然他按当时的排放速度估计这个时刻也许要过 3 000 a 才能到来。但是，对平衡气候敏感度则做了相当准确的估计，尽管当时用的不过是简单的 1 层模式。下面我们就会看到，这个估计接近历次 IPCC 评估报告平衡气候敏感度的上限。

确认温室效应的影响 Callendar(1938)第一次确认人类活动造成的 CO_2 增加，已经对气候产生了影响。在没有 CO_2 系统观测的情况下，比较了 1900 年和 1935 年的 CO_2 记录，指出大气中 CO_2 浓度增加了。并且用 147 个站的温度观测，证明 20 世纪 30 年代的温度比 19 世纪末到 20 世纪初，有了明显的上升。

CO_2的系统观测 这个问题十分简单，但是也十分重要。美国科学家 Keeling(1960)在夏威夷 Mauna Loa 建立了大气 CO_2 浓度观测。这是全球最早的监测大气温室气体的观测站，至今提供了最长、最完整的 CO_2 观测资料。这份观测资料证实，大气中 CO_2 在不断地增加，成为温室效应造成全球变暖的最有力证据。

气候模式 一方面人类活动导致温室气体增加，温室效应加剧，另一方面全球气候变暖。但是，如何证明这个变暖就是温室效应加剧的结果呢？气候模式起着关键的作用。Manabe 等(1975)做了开创性的工作。虽然他们当时应用的是一个只有理想海陆分布作下垫面的 3 维大气环流模式，不考虑海洋热输送，采用固定云量。但是，他们得到 CO_2 浓度加倍时地面温度上升 2.93 ℃的结果。这个结果对第一次世界气候大会及第一次 IPCC 评估报告采用 CO_2 浓度加倍时温度上升(3±1.5)℃(1.5～4.5 ℃)的评价，起了关键性的作用。下面将会看到经过 4 次 IPCC 评估报告，仍然与最初的评估没有本质的变化。从采用海气耦合模式进展到地球系统模式，从单一模式到用 23 个模式集合，也没有完全偏离这个最早的、十分简化的模式所做的评价。

第一次世界气候大会(FWCC) 1979 年在日内瓦召开了第一次世界气候大会。这绝对是气候学发展史上的一个里程碑。共 400 余人参加的为期两周的大会，揭开了全球气候变暖研究的序幕。会议对人类活动可能造成气候变暖向全人类发出了警告。从科学上讲，FWCC 的一个重要贡献，就是第一次正式指出当大气中 CO_2 浓度加倍时，全球平均温度可能上升 1.5～

4.5 ℃。但是,FWCC 的更重要的作用在于推动了气候学研究。在会议的倡导下建立了世界气候计划(World Climate Programme,WCP),包括 4 个子计划:世界气候研究计划(World Climate Research Programme,WCRP)、世界气候应用计划(World Climate Applications Programme,WCAP)、世界气候影响研究计划(World Climate Influence Programme,WCIP)及世界气候资料计划(World Climate Date Programme,WCDP)。WCRP 是最活跃的一个分支,世界气象组织(World Meteorological Organisation,WMO)与其他有关国际机构联合组织了热带海洋和全球大气计划(TOGA),并成功地实施了"十年(1985—1994 年)计划"。气候变率和可预报性研究计划(CLIVAR)等一系列计划也成为近 30 年气候学研究国际合作的大本营。但是参加 WCRP 等组织的科学家发现,自己经常面对一种十分尴尬的局面:一方面科学上证明人类活动造成的温室效应的加剧继续使气候变暖,由于全球气候变暖,冰、雪融化导致海平面升高,生物的多样性受到威胁,全球气候的格局也可能发生改变;另一方面参加这些科学计划的科学家都只能代表本人,无权对温室气体的减排、能源结构的变化做出任何承诺。在这样的背景下,1988 年由世界气象组织和联合国环境规划署(United Nations Environment Programme,UNEP)联合建立了"政府间气候变化专门委员会"(IPCC)。并在 1990,1996,2001 及 2007 年发布了 4 份评估报告,1992 年发表了补充报告。

IPCC 第一次评估报告(FAR)(IPCC, 1990) 由于这是第一次发布评估报告,所以对温室气体及温室效应的原理多有论述,指出由于人类活动导致大气中温室气体浓度增加,温室气体继续增加必然进一步导致气候变暖,变暖的幅度有可能超过过去几百万年的自然变化,而将来的回落则是缓慢的。观测表明过去百年来全球平均温度已经上升了 0.5 ℃,这与大部分模式的模拟结果一致。

IPCC 第二次评估报告(SAR)(IPCC, 1996) 这个报告同时综合了 1992 年补充报告(IPCC, 1992)的结果,确认大气中温室气体的浓度进一步升高,为了稳定大气中温室气体的浓度,需要大力减少温室气体的排放。观测表明温度已上升到 1860 年以来的最高水平。用于进行预估的气候模式能力有所提高,特别是考虑了硫化物气溶胶和平流层臭氧(O_3)。一个重要的结论就是"人类活动对气候的影响是可以识别的",虽然信号尚隐没在大量自然变率的噪声之中。

IPCC 第三次评估报告(TAR)(IPCC, 2001) 这个报告发表后,对全球变暖的评估成为一个争论的焦点。报告认为 20 世纪 90 年代(1990—1999 年)是 1861 年有观测记录以来最暖的 10 a,1998 年是最暖的 1 a。争议最大的是:报告提出,20 世纪北半球的变暖可能是近千年最强的。其根据主要是 Mann 等(1998,1999)的曲线,这条曲线后来被称为"曲棍球杆",因为作者主张近千年温度持续下降、近百年才突然上升,温度变化的形状像一个横置的曲棍球杆。大量的研究对这个结论提出了质疑(王绍武 等,2005a,2005b)。后来 Mann 等(2009)也承认近千年仍有气候波动,即可以看出中世纪暖期及小冰期,并且也不再提 20 世纪 90 年代及 1998 年是不是近千年中最暖的问题。但是保留了"20 世纪后 50 a 的变暖是过去 1 000 a 来最强的"这一论点。

报告的另一个贡献是对未来气候变化的预估采用 6 种温室气体排放方案(SRES),即 A1B,A1T,A1FI,A2,B1,B2。A 的 4 个情景属于高排放,B 的 2 个情景为低排放,又根据化石能源的应用及人口发展分为1和2。A1FI及A2为排放最高的情景，B1为最低的情景。并根据6种情景，通过不同模式集合，做出2100年相对于1990年温度变化的预估(表1.1)。第三次评估报告的另一个重要观点是人类活动造成的温室气体增加所造成的辐射强迫比气溶胶及太阳活动等因素要大一个数量级。因此，在做气候变化预估时，可以主要考虑人类活动的影响。一直到第四次评估报告，IPCC仍然坚持这个观点，对各种因素造成的辐射强迫的估计值也很少变化，例如对太阳活动造成的辐射强迫大小的估计还有所降低。

表1.1 2100年温度变化的预估(相对于1990年)(IPCC, 2001,2007)

情景	TAR(℃)	AR4(℃)
A1FI	3.3～5.6	2.4～6.4
A2	2.8～4.8	2.0～5.4
A1B	2.1～3.9	1.7～4.4
B2	1.9～3.5	1.4～3.8
A1T	1.8～3.3	1.4～3.8
B1	1.4～2.6	1.1～2.9

IPCC第四次评估报告(AR4)(IPCC, 2007) 这个报告不再强调20世纪及20世纪90年代、1998年在过去千年中的地位。但是却提高了对最近50年变暖是人类活动影响可能性的评价。第三次评估报告认为是可能、第四次评估报告认为非常可能，是人类活动造成的温室效应加剧的结果。根据IPCC的定义，可能为＞66％，而非常可能为＞90％。另一个贡献是，报告第一次综合了大量学者的研究，缩小了对平衡气候敏感度的估计，确定为2.0～4.5℃。但是，对2100年气候变化的预估则与第三次评估报告没有多大变化(表1.1)，甚至不少情景的预估范围比过去还有所扩大，而不是缩小。表1.2给出4次IPCC评估报告及1次补充报告对CO_2浓度加倍或到2100年全球变暖的估计。下限变化不大，但是上限曾一度有所下降，这主要是第二次评估报告考虑了硫化物气溶胶的降温作用。但是，后来根据气候模式的模拟及变暖的加速调高了上限。客观地讲，IPCC的预估还是基本上与1990年以来这20年气候变暖实况接近的。图1.1形象地给出了前3次评估报告自1990年开始的全球变暖的预估及观测值，以及第四次评估报告4种情景的预估值(SRES)。

表1.2 历次IPCC评估报告对CO_2浓度加倍(FAR,SAR)或2100年(TAR,AR4)全球变暖值的预估(赵宗慈等,2007)

IPCC评估报告	最佳预估值(℃)	可能变化范围(℃)
FAR(IPCC,1990)	3.7	1.9～5.2
补充报告(IPCC,1992)	1.9～3.8	0.3～5.3
SAR(IPCC,1996)	2.0～3.2	1.0～4.6
TAR(IPCC,2001)	2.2～3.0	0.9～5.8
AR4(IPCC,2007)	1.8～4.0	1.1～6.4

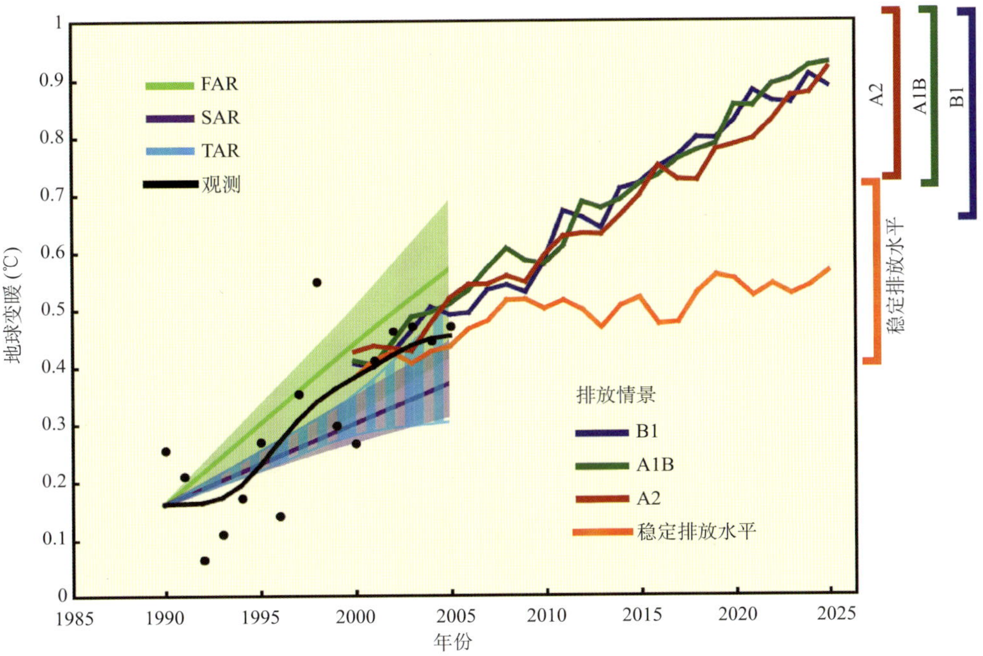

图 1.1 1990—2005 年 IPCC FAR,SAR,TAR 的全球平均温度预估(黑色曲线为全球平均温度观测值,曲线为 10 年平均值,圆点为逐年值)及 2000—2025 年 IPCC AR4 的 4 种排放情景(SRES)的预估值(IPCC, 2007)

1.2 气候变暖的认知

气候变暖是核心,但是要用翔实的资料证明气候确实是变暖了也不是一件容易的事。首先要说明,这里的变暖指的是全球变暖,因为这个月这里暖、下个月那里暖,这是经常出现的,只有整合了全球的资料,才能证明"全球"是不是变暖了。所以要证明全球变暖,就要建立一条代表全球温度变化的曲线。

全球平均温度序列 从 19 世纪即有人用若干陆地测站平均来建立北半球或全球平均温度序列。当时应用资料的测站数充其量只有 100～200 个。而且,早期还没有气候平均值的概念,人们还不会像现代一样,把某一年的平均温度对 30 年的平均求距平。那时,大多只与早期比较,例如看对 1880—1884 年平均有多大的变化。尽管如此,还是有不少作者建立了这样那样的"全球"或"北半球"平均温度序列。有人曾经指出,到 20 世纪中叶先后有 30 余位学者建立了自己的曲线。IPCC AR4(IPCC,2007)曾给出了几个这样的序列。虽然当时序列的资料覆盖面很不完备,但是人们已经能够确认从 19 世纪末到 20 世纪中气温上升了 0.5 ℃左右。这是对全球气候变暖最早的认知。

20 世纪 60 年代末,苏联 Budyko(1969)最早建立了北半球格点温度序列。英国 Jones 等(1986a,1986b)、美国 Hansen 等(1987)分别建立了全球温度的格点序列。后两个序列应用资料的测站数约为 2 000 个,而且不断更新、增补新的资料,目前成为世界范围得到广泛应用的 HadCRUT3(Jones,*et al.*, 2003)及 GISS(Hansen,*et al.*,2010)序列。此外,美国气候资料中心(NCDC)也建立了自己的序列(Smith,*et al.*, 2005)。这样就有了 3 个全球平均温度序列。

虽然这些序列应用的资料各有不同，例如，GISS 序列就同化了卫星观测资料，因此，有较完整的资料覆盖面。HadCRUT3 序列缺少北极地区的记录，GISS 则包括了极区，所以不同序列之间稍有差异。但是，3 个序列的变化趋势基本上是一致的（图 1.2）。由于气候门事件（参看 1.4 节），人们对现有的温度序列产生了怀疑。因此，一批非气象工作者，组织了伯克利地面温度计划（BEST），独立地建立第 4 个全球平均温度序列。初步分析表明，与前 3 个序列差异不大。因此，人们得到结论：气候变暖被证实了（Corbyn，2011；Witze，2012）。

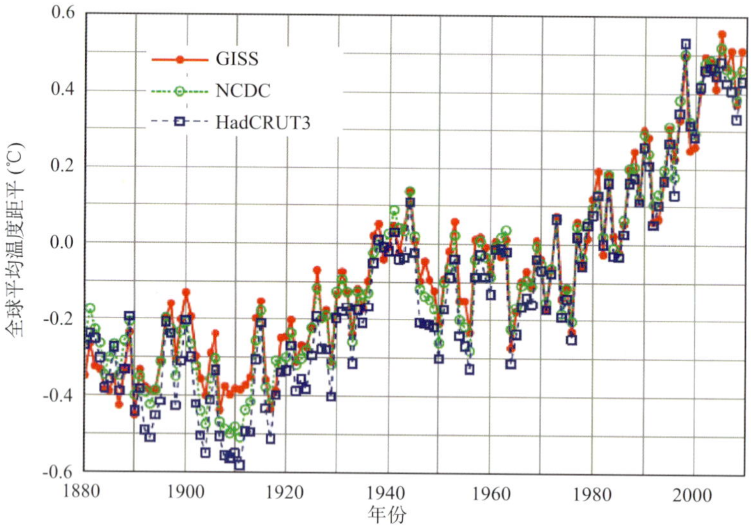

图 1.2 不同序列计算的 1880—1990 年全球平均温度距平（对 1951—1980 年平均）（Hansen，*et al.*，2010）

工业化前 针对 HadCRUT3，NCDC 及 GISS 三个序列，计算 1910—2009 年的百年温度上升值，分别为 0.75，0.72 及 0.70 ℃。现在人们经常讨论温度比工业化前上升了多少。这是想把工业化作为一个起点，因为从那时起人类才逐渐大量以煤、石油、天然气作燃料。所以工业化的开始一般以大规模使用机器为标志，即在 18 世纪中叶—18 世纪 60 年代。但是，那时还没有北半球尺度的温度记录，例如 HadCRUT3 仅向前延伸到 1856 年。所以，有时也就把 1856 年后一段时间的温度值作为工业化前的代表。也有人把 19 世纪末（如 1880—1899 年）的平均温度作为工业化初期的代表。显然，这都是不严格的，不过是权宜之计。但是，就是因为有了这样的粗略估算，人们才知道工业化至今全球平均温度可能已经上升了 0.7～0.8 ℃。这个问题在 5.2 节还要详细讨论。

全球平均温度的上升 由图 1.2 可见，1910 年之前全球平均温度处于波动式变化中，1910 年前后达到一个低点。近百年气候变暖分为两个阶段：从 1910 年的－0.5 ℃左右到 1940 年前后上升到 0.1 ℃，上升了约 0.6 ℃；然后在 20 世纪 70 年代又回落到－0.2 ℃，回落了约 0.3 ℃，然而从 20 世纪 80 年代初又回升到 0.1 ℃，此后在 21 世纪初上升到 0.5 ℃左右。图 1.3 给出近 4 个 10 a 的温度距平（相对于 1951—1980 年）。20 世纪 80 年代以来的升温十分明显，21 世纪最初 10 a 的升温尤为显著。

图 1.4 给出 1950—2009 年四季温度变化趋势（Hansen，*et al.*，2010）。可见冬、春两季是增温最显著的季节，特别是北美大陆的西北部及欧亚大陆北部增温最强，60 a 温度上升 1.5～5.0 ℃，约为全球平均温度增幅（见图 1.4 右上角数字）的 2～7 倍。夏、秋两季变暖幅度略

小。主要特点是 12 月—2 月北半球高纬度特别两个大陆温度升高明显。但是 6—8 月南半球高纬度地区，环南极洲大洋及南极洲沿岸温度上升也较明显。所以全球平均增温的季节差异并不大。不过冬季高纬度地区温度上升较明显与温室效应理论是一致的。

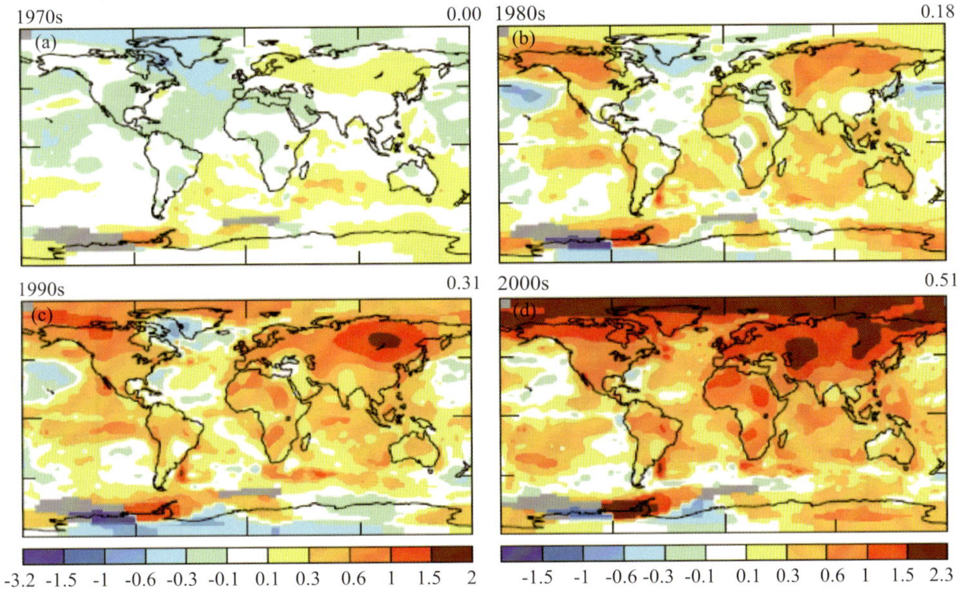

图 1.3　20 世纪 70 年代到 21 世纪最初 10 a 每 10 a 平均温度距平(相对于 1951—1980 年平均)
(右上角的数字为全球平均距平；单位：℃)(Hansen, *et al.*, 2010)

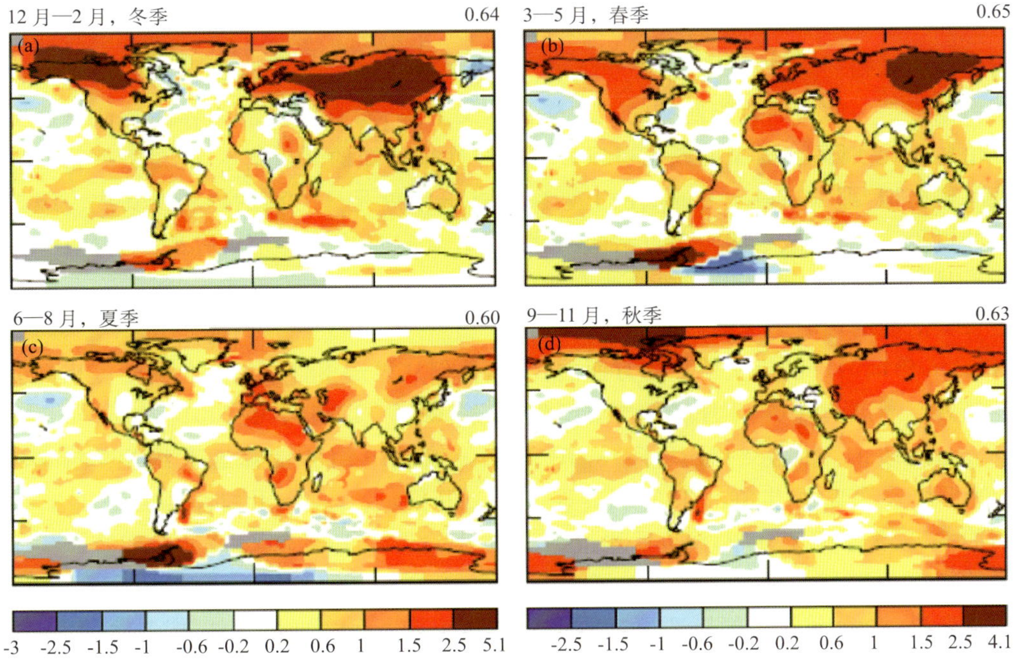

图 1.4　1950—2009 年四季温度变化趋势
(单位为℃/60a；右上角的数字为全球平均值)(Hansen, *et al.*, 2010)

不仅如此，IPCC AR4(IPCC,2007)的分析表明气候变暖的速率正在增大。图 1.5 分别给出近 150 a、100 a、50 a 及 25 a 每 10 a 增温速率，可见愈到后来变暖速率愈大。从 150 a 来看变暖速率只有 0.045 ℃/10a，从 100 a 来看也只有 0.074 ℃/10a。但是，最后 25 a 变暖速率上升到 0.177 ℃/10a，增大 1 倍以上。可见近百年变暖是加速进行的。

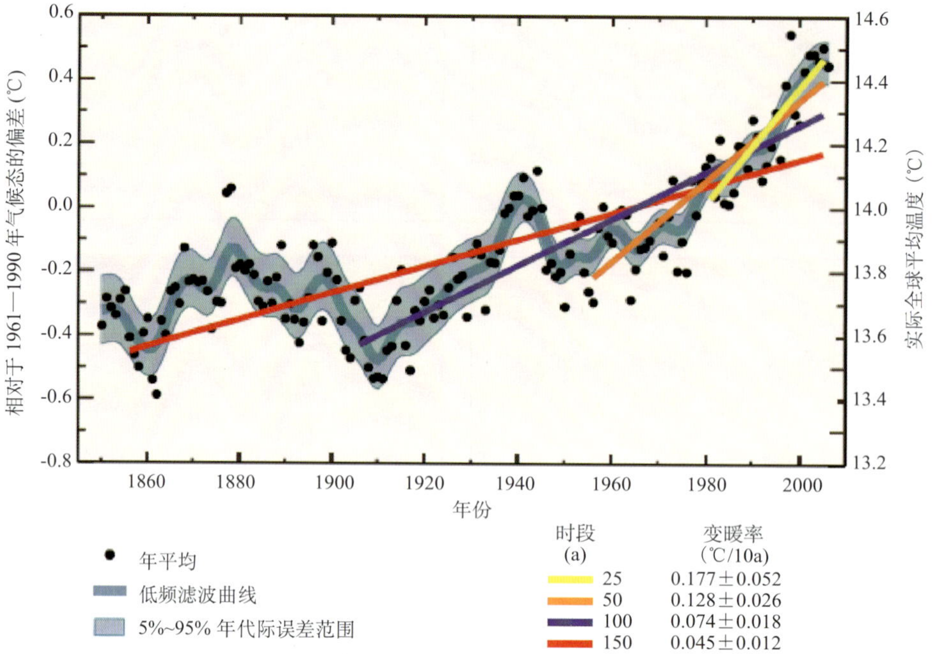

图 1.5 全球平均温度距平(相对于 1961—1990 年)(IPCC,2007)

对变暖的认知 当然，气候是否变暖了？气候变暖是否是人类活动造成的温室效应加剧的结果？绝不是一两句话就能回答的。从某种意义上讲，本书的全部内容都是针对这个问题来展开论述的。实际上，这个问题是可以分不同层次来认知的。最基本，也是最严格的是归因研究及气候模拟，那是从科学家的层次上来探讨，1.3 节就是这方面的内容。其次一级是一般科学上的讨论，这只是做一些画龙点睛的论述，如本节前面的分析。最后是一般公众的认知，这实际上是最困难的一个环节。要使非专业的公众能认识气候是变暖了，而且这个变暖可能主要是人类活动的影响造成的，这绝非易事。

Hansen 等(2012)的论文就是这方面的代表，他们从极端事件频率变化的角度来向公众宣传自己的观点。以全球 6—8 月的平均温度为例，从 1951—1961 年和 2001—2011 年全球温度的频率分布向暖的方向大约移动了 1σ(图 1.6)。按照他们的计算这大约相当于 0.5 ℃。0.5 ℃的平均温度变化，也许一般公众很难认知。但是，这样的变化却对温度分布有很大影响。例如：根据正态概率分布，温度距平≥3σ 的概率只有 0.13%，但是 2006—2011 年≥3σ 温度距平的频率在 4%～13%之间，增加了 30～100 倍。2011 年美国的得克萨斯州、2010 年俄罗斯的莫斯科、2003 年法国的极端炎热均属于这个范畴。不仅如此，如果把夏季温度分为冷、正常、暖 3 级，每个级各占 1/3 频率。现在暖的频率由 33%上升到 75%，而冷的频率由 33%下降到 10%。从这种角度看气候变暖可以更容易为广大公众感知。美国年气候极端指数的分析支持了 Hansen 等(2012)的分析(Karl, *et al.*, 2012)。

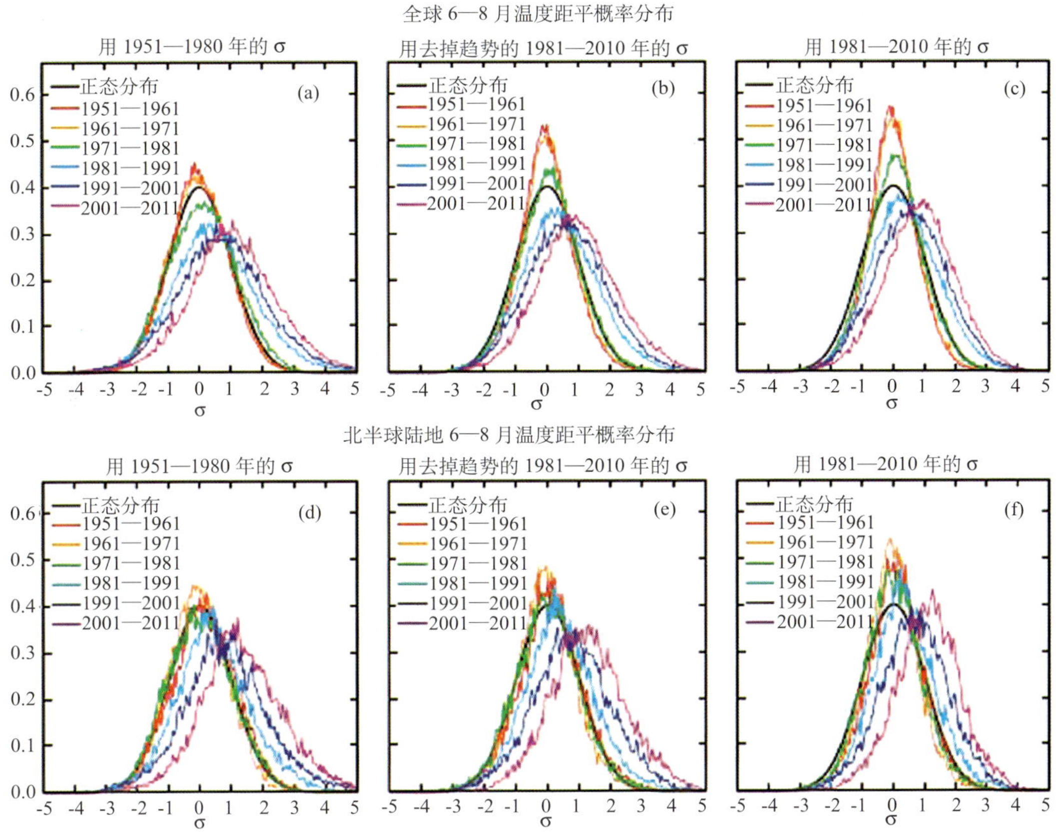

图 1.6 全球局地温度距平(对 1951—1980 年平均)除以本地标准差 σ 的概率分布
(每条曲线下面包围的面积之和均为 1)(Hansen, *et al.*, 2012)

Lewandowsky 等(2013)研究了科学舆论的一致性在接受科学论点中的重要作用。*Nature Climate Change* 为此建立了“公众与专家对气候变化的看法”网站,推动对全球变暖的认知,可见这个问题的重要性。

1.3 人类活动影响的证据

Santer 等(2012)在 PNAS 网站上刊登了“确认人类对大气温度的影响”一文。Santer 等(1996)在 20 世纪 90 年代就提出“指纹法”。Santer 等(2012)根据多模式模拟及卫星观测的温度变化,利用指纹法再次证明过去百年来温度变化的外强迫是:温室气体增加、平流层 O_3 耗损及大气中气溶胶的变化。

为了免除地面观测站分布不均匀,而且记录参差不齐的影响,只用卫星观测,记录为 1979—2011 年。用安装在卫星上的微波辐射探测仪(MSU),观测氧分子不同频率的微波辐射,用以反演不同高度大气的温度。共采用了 3 个序列:①加利福尼亚圣·罗萨遥感系统(RSS)(Mears, *et al.*, 2011);②胡特斯维尔阿拉巴马大学(UAH)(Christy, *et al.*, 2007);③马里兰卫星应用与研究中心(STAR)(Zou, *et al.*, 2006)。温度序列分平流层低层(TLS)、对流层中上层(TMT)、对流层低层(TLT)及整个对流层(TTT)。其中加利福尼亚圣·罗萨遥感系统做了大样本(400)集合，这里按照温度变化趋势做了11个百分位排序，即第5%，第10%，第20%直到第90%，第95%，取5%～95%称为RSS5-95。

模式则采用参加CMIP5的20个模式，其中美国6个模式，日本4个，法国及英国各2个，中国、俄罗斯、加拿大、澳大利亚、德国、挪威各1个(表1.3)。用工业化前无外强迫变化的模拟做控制试验，提供内部变率。1979—2011年模拟采用给定的人类活动及自然强迫。21世纪的模拟采用RCP8.5，2100年CO_2浓度约为1 360 ppmv。

表1.3 参加CMIP5比较分析的20个模式概况(Santer, *et al.*, 2012)

编号	模式	分辨率(纬度×经度)	大气层数	顶部气压(hPa)	国家
1	BCC-CSM1.1	64×128	17	10	中国
2	CanESM2	64×128	22	1	加拿大
3	CCSM4	192×288	17	10	美国
4	CNRM-CM5	128×256	17	10	法国
5	CSIRO-Mk3.6.0	96×192	18	5	澳大利亚
6	GFDL-CM3	90×144	23	1	美国
7	GFDL-ESM2-G	90×144	17	10	美国
8	GFDL-ESM2-M	90×144	17	10	美国
9	GISS-E2-R(p1)	90×144	21	0.4	美国
10	GISS-E2-R(p2)	90×144	17	10	美国
11	HadGEM2-CC	144×192	23	0.4	英国
12	HadGEM2-ES	144×192	17	10	英国
13	INM-CM4	120×180	17	10	俄罗斯
14	IPSL-CM5A-LR	96×96	17	10	法国
15	MIROC5	128×256	17	10	日本
16	MIROC-ESM-CHEM	64×128	35	0.03	日本
17	MIROC-ESM	64×128	35	0.03	日本
18	MPI-ESM-LR	96×192	25	0.1	德国
19	MRI-CGCM3	160×320	23	0.4	日本
20	NorESM1-M	96×144	17	10	挪威

对模式输出用局地权重加权得到虚拟的MSL温度，权重函数依赖于每个格点的地面气压及地面类型(如陆地、海洋、海冰)，这样便于与MSL观测比较。把虚拟的MSU序列与RCP8.5模拟拼接就可以比较模式模拟与33年卫星观测结果。

全球平均温度变化 图1.7给出1979—2011年平流层低层及对流层低层温度变化的观测及模拟结果。观测气温有4个序列：RSSv3.3，UAHv5.4，STARv2.0及RSS5-95。模式模拟分两种，O3+V代表12个模式。因为20个模式之中有7个包括化学模式(CHEM)，模式中包括O_3化学；另外13个为无化学模式(NOCHEM)，是给定O_3变化。因为CHEM模式模拟O_3历史变化有误差，所以只用NOCHEM模式模拟结果。但是其中INM-CM4处理火山气溶胶不完善，所以O3+V只包括12个模式(图中粗黑线)，不过图中同时也给出20个模式平均(BASE)(细黑线),两者的差别不是很明显。图 1.7 表明,在这段时间平流层低层温度下降、对流层低层温度上升。对于这个趋势,模拟的结果是相当好的。这期间两次火山爆发——1982 年的厄尔奇冲及 1991 年的皮纳图博,均造成了平流层增温和对流层降温。但是,对流层的年际变化与 1983 及 1998 年的温度峰值均模拟得不好,相信这可能与 ENSO 活动有关。但是这不是研究的重点。这里着重分析的是与人类活动有关的对流层低层变暖及平流层低层降温。

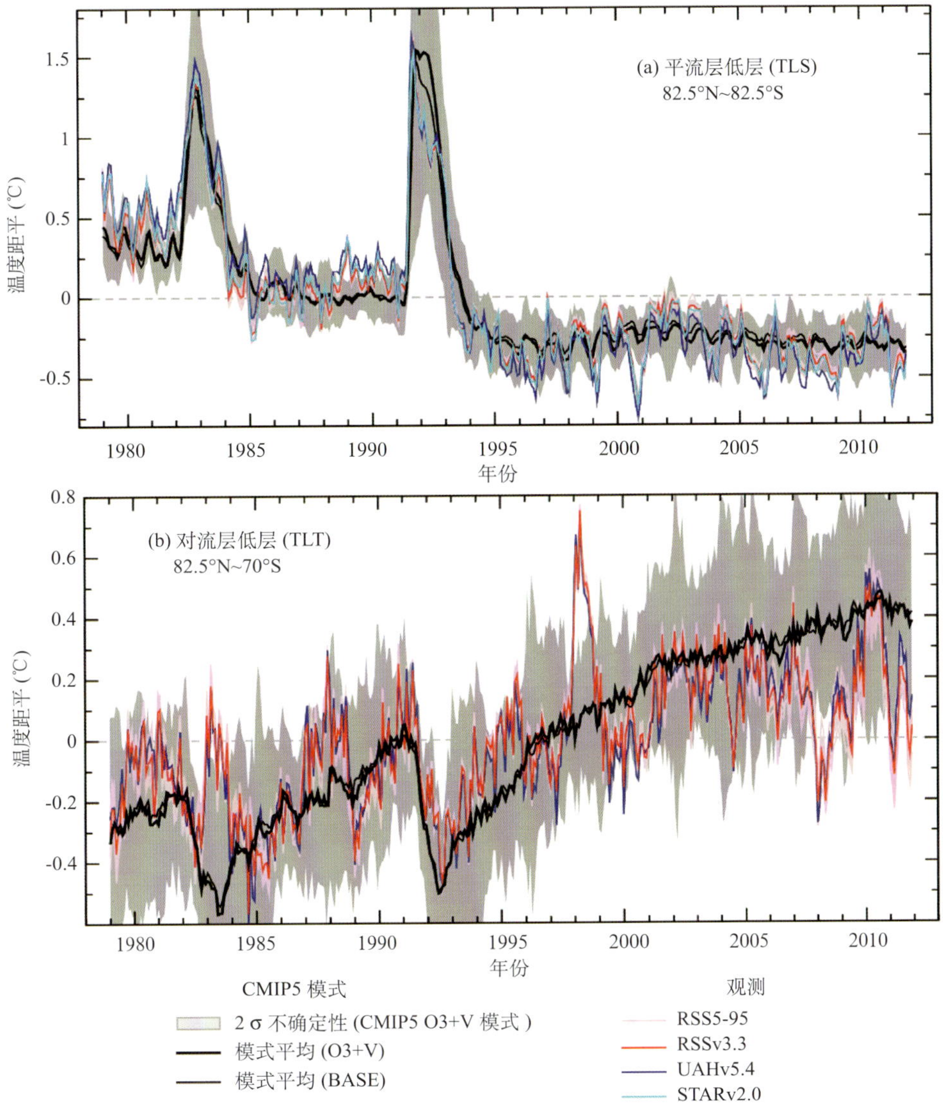

图 1.7 1979—2011 年平流层低层温度距平及对流层低层温度距平的观测及模拟值

(Santer, *et al.*, 2012)

平流层低层降温可能主要是人类活动造成的平流层 O_3 耗损的结果(Ramaswamy, *et al.*, 2001, 2006)。O3+V 模拟得到的平流层降温比 20 个模式的模拟结果平均大 10%,更接近观测结果,但是仍然小于观测到的降温。图 1.8 给出 1979—2011 年温度变化的纬圈平均值。模拟只取 3 个模式：CCSM4，HadGEM2-CC 及 MPI-ESM-LR。每个模式给出上限、下限及中值。图 1.8(a)粉红色区域为 RSS5-95 的变化范围。在 60°N～40°S，模拟的降温明显低于观测。这种模拟的偏差可能是：历史模拟的误差(Solomon，*et al*.，2012)、模式误差(Trenberth，*et al*.，2010)、卫星温度估算误差(Po-Chedley，*et al*.，2012)观测的内部变率误差(Fu，*et al*.，2011)。但是，其中 O_3 辐射强迫估计的误差可能是主要的。

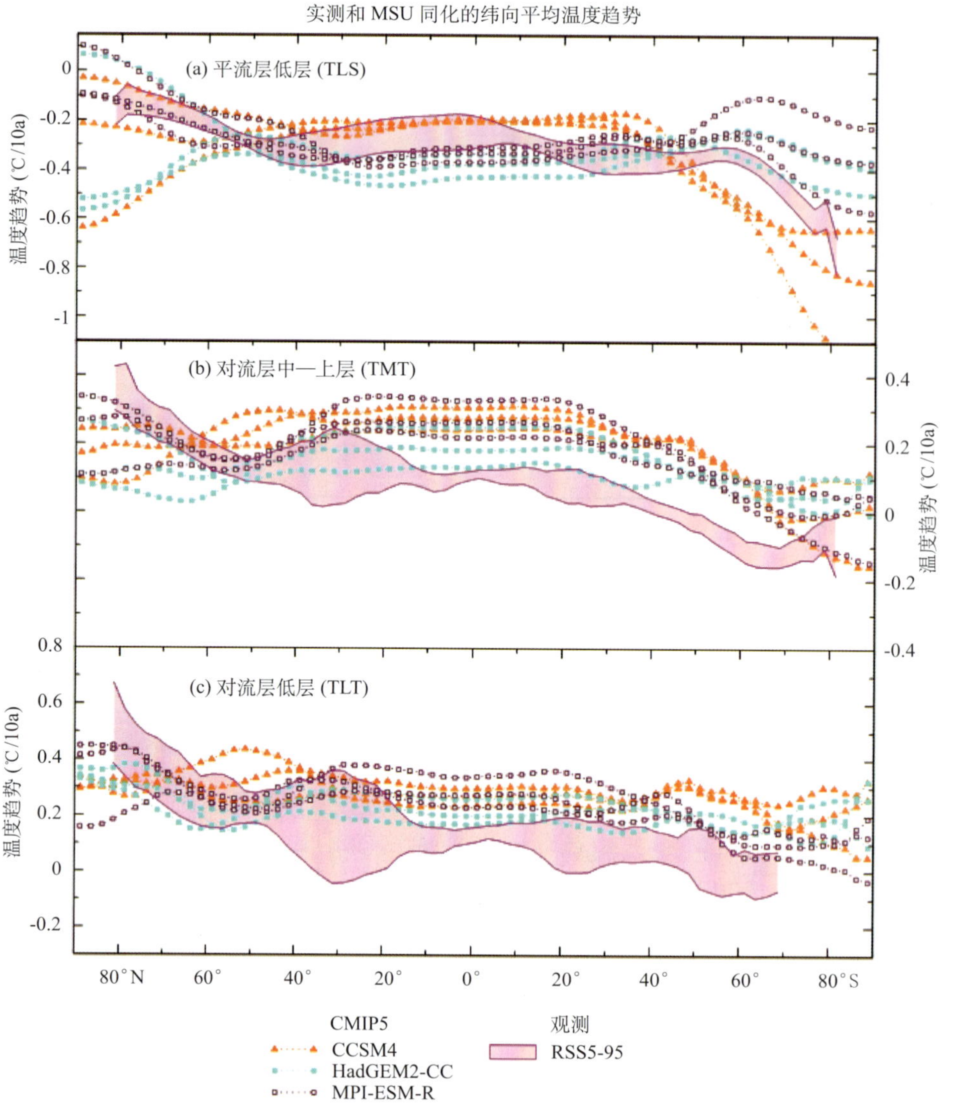

图 1.8 平流层低层、对流层中—上层及对流层低层 1979—2011 年温度变化趋势纬圈平均值的观测及模拟值(Santer，*et al*.，2012)

对流层低层的变暖，O_3＋V 平均为 0.266 ℃/10a，BASE 为 0.262 ℃/10a，这大约是 RSS 的 0.139 ℃/10a 及 UAH 的 0.140 ℃/10a 的 1.9 倍。从图 1.8(c)也可以看出，40°N～60°S 模拟的变暖明显高于观测结果(粉色区域)。

卫星观测表明，平流层低层的降温在南半球高纬度地区最明显，另外在 40°N 及 40°S 有次低值。但是模拟仅在南极降温最强。对流层低层的变暖，两个半球的不对称性非常明显。卫星观测表明南极为降温，这与海冰变化有关：北半球海冰大量消融，而南极海冰却略有增加(Stroeve, *et al.*, 2007; Turner, *et al.*, 2009)。这可能是 O_3 的耗损使南半球极涡增强的结果。同时考虑温室气体及平流层 O_3 的模式能够在一定程度上模拟出南极极涡的增强(Arblaster, *et al.*, 2006; Karpechko, *et al.*, 2008)。但是，模式未能模拟出对流层中上层或整层两个半球温度变化的不对称性，见图 1.8(b)。

指纹法 检测与归因研究要求估算对外强迫反应的信号，这个信号就是指纹。指纹可以用温度垂直分布、地理分布、时空特征来确定。Santer 等(2012)采用地理分布，假定这个型是不随时间变化的，所以指纹有固定的地理分布。用 CMIP5 模式 1861—2011 年的模拟计算温度变化，得到包括人类活动及自然因子影响的百年尺度响应，这就是指纹。把观测资料与所有模式 1979—2011 年的温度变化投影到这个指纹就得到信号。把 1979 年 1 月到 2011 年 12 月的温度资料去掉趋势，再做 5～20 a 带通滤波，或者用 1～2 a 高通滤波，就可以得到气候变率，即噪声。把信号与噪声求比值，得到信噪比。图 1.9 给出平流层低层、对流层整层、对流层

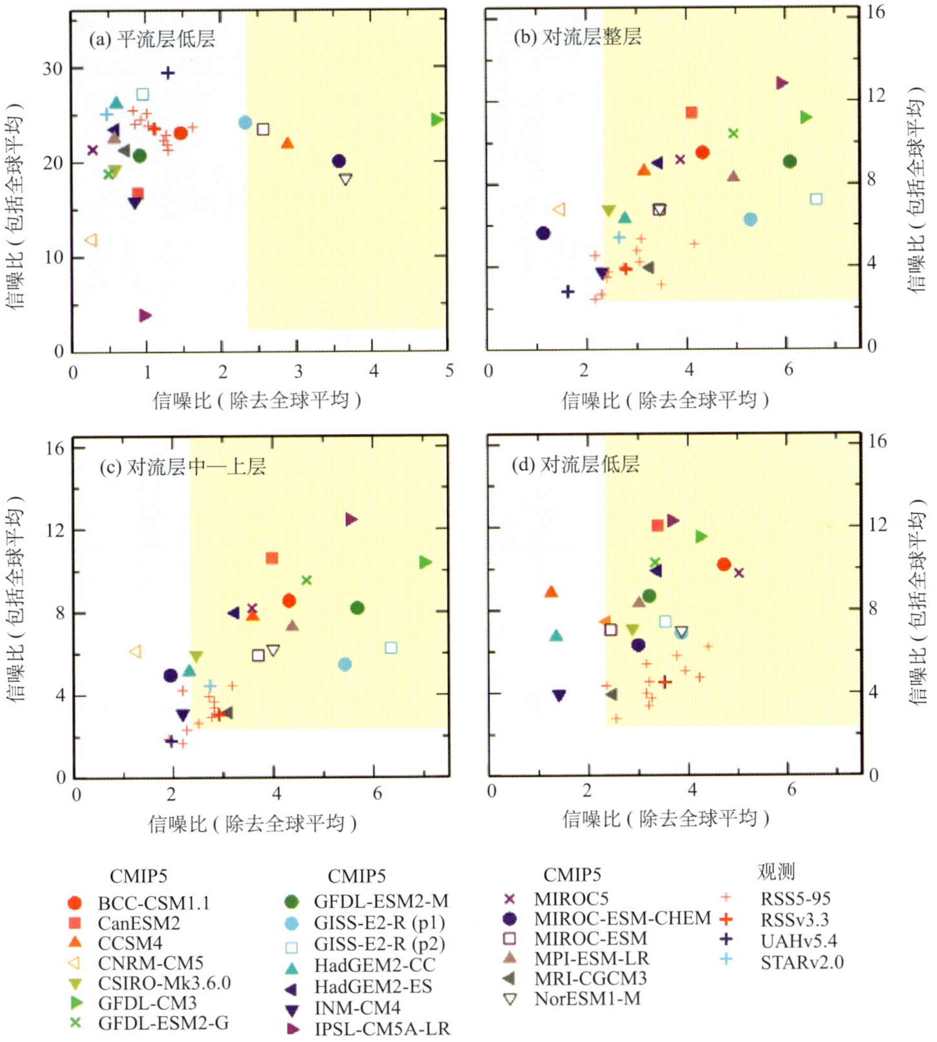

图 1.9 1979—2011 年全球平均温度变化的信噪比

(黄色区域指达到 99%置信度)(Santer, *et al.*, 2012)

中一上层及对流层低层的信噪比。由图 1.9 可见：平流层低层的信噪比在 26～36 之间，对流层低层的信噪比虽小，但也达到了 3～8，均超过了 99%的置信度标准，除去了全球平均之后，对流层低层仍然大部分能达到标准。这就证明，全球平均平流层低层的变冷主要是人类活动带来的平流层 O_3 耗损造成的，而对流层的变暖主要是人类活动带来的温室气体增加造成的。平流层的变冷以及对流层的变暖不可能用太阳、火山活动或者大气内部变率来解释。这是迄今为止对人类活动影响的最有力的证明(Santer, *et al.*, 1996；Tett, *et al.*, 1996)。但是，模拟的平流层的降温幅度不够大，而对流层的变暖则过强。Santer 等(2012)认为这是模式中辐射强迫误差造成的。当然，也可能是对其他因素考虑不周造成的。

1.4 气候变暖的争议

尽管气候变暖有许多证据，但是对于气候是否变暖，以及变暖是不是人类活动造成的，至今仍有争议。这个争议在近 10 余年来时起时伏，可以概括为 6 轮论战：(1)Singer 对变暖的否认；(2)Mann 等的"曲棍球杆"；(3)电影"后天"；(4)非政府气候变化组织；(5)气候门；(6)近10 年变暖的停滞。下面就对其逐一概略地介绍。

Singer 对变暖的否认

1999 年 Singer 在 EOS 论坛上写了一篇文章——《人类对气候变化的影响仍有疑问》，率先对气候变暖的问题提出了质疑。当时的形势是，1996 年发表了 IPCC SAR(IPCC, 1996)。在报告中 IPCC 确认：(1)20 世纪气候变暖了；(2)这个变暖主要是温室气体增加造成的；(3)气候变暖对社会与经济发展不利；(4)温室气体继续增加将使气候继续变暖；(5)为了防止气候继续变暖造成的不利影响，需要世界范围减少温室气体的排放。因此 Singer 的挑战是直接指向 IPCC 报告的。Singer(1999)的论点是：(1)目前气候并没有变暖；(2)还不能肯定人类活动对气候变暖有多大贡献；(3)对将来气候变暖的模式预估有很大的不确定性；(4)即使气候变暖也是利大于弊；因此，得到结论，(5)《京都议定书》意义不大。

王绍武等(2001)详细分析了争议双方的观点，指出：(1)虽然当时的 4 个全球地表温度序列彼此有一定差异，但是气候变暖的结论是无可争议的；(2)海洋温度、大气温度、钻孔温度、雪盖、海冰及冰川等资料一致证明了 20 世纪的气候变暖，因此对变暖的质疑理由是不充分的；(3)虽然 20 世纪的气候变暖是肯定的，但是变暖是否完全是由人类活动造成的，还有待于进一步证明，至少从 20 世纪温度的年代际变化来看，火山活动、太阳活动的影响也是不可忽视的，在这一点上与 IPCC SAR(IPCC, 1996)的论述不完全一致。

"曲棍球杆"争议

IPCC TAR(IPCC, 2001)对气候变暖做了如下评价：(1)20 世纪全球地表温度(即地面气温与海面温度)上升了(0.6±0.2)℃；(2)从全球平均来看，很可能 20 世纪 90 年代是 1861 年有观测记录以来最暖的 10 a，1998 年是最暖的 1 a；(3)新的北半球代用资料表明：20 世纪气候的变暖可能是近千年来任何一个世纪中最强的；同样，20 世纪 90 年代可能是千年来最暖的 10 a，1998 年是最暖的 1 a。这个报告的发布立刻引来了广泛的质疑。由于 IPCC 结论的主要依据是 Mann 等(1998，1999)建立的千年温度变化曲线，因此质疑也就集中到这条曲线上。2002 年就有人对这条曲线表示了怀疑(Greening Earth Society, 2002)。由于 Mann 等

(1999)的曲线强调近千年来温度持续下降,20世纪才突然上升,所以持反对意见的学者,把这条曲线称为"曲棍球杆",而认为实际上温度变化应该是"湿面条"。如果温度变化真的类似"曲棍球杆"则显然有利于得到结论:20世纪的变暖是近千年来前所未有的。所以争论20世纪变暖是不是近千年最强的,也就转化为近千年的温度变化是不是类似"曲棍球杆"。2004—2006年,对"曲棍球杆"进行了广泛的讨论(von Stoch,*et al.*, 2004,2005,2006;McIntyre,*et al.*, 2005a,2005b,2005c; Huybers,2005; Rutherford,*et al.*, 2005; Wahl,*et al.*, 2006,2007; NRC,2006)。

对Mann等(1999)曲线的批评主要来自两个方面:McIntyre等(2003,2005d)对使用的资料及分析方法提出了意见,并举例说明他们重建的温度曲线在15世纪显著高于Mann等(1999)的结果(图1.10);Soon等(2003)认为中世纪暖期及小冰期是普遍存在的。

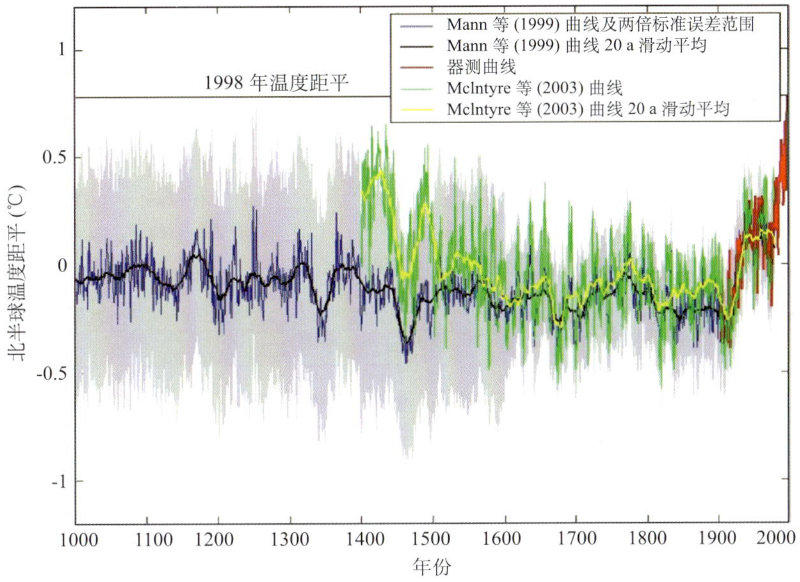

图1.10 Mann等(1999)的近千年北半球平均温度曲线及McIntyre等(2003)的结果

王绍武等(2005a,2005b)对Mann等(1999)的工作进行了全面的分析,指出:(1)Mann等(1998,1999)应用的重建方法是有缺点的,主要问题就在于资料覆盖面不足、解释方差较低,例如Mann等(1998)在18世纪中叶之前拟合了1~5个主分量(PC),解释方差在50%~60%之间,即使19世纪能拟合9~11个主分量,解释方差也大多只有60%~70%。因此,重建序列的极值比实际可能存在的要小得多。用这样重建的序列来评价20世纪的变暖是不是千年来最高,不确定性是很大的。Mann等(2003)及Jones等(2004)认为Soon等(2003)判断中世纪暖期及小冰期所用的时段太长,并根据自己的曲线建议尽量不用这两个名词,这是不对的。根据王绍武等(2005a)收集的资料,同意Soon等(2003)的意见:中世纪暖期及小冰期是存在的。(2)对"20世纪的变暖是过去千年来最强的",缺乏具体分析。后来Mann等(2003)及Jones等(2004)就把表述改为"20世纪后期的变暖",这显然是从原来的立场后退。IPCC AR4(IPCC,2007)对变暖的论述也改为20世纪后半叶,说明IPCC TAR(IPCC,2001)的表述是有弊病的。(3)Mann等(1999)的曲线是王绍武等(2005a,2005b)所列举的6条曲线中变化幅度最小的,其他5条曲线的中世纪暖期及小冰期都比Mann等(1999)的曲线明显,后来Moberg等

(2005)发表的曲线中世纪暖期及小冰期尤为明显。最后,Mann 等(2008,2009)的论文也采用了中世纪暖期及小冰期,不过中世纪暖期的名称改为中世纪气候异常。争论的结果等于承认了近千年温度变化的"湿面条"特征。但是,这并不等于就直接完全否认 20 世纪后期的变暖是近千年来最强的。是否是近千年来最强的,依赖于对过去 1～2 ka 气候的重建。因此,2001 年 CLIVAR/PAGES 交叉工作组建议把"重建过去 2 ka 气候变率"列为未来气候学研究的核心问题(周天军,2005)。有关这方面的进展,参看本书 3.7 节。

电影"后天"

2004 年美国电影"后天"描述了突然进入冰河期的恐怖景象,这个电影的制作背景就是 2004 年《观察家》报发表了两位记者透露的美国国防部的秘密报告(Schwartz,*et al.*, 2004)。该报告预言在 2010—2020 年可能发生气候突变:(1)亚洲、北美年平均气温下降 5 °F,北欧下降 6 °F;(2)澳大利亚、南美、南非则上升 4 °F;(3)欧洲、北美东部的农业区今后 10 年之中大部分年份持续干旱,例如英国的气候将如西伯利亚一样寒冷干燥;(4)西欧、北太平洋风暴增强,风速加大。

这种预言并不是毫无根据,报告引用了 3 次历史事件做类比:新仙女木事件(YD)、8.2 ka 事件及小冰期。这 3 次事件均表现为突然变冷。因此,引发了如上描述的气候变化。王绍武等(2004)对这种观点做了深入的分析:(1)地球气候史上确实存在气候突变,但是作者所列举的 3 次突变彼此是差异很大的。YD 尚未进入全新世,是一次激烈的气候突变,温度振幅能达到冰期-间冰期旋回的 3/4。8.2 ka 事件及小冰期均为全新世内的气候突变,8.2 ka 事件的降温幅度仅有 YD 的 1/3,而小冰期仅有其 1/5。看来报告作者是根据 8.2 ka 事件来设计未来的气候突变的。(2)上面列举的 3 次气候突变公认为自然变化,即由自然原因如太阳活动减弱或冰坝崩溃造成的,当前并没有充分的证据显示即将发生这样的气候突变。因为,假如认为热盐环流或者说北大西洋经向翻转环流(AMOC)减弱是气候突变形成的直接原因,那么过去 30 年北大西洋海面盐度的变化还不到 8.2 ka 事件北大西洋海面盐度变化的 1/10。因此,还不能认为北大西洋经向翻转环流已经发生或即将发生明显的减弱。(3)气候变化的历史表明,全新世 11.5 ka 以来已经发生了 9 次气候突变,两次突变之间的时间间隔大多在 1 ka 左右。因此,从自然变化来看,目前在几十年内发生突变的可能性不大。另一方面气候变暖使极冰融化造成气候突变是可能的,但是出现的时间及强度还有很大的不确定性,因此需要继续加强这方面的研究(参看本书 6.5 节)。

NIPCC

早在 1990 年 IPCC FAR 发表之后,国际上就有人提出反对意见。这些意见开始散见于各种刊物、书籍、公告及非正式报告。2007 年 2 月美国伊利诺伊州芝加哥哈特兰德研究所科学与环境政策计划(Science and Environmental Policy Project, SEPP)组建了"B 支队",目的是对气候变暖的科学证据进行独立于 IPCC 的评估。2007 年 4 月于维也纳国际气候工作会上组成并更名为非政府间国际气候变化专门委员会(NIPCC)。2008 年 4 月出版了 NIPCC 的决策者摘要,题为:《自然而不是人类活动控制着气候》(Singer,2008)。2009 年出版了报告全文(Craig,*et al.*,2009)。

NIPCC 对 IPCC 的质疑是全面的,概括起来有 8 个方面:(1)现代气候变暖在多大程度上是人类活动引起的?认为人类活动是气候变暖的主要原因的论点未得到证实。(2)现代变暖是自然原因造成的。认为太阳风变率是 10 a 尺度气候变化的主要原因。(3)气候模式不可信。认为 IPCC 所用的气候模式未能描绘一个随机的、不封闭的气候系统，因此其对未来的预测不可信，不能用于形成政府的政策。(4)海平面上升不可能加速。认为海平面不可能加速上升。(5)人类活动产生的温室气体会加热海洋吗？IPCC 没有讨论这个问题。(6)我们对大气中 CO_2 了解多少？认为对大气中的 CO_2 生存时间、源、汇了解得还很不够。(7)人类排放 CO_2 的影响是温和的。认为高浓度 CO_2 对动、植物生长有利，并不可能造成极端天气事件。(8)中等程度变暖对人类健康及经济的影响可能是正面的。因此 NIPCC 认为 IPCC 报告的主要结论："1979 年之后的全球变暖非常可能(90%～99%)是人类排放温室气体造成的"是错误的。因此《京都议定书》等国际协议都是不必要的。

上面列举了 NIPCC 报告中谈到的 8 个问题。其实，并不是对每一个问题 NIPCC 的立场均与 IPCC 完全对立。例如，气候模式的缺点(3)、对大气中 CO_2 的了解(6)中所谈到的问题并非 IPCC 的错误，大多与科学发展水平有关。至于 CO_2 浓度增加是否影响人类健康(7)、温室气体增加是否会加热海洋(5)、中等程度变暖是否对经济有正面影响(8)，均是可以讨论的问题。因此，双方争论的焦点还在于现代全球变暖是否是人类活动造成的(王绍武 等，2010a)。

不过，在这个争论的核心问题上，双方的立场已经比数年前有了较大的变化，那时以 Singer 为代表的一批科学家是完全否认气候变暖的(Singer，1999，2003)。现在改为争论变暖的原因，其背后的含义是：已经承认全球变暖的事实了。另外，以 IPCC TAR(IPCC，2001)的主要作者 Mann 为代表，对他自己发表的被人们称为"曲棍球杆"的曲线，做了根本性的修正(Mann，*et al.*，2009)，公开承认了早先被他自己否定的中世纪暖期及小冰期。这无异于承认自然原因亦可导致一定的气候变化。这种改变说明科学的争论是有益于促进科学发展的。

至于现代全球变暖是否主要是人类活动造成的温室效应加剧的结果，还是自然变化是主要原因，这是 IPCC 与 NIPCC 的主要分歧。目前无论科学界，还是政府间，以及公众媒体主流均支持 IPCC 的观点。(中国)气候变化国家评估报告编写委员会(2007)也基本支持 IPCC 的观点。但是，中国科学家历来并没有把人类活动作为气候变暖的唯一原因。在此报告的第 80 页就指出："气候模拟研究表明，全球与中国 20 世纪的变暖可能主要与增强的温室效应和气候自然变化有关。"关于这方面的详细的科学分析可参看《中国气候变化——科学、影响、适应及对策研究》(丁一汇 等，2009)。

"气候门"

2009 年 12 月在丹麦首都哥本哈根举行了联合国气候变化大会，包括《联合国气候变化框架公约》第 15 届缔约方大会及《京都议定书》第 5 届缔约方大会。有鉴于大会的重要性，在会前各种观点的势力，都要尽力展现自己的力量。"气候门"事件就是在这种形势下发生的。2009 年 11 月，一批网络黑客侵入英国东英吉利大学气候研究部(CRU)电脑服务器，将科学家之间多达 16 M 的电子邮件和其他文件全部公开在网上。在这些邮件中人们发现了一些令人震惊的内容：有关气候变化的重要原始数据，特别是不利于证明气候正在变暖的数据可能已经被销毁，科学家自己对气候是否变暖也表示怀疑，现存用以证明气候变暖的数据被修改……这便是"气候门"事件(Kitcher，2010)。由此展开了激烈的争论，但是也有一些文章是很有建设性的(Kitcher，2010；Pearce，2010；Tollefson，2010；Hasselmann，2010；Krauss，2010)。最后宣布，并没有发现销毁资料以加强气候变暖结论的行为。因此，气候门关闭了(Editorial，2010)，255 名美国科学院院士发表了公开信(Gleick，*et al.*，2010)确认地球正在变暖。

但是，这个事件给公众及科学家造成了深刻的影响。一批"外行"，即非气候学家组织起来，要用自己的双手，建立第4个温度序列，亲自验证气候学家得到的气候变暖的结论是不是伪造的。2011年10月由美国加利福尼亚大学物理学家Muller领导，建立了伯克利地面温度计划，简称BEST(Witze,2012)。伯克利地面温度计划的第一步是收集尽可能多的陆地温度观测记录。共收集了36 600个测站的记录，而上面提到的3个序列仅收录了4 400～7 500个测站的记录，新的序列采用的站数约为过去的5～8倍。而且把序列向前延伸到1800年。不过，最后结果表明，第4个序列与前面3个序列大同小异(图1.11)，说明"气候门"指责英国东英吉利大学气候研究部弄虚作假是没有根据的。虽然伯克利地面温度计划还要继续，主要是整合海洋的资料，但是估计不会有什么惊人的不同。这就是说，近百年来气候确实变暖了。

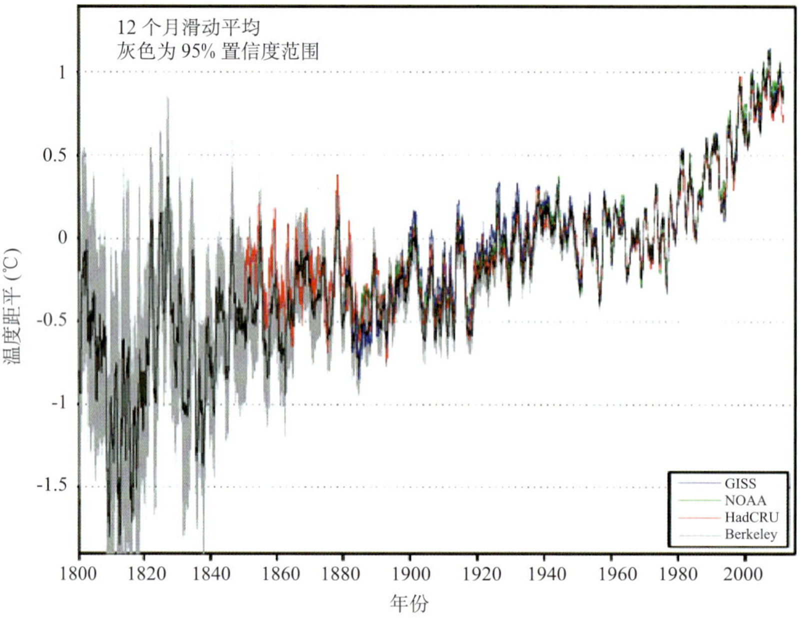

图1.11 1800年以来的全球陆地平均温度距平

(蓝、绿、红分别为GISS，NOAA及HadCRU序列，黑色为BEST序列)(Witze,2012)

2011年12月 *Nature Climate Change* 杂志发表了Corbyn对Muller的专访。当Corbyn指出，大家都认为Muller是气候变暖怀疑论者的时候，Muller特别强调要区分怀疑论者与否认者。怀疑论者只是公开提出合理的质疑，而否认者则是抱有成见，只关注支持自己观点的论据。Muller认为伯克利地面温度计划的结果可能会使怀疑论者对全球变暖的看法有所改变。所以，在伯克利地面温度计划的网站上(www.berkeleyearth.org)发表的文章的题目是:《变暖的争议该降温了》。2012年1月 *Nature Geoscience* 杂志发表了Witze对伯克利地面温度计划的报导，并加了编者按，指出气候怀疑论者转变了。

近10 a全球变暖的停滞

2009年8月美国气象学会会刊(BAMS)发表了《2008年气候状况》报告。在报告中Knight等(2009)首次指出，根据HadCRUT3资料1999—2008年温度变暖速率为(0.07±0.07)℃/10a，显著低于1979—2008年的0.18℃/10a。更低于原来IPCC报告估计的0.2℃/10a。2009年10月 *Science* 杂志刊登了Kerr的评论，作者提出:"全球变暖发生了什么变化?"

显然，在近10 a化石燃料排放的碳仍在增加，而且增加的速度超过了20世纪最后10 a。但是近10 a全球平均温度却几乎没有升高。因此，一种解释是：人类活动之外的因素导致了温度下降，抵消了温室效应加剧造成的气候变暖。

IPCC AR4 (IPCC，2007)第9章气候变化成因与归因(Hegerl，*et al.*，2007b)曾比较了20世纪温度变化多种模式模拟的结果。发现对1960年之前年际及年代际变率模拟的能力很低，对1960年之后的模拟有所改善，但是仍有不小的误差。Lean等(2008)提出用统计方法重建全球温度序列，共考虑4个因素，即人类活动(包括温室气体及气溶胶)、太阳辐射、火山气溶胶及ENSO。利用这个统计模式重建的1980—2008年的月温度序列与观测值的相关系数达到0.87，即解释了76%的方差(Lean，*et al.*，2009)。图1.12给出模拟结果及其与观测结果的比较。从图1.12可见，对1999—2008年温度变化模拟得相当成功。这段时期有拉尼娜事件，太阳辐射则由强到弱，只有人类活动仍然呈线性趋势增长。模拟的成功说明，ENSO及太阳辐射带来的降温在相当大程度上抵消了人类活动造成的变暖。

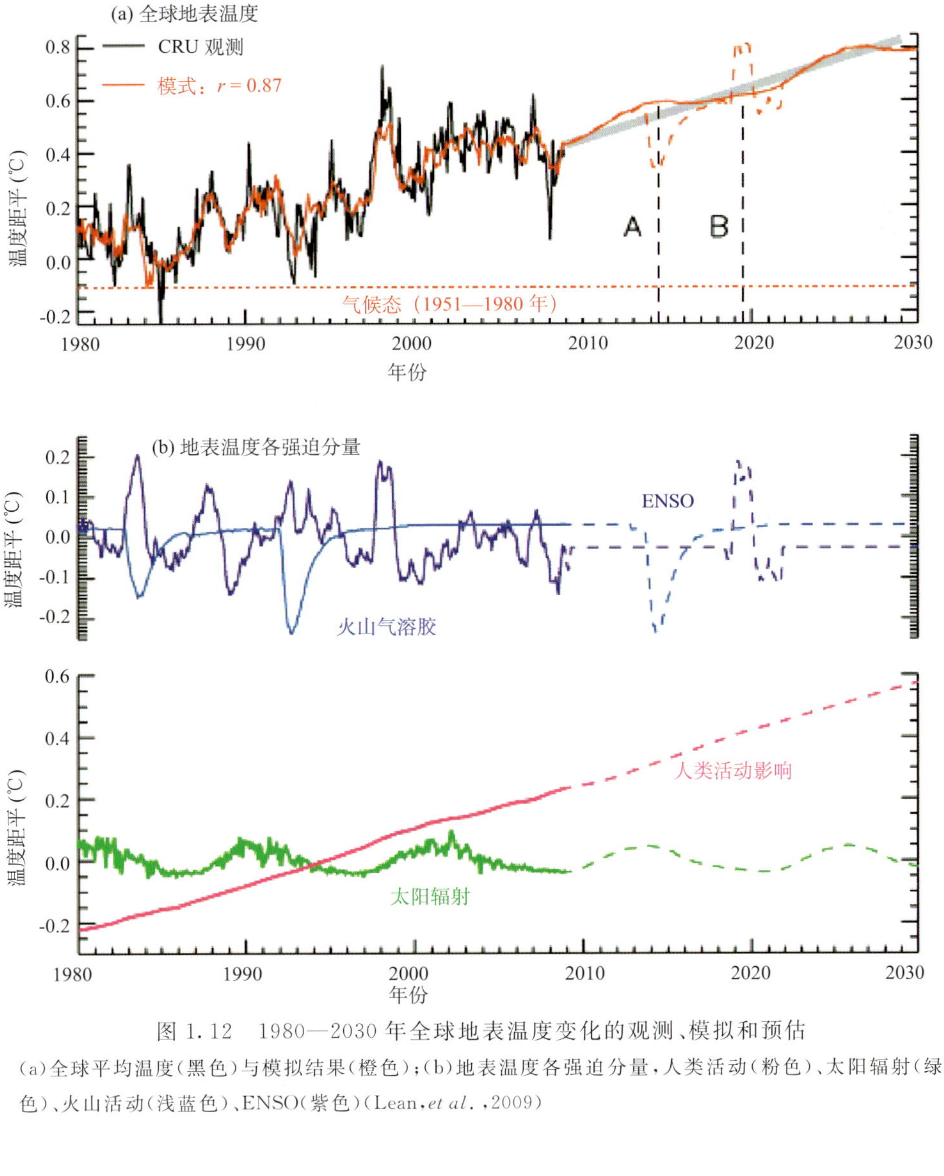

图1.12 1980—2030年全球地表温度变化的观测、模拟和预估

(a)全球平均温度(黑色)与模拟结果(橙色)；(b)地表温度各强迫分量，人类活动(粉色)、太阳辐射(绿色)、火山活动(浅蓝色)、ENSO(紫色)(Lean，*et al.*，2009)

Kerr(2009)评论的副标题是:科学家说只要略等一会儿。这就是说变暖很快会恢复。这代表了颇为流行的一种见解,即过去10 a气候变暖的停滞是真实的,但是不可能再继续下去了。这种论点的一个主要依据是英国哈德莱中心HadCM3模式所做的一系列模拟试验。Collins等(2006)改变物理参数或参数化公式,设计了16个方案,加上对照试验共17个方案。按CO_2浓度每年增加1%,大约70 a即达到CO_2浓度加倍,故每个方案积分70 a来模拟CO_2浓度随时间增加情况下的气候变化。其中有10个方案气候敏感度,即CO_2总浓度加倍时的平均温度相对于对照试验的温度距平>2.0 ℃。这10个方案对21世纪的模拟共700 a,其中有17个独立的10 a温度变化类似于过去10 a,即温度距平在−0.05~+0.05 ℃之间。这约占总数的1/4。说明在气候变暖的过程中,由于气候系统的内部过程也可能产生类似于1999—2008年的温度变化。但是,模拟试验中没有发现长于15 a的变暖停滞状况。所以,认为变暖可能在未来几年内恢复。

王绍武等(2010b,2011)指出,1999—2008年变暖不明显,可能是自然原因造成的,这正好说明自然因子的影响仍不可忽视。但是,并不能因此就否认人类活动在造成气候变暖中的作用,因为总体上讲温度仍然在较高的水平上波动。此外,后来的资料表明,变暖停滞的结论与资料有一定关系。Lean等(2009)用的是HadCRUT3序列,这个序列近10 a缺少北极地区的观测。GISS序列则同化了卫星观测,所以包括了北极地区。正好北极地区近10 a变暖激烈,所以GISS序列近10 a仍然有一定的增温趋势,尽管增温强度也较前稍弱。

2012年1月27日*The Wall Street Journal*(《华尔街日报》)刊登了Allegre等16位科学家联合署名的文章(Allegre, *et al.*, 2012),题目是:*No need to panic about warming*(《对全球变暖不要惊慌》),认为近10 a来地球气候没有变暖,呼吁不要压制气候变暖怀疑论者的声音。这16位科学家包括美国科学院及工程院两院院士Edward David、麻省理工学院(MIT)大气科学教授Richard Lindzen、巴黎大学地球研究所前所长Claude Allegre,另外,也包括阿波罗17号的宇航员、前参议员Harrison H Schmitt等。由于文章批评了耶鲁大学经济学家William Nordhaus的观点。因此,Nordhaus于2012年3月22日在*The New York Review of Books*(《纽约书评》)发表了答辩文章(Nordhaus, 2012):*Why the global warming skeptics are wrong?*(《为什么全球变暖怀疑论者是错误的》),对地球是否正在变暖等6个问题做了回答。这6个问题是:(1)地球是真的在变暖吗?(2)人类影响是造成变暖的重要因子吗?(3)CO_2是一种污染物吗?(4)我们是否看到一种令气候怀疑论科学家感到恐惧的制度?(5)主流气候学家的观点是被获取资金的愿望所驱使吗?(6)更多的CO_2和继续变暖真的有利吗?

这实际上是重申了对近10 a变暖停滞的质疑。唐国利等(2012)指出,2001—2010年全球温度上升不多,但是10 a平均仍然处于百年来最高的水平(图1.13)。同时强调,近10 a相对于前10 a冬季欧亚大陆的降温,可能对全球变暖停滞有一定贡献(图1.14)。而西伯利亚高压的加强和西伯利亚的变冷可能是"暖大洋冷大陆"的结果(Liu, *et al.*, 2012; Greene, *et al.*, 2012)。

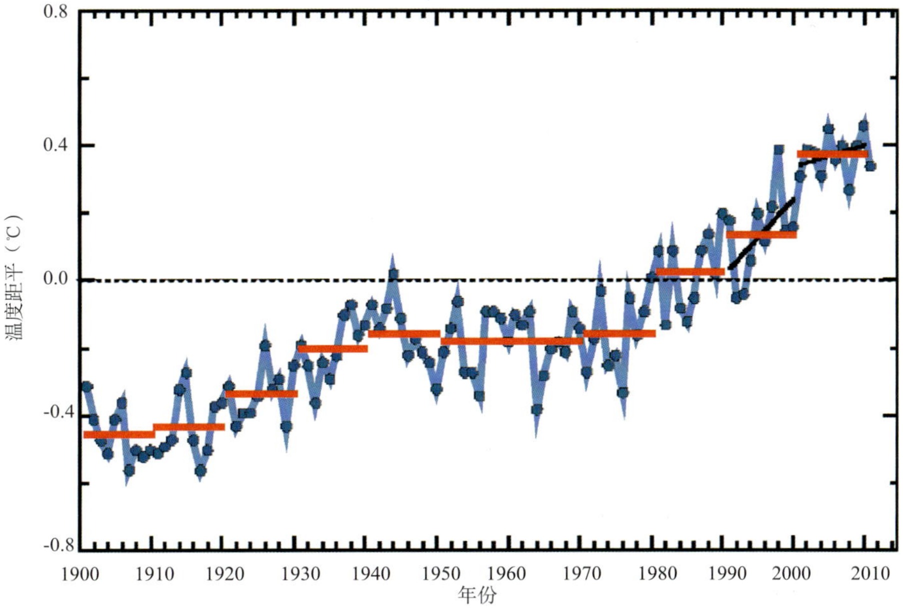

图 1.13 1901—2011 年全球年平均温度距平

（相对于 1971—2000 年平均，红线表示 10 a 平均值，黑线表示 10 a 内线性变化趋势）（唐国利 等，2012）

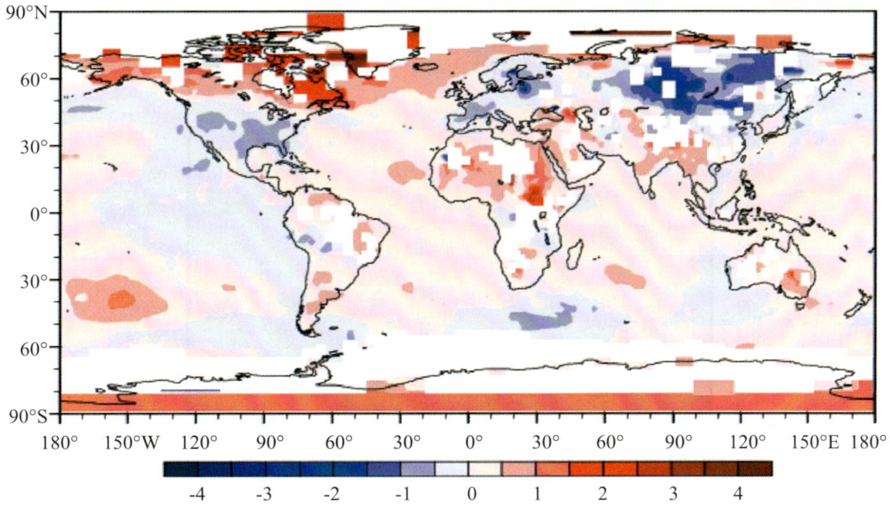

图 1.14 2001—2010 年与 1991—2000 年冬季全球温度差（单位：℃）（唐国利 等，2012）

1.5 为减缓变暖而奋斗

随着对气候变暖问题认识的逐步深入，人们开始意识到要为减缓气候的变暖而奋斗。但是，显然这不是少数科学家，乃至个别政府机构能够做到的。因为大气中温室气体浓度增加带来的温室效应加剧所造成的气候影响是全球性的，而且温室气体也不是个别国家排放的。因此，其本身的性质就注定了这是一个全球性的问题。1988 年 11 月由 WMO 和联合国环境规划署（UNEP）联合建立了 IPCC，并且从 1990 年至今已经发布了 4 次评估报告。IPCC 下设 3 个工作组：第一工作组评估气候与气候变化科学知识的现状；第二工作组评估气候变化影响及适应对策;第三工作组提出减缓气候变化的可能对策。每个工作组分别独立发布自己的报告。在谈到气候变暖本身的科学问题时,大多只涉及了第一工作组的报告。但是这些报告本身并不产生政策,而是为制定政策提供科学依据。真正决定与气候变暖斗争政策的是一系列国际会议,以及由此而产生的各种协议、协定。本书的宗旨是阐述气候变暖的科学问题,而不是讨论为减缓气候变暖及其影响的对策。但是,为了说明气候变暖问题的巨大社会影响,这里概括地介绍自气候变暖成为全社会关注的问题以来,所采取的国际应对行动及其与变暖问题科学研究的关系(图 1.15)。

图 1.15 气候变化应对行动和 IPCC 发展历程

前奏 1979 年在日内瓦召开了世界气候大会,这无疑是人类开始关注气候变化问题的里程碑,而且大会建立了世界气候计划,揭开了气候变化研究的序幕。但是,随后的发展表明:(1)气候变化是一个非常复杂的科学问题,需要科学界向社会提供一个统一的声音;(2)应对气候变化更重要的是行动,而且需要全社会统一行动。这两个任务均不是一个仅仅由科学家承担的科学计划所能完成的。所以,才建立了 IPCC,IPCC 的代表和主要撰稿人是由各国选送的,因此是代表各个国家的,这样 IPCC 报告就有了一定权威性。1988 年 11 月 IPCC 成立,同年12月，第43届联合国大会通过了保护全球气候决议，决定在全球范围内对气候变化问题采取必要和及时的行动，并要求IPCC就以下问题进行综合审议并提出建议：(1)气候和气候变化科学知识的现状；(2)气候变化，包括全球变暖的社会、经济影响的研究和计划；(3)对推迟、限制或减缓气候变化影响可能采取的对策；(4)确定和加强有关气候问题的现有国际法规；(5)将来可能列入国际气候公约的内容。1990年IPCC发布了第一次评估报告FAR(IPCC，1990)。这就直接导致1992年联合国环境与发展大会签署《联合国气候变化框架公约》(以下简称《公约》)。

《联合国气候变化框架公约》　《公约》一开始就指出：人类活动已大幅度增大了大气中温室气体的浓度，这就增大增强了自然温室效应，平均而言将引起地球表面和大气进一步增温，并可能对自然生态系统和人类产生不利影响。在这一段宣言中承认了3个事实：(1)人类活动使温室气体增加；(2)温室效应加剧使气候变暖；(3)气候变暖产生不利影响。实际上，这就是制定《公约》以来20多年一切国际行动的科学基础。

《公约》的目标是：将大气中温室气体的浓度稳定在防止气候系统受到危险的人为干扰的水平上。这一水平应当在足以使生态系统能够自然地适应气候变化、确保粮食生产免受威胁并使经济发展能够可持续地进行的时间范围内实现(联合国政府间谈判委员会，1992)。为了实现这个目标，《公约》确立了5个基本原则：(1)"共同而有区别的原则"，要求发达国家率先采取措施，应对气候变化；(2)要考虑发展中国家的具体需要和国情；(3)各缔约国应当采取必要措施，预测、防止和减少引起气候变化的因素；(4)尊重各缔约国的可持续发展权；(5)加强国际合作，应对气候变化措施不能成为国际贸易的壁垒。这实际上也成为此后20 a国际行动的基本准则。顺便指出，在《公约》一开始就定义：气候变化是指在类似时期内所观测的气候的自然变异之外，由于直接或间接的人类活动改变了地球大气的组成而造成的气候变化。在以后的历次IPCC报告中也都遵循了这个定义。本书主要研究人类活动造成的全球变暖，因此，在一般情况下，也采用这个定义。

如何将大气中温室气体的浓度稳定在一定的水平上，只有一个途径就是减少温室气体的排放，现在通称减排。《公约》的原则是：承认气候变化的全球性，要求所有国家根据其共同但有区别的责任和各自的能力及其社会经济条件，尽可能开展最广泛的合作，并参与有效和适当的国际应对行动。什么叫共同但有区别的责任，主要指区分发达国家与发展中国家。对发达国家提出来的目标是：到2000年将温室气体排放恢复到1990年的水平，并为此向发展中国家提供资金和技术。

《公约》于1992年6月4日在巴西里约热内卢举行的联合国环境与发展大会上签署，1994年3月21日正式生效。首次《公约》的缔约方大会于1995年3月28日在德国柏林举行，1996年IPCC SAR发表(IPCC，1996)。以后每年召开一届缔约方大会，2011年德班会议为第17届。第18届缔约方大会于2012年11月16日—12月7日在卡塔尔多哈举行。截至2012年11月缔约方包括195个国家和地区，中国于1992年签署《公约》，是第37个签约国。在《公约》谈判过程中形成了3个集团：欧盟(欧盟成立前称为西北欧国家或欧共体国家)、"伞形集团"(美、日、加、澳等发达国家和转轨国家俄罗斯)及"七十七国集团加中国"。

《京都议定书》　1997年12月11日，第3届缔约方大会于日本京都召开，149个国家和地区的代表通过了《京都议定书》(以下简称《议定书》)(联合国政府间谈判委员会，1997)。《议定书》规定，2008—2012年CO_2等6种温室气体排放量，在1990年的排放水平上，平均减排

5.2%。其中，欧盟减排8%、美国7%、日本6%、加拿大6%、东欧各国5%～8%。《议定书》允许新西兰、俄罗斯和乌克兰将排放量稳定在1990年水平，允许爱尔兰、澳大利亚和挪威的排放量分别增加10%，8%和1%。

《议定书》需要占1990年全球温室气体排放量55%以上的至少55个国家和地区批准之后，才能成为具有法律约束力的国际公约。中国于1998年5月签署并于2002年8月核准了《议定书》。欧盟及其成员国于2002年5月31日正式批准了《议定书》。2005年2月16日《议定书》正式生效。这是人类历史上第一次以法律形式限制温室气体排放。目前已有192个缔约方批准加入了《议定书》。但是，美国作为主要发达国家，没有签署《议定书》。

《议定书》设计了联合履行、清洁发展机制及排放贸易3种域外减排的灵活机制。联合履行指发达国家之间通过项目级的合作，其所实现的减排单位可以转让给另一发达国家缔约方。清洁发展机制指发达国家通过提供资金和技术方式与发展中国家开展项目级的合作，通过项目所实现的"经核证的减排量"，可以用于发达国家缔约方完成《议定书》中的承诺。排放贸易指一个发达国家将其超额完成减排义务的指标，以贸易的方式转让给另外一个未能完成减排义务的发达国家，并同时从转让方的允许排放额上扣减相应的卖出额度。这3种机制的核心作用是发达国家可以从本国以外获得减排的抵消额，从而以较低成本实现减排目标。

"巴厘路线图" 即"巴厘岛路线图"（以下简称"路线图"），2007年12月在印度尼西亚巴厘岛第13届缔约方大会上通过（罗勇，2012）。这次会议的背景是IPCC AR4发布，进一步确认了人类活动对气候的影响（IPCC，2007）。而《议定书》所规定的2008—2012年第一承诺期即将结束，但是《议定书》的履约形势十分严峻。根据《公约》秘书处整理的资料，1990—2006年，虽然附件一缔约方（即工业化集团）温室气体排放量下降了4.7%，但澳大利亚增加了28.8%、加拿大增加了21.7%、美国增加了14.4%、日本增加了5.3%。2006年欧盟15国的排放量虽然比1990年下降了2.2%，但是距离《议定书》的目标8%，仍有很大差距。只有俄罗斯1990—2006年下降34.2%。欧盟内部主要是德国和英国分别下降了18.2%和15.1%，成为欧盟排放量下降的主要动力。

在这种形势下巴厘岛会议面临3项任务：(1)进一步强化实施《公约》；(2)制定2012年之后的第二承诺期谈判时间表；(3)确定《议定书》中规定的审查目的范围和内容，其结果是制定了"路线图"。"路线图"最核心的成果是确认了双轨谈判进程。由于美国政府于2001年借口《议定书》没有将中国和印度纳入承担减排义务行列，拒绝批准《议定书》。所以，如果把《公约》与《议定书》合并讨论，就等于放弃了《议定书》。在巴厘岛会议上确认了《公约》和《议定书》的双轨谈判机制。在《公约》下启动旨在加强《公约》实施的谈判进程，讨论减缓、适应、技术和资金问题，并决定于2009年完成谈判。在《议定书》下继续谈判已批准《议定书》的发达国家在2012年后的减排指标，并于2009年完成谈判。"路线图"为今后气候变化谈判指明了方向，并设定了时间表（丁一汇，2010）。但是，"路线图"并没有制定发达国家的减排目标。虽然欧盟、澳大利亚和南非等国要求在大会决议中明确规定"发达国家在2020年前将温室气体排放比1990年减少25%～40%"，广大的发展中国家也支持这一立场，但由于美国等国家的反对未能列入决议案。在巴厘岛会议上，还提出了"三可"概念，即可测量、可报告和可核实。这"三可"是指发达国家在2012年后，量化温室气体减排，要实行"三可"。同时，发展中国家也要在发达国家资金和技术的支持下，实行"三可"。

《哥本哈根协议》 第15届缔约方大会于2009年12月7—19日在哥本哈根举行。这是一次受到各方面关注的大会，共有119个国家元首、194个缔约国及观察员国、937个联合国机构及政府间或非政府组织，1 069个媒体参加会议，注册人数约3.4万人。这体现了国际社会对应对气候变化问题的高度重视，以及加强气候变化国际合作、共同应对挑战的强烈政治意愿，并向世界传递了合作应对气候变化的希望和信心。大会通过了《哥本哈根协议》(以下简称《协议》)(联合国政府间谈判委员会，2009)。

《协议》继续维护了"共同但有区别的责任"原则，维持了双轨谈判的过程，取得下列共识：(1)《公约》附件一的《议定书》缔约方将继续减排；(2)美国等非《议定书》缔约方国家将承诺履行到2020年的量化减排指标；(3)发展中国家在可持续发展框架下采取减缓行动；(4)发达国家向发展中国家提供新的、额外的、可预测的、充足的资金；(5)发展中国家只有获得国际支持的国内减缓行动才接受国际的测量、报告和核实；(6)大幅度减少全球温室气体排放，以便将全球升温控制在2 ℃以内。

哥本哈根会议经过艰苦的努力挽回了濒临破裂的谈判，但是却没有达成量化的减排协议。会议之后，一些国家根据《协议》提交了各自到2020年的中期绝对量化减排目标：欧盟在1990年基础上减排20%～30%，美国和加拿大在2005年基础上减排17%，日本在1990年基础上减排25%，澳大利亚在2000年基础上减排5%～25%。这些承诺与发展中国家提出的发达国家2020年应在1990年基础上至少减排25%～40%的目标还有很大差距(高云 等，2010)。我国也提出到2020年单位生产总值的CO_2排放比2002年下降40%～45%(郑国光，2010)。

《坎昆协议》 《公约》缔约方第16届会议于2010年11月29日—12月10日在墨西哥坎昆举行，通过了《坎昆协议》(联合国政府间谈判委员会，2010)。坎昆会议仍然保持了双轨的谈判制度。《议定书》工作组重申：工作组应尽快完成谈判，确保《议定书》第一承诺期(2008—2012年)和第二承诺期(2012—2020年)之间不出现中断，并敦促发达国家按照IPCC提出的25%～40%整体中期减排目标，进一步提高减排力度。《公约》工作组在共同愿景、适应、减缓及关于资金、技术和能力建设方面达成协议。(1)共同愿景：长期目标按科学要求及IPCC AR4(IPCC，2007)所述，使全球平均温度的上升控制在工业化前的2 ℃以内，在2013年启动，2015年完成对长期目标充分性的第一次评估，考虑1.5 ℃目标，在下一届《公约》缔约方会议上审议显著减少全球排放的2050年目标及全球排放峰值的时间框架。(2)适应：决定建立《坎昆适应框架》，设立具有明确职能的适应委员会，建立帮助最不发达国家制定适应国家计划的工作进程，制定探讨气候灾害风险保险机制、管理措施等工作计划。(3)减缓：发达国家建立减排指标的可比性国际评审机制，增加对发展中国家的支持；发展中国家建立国内适当减缓行动登记簿，明确"三可"和"国际磋商与分析"的原则和目的。

坎昆会议体现了各方的关注，根据"路线图"就加强《公约》的实施做出了框架性的安排，延续了《议定书》第二承诺期的谈判，体现了对《议定书》的政治共识，重建了国际社会对联合国多边谈判进程的信心。

德班大会 《公约》缔约方第17届会议于2011年11月28日—12月11日在南非德班举行(联合国政府间谈判委员会，2011)，通过了一揽子成果：(1)会议建立"德班增强行动平台特设工作组"(以下简称"特设工作组")，负责判定2020年后适用于《公约》所有缔约方的新法律条约制度的具体安排，特设工作组于2012年上半年开始启动，并尽早但不迟于2015年完成其工作，以保证新的法律条款于2020年后生效；(2)决定实施《议定书》第二承诺期；(3)启动"绿色气候基金"，德国和丹麦分别注资4 000万和1 500万欧元作为其运营经费和首笔资助资金。

会议维护了“共同但有区别责任”的原则，坚持了《议定书》第二承诺期的存在，延续了双轨制的国际气候制度谈判框架。德班会议之后谈判的重心将逐渐转向2020年后应对气候变化国际减排新机制的构建。2020年后双轨谈判将变为单轨，模糊与淡化发达国家与发展中国家的区别，这是值得我们密切注意的。

多哈大会 《公约》缔约方第18届会议于2012年11月26日—12月7日在卡塔尔多哈举行(联合国政府间谈判委员会，2012)。在大会召开前，世界气象组织(WMO)和联合国环境规划署(UNEP)发表了公报①，指出2011年大气中CO_2浓度再创新高，达到390.9 ppmv，为工业化前的140%，2011年全球温室气体排放量已经比限制在2 ℃阈值的要求下预估的2020年水平高14%，因此，如果不采取有效行动应对气候变化，到21世纪末全球气温将上升4 ℃，争取限制在2 ℃阈值之内的门就要关闭了。这无疑给大会造成巨大的压力。

经过艰苦的工作，会议完成了3条轨道的谈判：(1)承诺特设工作组(AWG-KP)，重申第二承诺期将于2013年1月1日开始，2020年12月31日结束。这样就与第一承诺期之间没有留下空隙。附件一的每个缔约方，将最迟到2014年重新审视第二承诺期的量化减排承诺。(2)《公约》长期合作行动特设工作组(AWG-LCA)，重申了“共同但有区别的责任”和“基于各自能力”的原则，对加强国家/国际气候变化减缓行动达成了一系列的协议。(3)德班行动平台(ADP)决定在缔约方第21届会议(2015年12月2—13日)上通过一项在《公约》下具有法律效力，并适用于所有缔约方的议定书，并于2020年生效和实施。

这里扼要介绍了国际谈判的进程，充分显示了国际行动的困难，许多次会议都面临破裂、失败的边缘。但是终究仍维持了谈判的机制，也反映了全世界人民为减缓气候变暖而奋斗的决心。这里没有专门涉及我国在谈判中的努力以及我国为减缓气候变化影响而做的贡献。只是想在讨论气候变暖的科学问题时，对气候变暖的社会问题有一点初步的了解，这对认识全球变暖科学问题的社会意义有重要作用。

① http://www.un.org/；http://www.unep.org/newscentre/

第2章 生物、地球化学过程

即将于2013年发布的IPCC AR5应用的CMIP5模式的特点是把大气-海洋耦合模式发展为地球系统模式，其关键是增加了对生物、地球化学过程的描述。这表明我们的思想及认识较之前4届IPCC报告发布以来的20多年有了很大的变化。开始人们只是认识到人类活动可能改变大气的成分，使大气中的温室气体增加，从而加剧温室效应，使气候变暖。为了使公众能够接受这个观点，科学家已经奋斗了两个多世纪，尽管至今仍有人对这个观点持怀疑态度。但是，近10余年的科学发展，对于这个人们可能刚刚开始接受的观点又提出了新的挑战。我们所关心的气候变化，绝不仅仅像以前想象的那么简单。大气中的温室气体，除了直接受人类活动影响外，也受陆地及海洋两大系统碳循环的操控。因此，对我们具有重大意义的气候变化，与陆地及海洋的生物、地球化学过程有密切关系。此外，还有一些过去不知道或者没有考虑的物理或化学过程，也会严重地影响大气中的温室气体浓度。例如：气候变暖可能使几百万年埋藏在永冻土中的甲烷(CH_4)重新释放到大气中。因此，我们不可能再把目光仅限于大气，而应当放眼于整个地球系统，特别要考虑生物、地球化学过程。

《过去全球变化：新闻》("PAGES news")于2012年2月发表了全球变化综合前景专刊，并附了编者按，"研究过去与现在、服务于未来"(Bondre, *et al.*, 2012)。专刊选择了18个全球变化的热门题目，如地球系统模式、气候敏感度、碳循环动力学、海洋环流等。每个题目由两位作者分别撰写该题目的现代与过去，而且每个题目都只提出一个共同的核心问题。例如，碳循环动力学的问题是：主要碳汇和碳源随全球变化有什么改变？(Schimel, 2012；Joos, 2012)。这18个题目中有7个与本章有关，如碳循环动力学、海洋营养物循环等。所以，除2.4节甲烷水合物一节以外，本章其他各节基本上是根据*PAGES news*的材料编写的。不过，当前对这些问题的认识还很不完整，还有很大的不确定性，特别是缺少对各种过程的量化认识及模拟研究。这反映出本章的描述大多是初步的、不成熟的。因此，设立这一章的主要目的不是提供确定的结论，而是启发读者，从更宽广的角度来认识问题；本章也不是对地球碳循环过程做全面的描述，而是对几个对碳循环有重要影响的生物、地球化学过程做重点的介绍。

2.1 碳循环动力学

地球系统碳循环

考虑整个地球系统，应该将大气、海洋、生物及地质过程都包括在碳循环过程中。陆地生物圈通过光合作用吸收，并通过呼吸及燃烧释放 CO_2。海洋通过物理、化学及生物过程耦合吸收碳(Schimel,*et al.*, 2001)。在通过混合及生物活动保持低 CO_2 水平的洋区吸收大气 CO_2，造成从这些海洋活跃区向外化学扩散。在其他区域，有丰富碳的水混合到表层，向大气释放碳。这些过程是自然的，并且总是存在的。

人类活动可以通过两种途径改变这个循环。首先，人类燃烧地质时期上百万年储藏起来的碳，把这些碳注入地球系统，增加其碳循环的总量(Archer,2010)。其次，人类的土地利用把土壤和植物中储藏的生物碳转换为大气中的 CO_2，从而改变了碳储藏和碳循环的平衡(Schimel,1995)(图 2.1)。

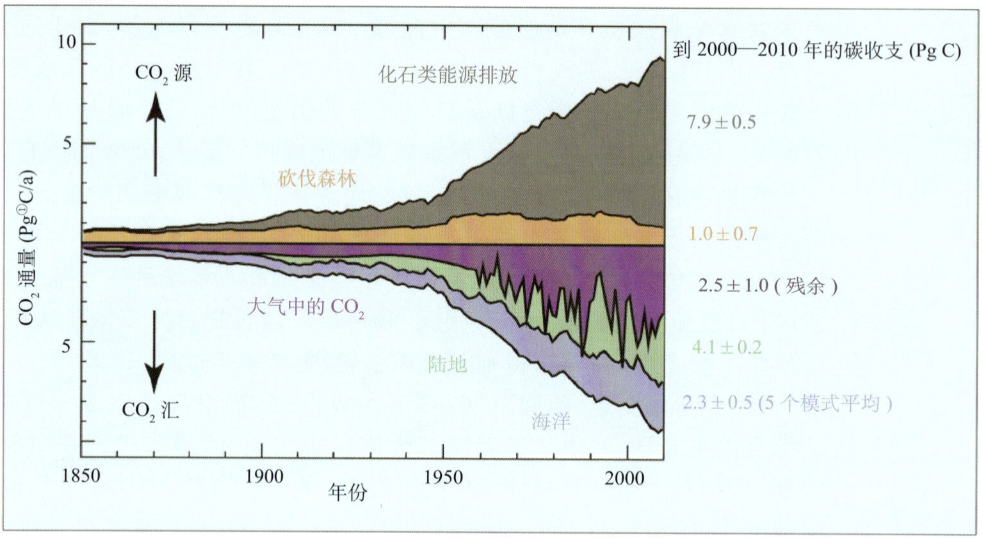

图 2.1 1850—2012 年地球系统的碳收支(Schimel,2012)

这些人类活动增加了大气中的 CO_2，加热大气，导致气候变化。所以，气候变化是碳循环的结果。在温暖条件下，许多生物化学过程，如光合作用、呼吸作用、氮循环及野火燃烧的速度均在增加，这就加速了生物活动对碳循环产生潜在的正、负反馈(Field,*et al.*, 2007)。在一些模式中对碳循环的影响可达到亿分之几至千万分之几，对温度产生显著影响(Cox,*et al.*, 2000)。高纬度地区温度影响可能最大，因为那里过去冰期永冻土中储藏了大量的碳，当土壤融化时释放 CO_2 及 CH_4(Koven,*et al.*, 2011)。

气候变暖造成的降水量变化可能使蒸发增加。水循环的加强使得有的地区变湿，但干旱区可能更干。热带变干会减少植物的生长，减少这些地区的碳储藏(Fung,*et al.*, 2005)。中纬度暖湿的条件实际上会增加碳储藏。有许多证据表明，热带的影响是很大的，所以会使得整

---

① 1 Pg=10^{15}g=10^9t,下同。

个生态系统的碳储藏减少。这就造成一种全球性的正反馈，当气候变暖时大气中的CO_2增加。

人类燃烧化石燃料时，就把至少几百万年来积累起来的有机碳化合物转化为大气中的CO_2。从大气中摄取CO_2，并使得大气中CO_2这样的长生命碳化合物浓度得以保持平衡需要很长时间。虽然光合作用和海-气的气体交换可以在几年内使大气中CO_2浓度很快下降，但是，要把这些碳转换为稳定的化合物，不再重新循环进入大气则需要10～30 ka（Archer，2010）。

因为碳循环变化的生命期长，所以从古环境角度来看问题十分重要。例如，过去的记录告诉我们，大气中CO_2的浓度可能十分迅速地增长，但是需要很长时间才能锁定为长生命期的形式，并确定其动力学的时间尺度。在一个有很好的记录的55 Ma前的事件中，大气中CO_2浓度只用了大约20 ka就增加了1倍，同时温度上升了6 ℃。大气中CO_2增加得很快，但是可能要7～8倍长的时间才能恢复到以前的水平（Doney，*et al.*，2007）。

研究碳循环的科学家们正在寻找适宜的途径，把古环境资料、对过程的研究以及现代观测结合在一起构建一个模式，去模拟“快增慢减”的过程，以确定气候变化的时间尺度及强度。古代记录为评价模式长期情景的现实性提供了一个必要的基础。古气候资料对于衡量温室气体浓度、海洋酸化及气候变化的幅度和速度是十分必要的。这些参数共同确定了人类对自然和社会经济系统的影响，以及这个系统的适应能力（Joos，2012）。

古代的碳循环

至少80万年来这3种与人类活动有密切关系的温室气体——CO_2，CH_4及N_2O均显著低于现代的浓度，更远低于未来可能达到的浓度。冰芯记录表明，工业化时期CO_2及以上3种温室气体联合的辐射强迫的平均增长率比过去16 ka以来高了一个数量级（Joos，*et al.*，2008）。这意味着当前的全球气候变化以及海洋酸化正在以发展农业以来前所未有的速度进行着（图2.2）。

冰、陆地及海洋记录表明冰期中年代尺度的气候变化也很强烈（Jansen，*et al.*，2007）。这与海洋及大气环流的重组，特别是与大西洋向极地的热量传输及热带辐合带雨带的移动有关。这些D/O循环及南北半球的气候摆动表明气候系统可能在几十年内进入一种新的状态，这预示着未来可能发生令人不愉快的结果。

很奇怪，在D/O循环中大气的CO_2浓度变化很小。这表明大气中的CO_2浓度对热带辐合带的移动、海洋翻转流的变化及北半球的突然变暖有一定程度的不敏感。但是N_2O和CH_4则随之有显著的变化（Schilt，*et al.*，2010），不过总辐射强迫则比现代人类活动影响小几倍。温室气体浓度对气候变化有响应，使气候变化振幅增大，但是资料表明这种增幅效应比人类活动的排放还是要小得多。这与地球系统模式及近千年温度与CO_2记录的概率分析结果是一致的（Frank，*et al.*，2010）。

理论及地球系统模式必须经过实际的检验以定量地解释观测的结果。例如：近11 ka碳循环参数变化的重建与模拟结果的比较证明，全新世千年尺度的CO_2变化，主要受自然过程控制（Menviel，*et al.*，2012），而不像以前所认为的是人类活动造成的。

古代气候与环境的研究使得我们可以检验假设。我们可以通过刺激海洋生产力及用人工施放铁肥促进海洋碳汇吗？古代的资料及模拟表明我们做不到这一点，因为过去风成铁输入量的变化不能与大气中的CO_2耦合（Röthlisberger，*et al.*，2004）。从冻土和泥炭包合物中释放的碳及封存在沉积物中的CH_4可能造成变暖，这也可以使全球变暖及海洋酸化增强。但是，土壤、大气中的 CO_2 及碳同位素资料表明，泥炭地在过去的变暖中不是 CO_2 源而是汇（Yu，2011）。同样冰芯资料表明，在很快变暖及海平面上升的时期，既没有非常大的 CH_4 变化，也没有支持有利于释放 CH_4 的热力学条件的同位素信号（Bock，*et al.*，2010）。

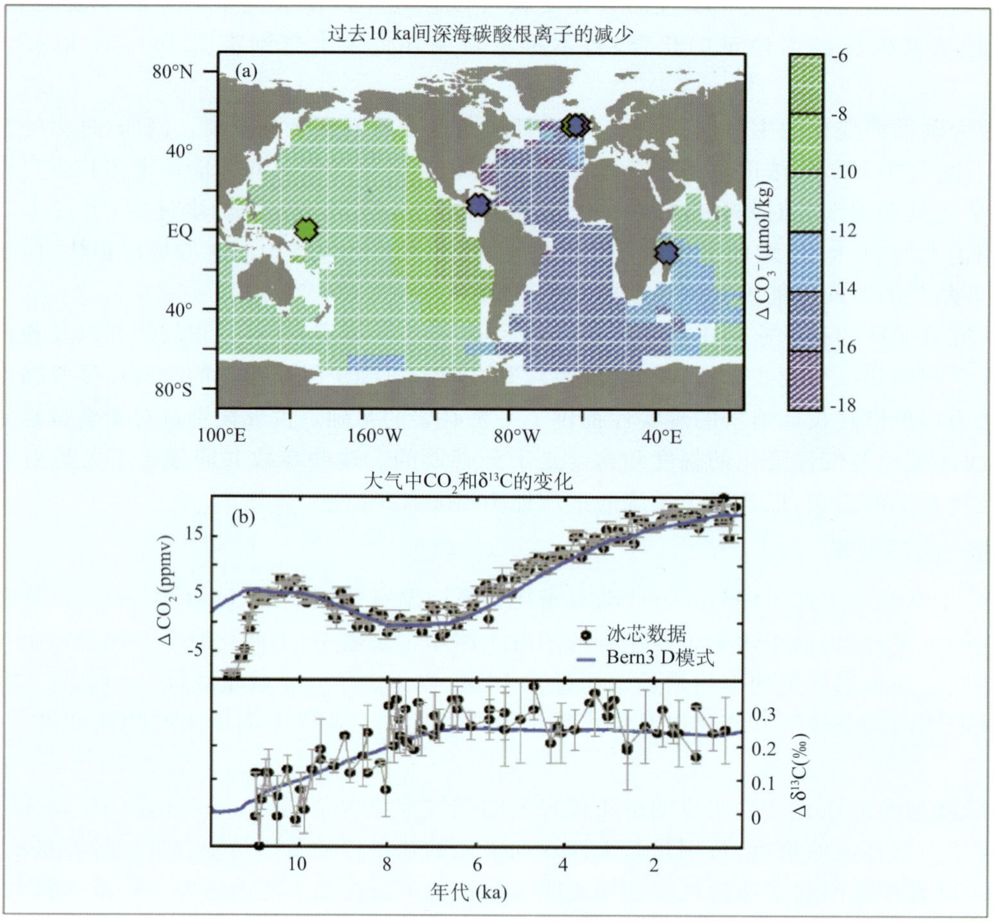

图 2.2 过去 10 ka 深海碳酸根离子浓度变化（a）（十字表示代用资料，蓝色及绿色斜线为 Bern3D 模式模拟结果），以及全新世大气中 CO_2 和 $\delta^{13}C$ 的变化（b）（Menviel，*et al.*，2012）

此外，还不清楚在多大程度上可以把人类活动造成的气候变化与过去的气候变化进行比较。我们需要提高对基本过程机制的了解，以更好地判断正在进行的温室气体排放，及与之相连的气候变暖的增幅和反馈，指导减缓排放及适应气候的努力。对古代资料的研究是唯一的可以判断时间尺度及复杂气候变化的途径，这些既未包括在观测资料中，也不可能在实验室中获得，但是古代资料的潜力还远远没有完全发掘出来。

2.2 海洋生物碳泵

海洋营养循环

生物碳泵指一系列受生物学调节的过程，把海洋表层的碳输送到海洋深处。输送的效率依赖于碳的光吸收、输出及成矿速度的平衡。我们关于生物碳泵的知识依赖于对构成浮游植物分布、海洋食物网及与之有关的生物化学循环因子的了解。为了判断这个泵的强度和效率未来可能在多大程度上变化，我们需要了解在一个变暖的海洋中的一些因子，如光、营养物和温度会有多大的变化。把生态系统模式与全球环流模式耦合，是一个了解碳泵动力学及其对气候变暖响应的重要工具，但是现有的模式还做不到这一点（Sarmiento，*et al.*，2004）。

近 10 a 对关键的浮游植物及其在生物碳泵功能中的主导作用的关系有了进一步的了解（Boyd，*et al.*，2010）。直到最近，才区分开在营养丰富的水中通过硅藻—桡足类—鱼的线性食物链形成的有效碳输出，以及在缺乏营养的水中通过从无处不在的微微/毫微浮游植物开始的微生物网，而把碳保存在表层水中的过程（Chisholm，2000）。但是，近来发现情况要复杂得多，因为还发现了两种小的生物：一种是钙质颗石藻类，另一种是固氮的藻青菌。在暖的、有很好光照的、有不平衡的无机氮和磷营养物的表层水中，这两种生物与硅藻相比有优越性。它们直接参加碳输出，或者与碳酸钙碎石聚集起基石颗粒的作用，或者释放氮以维持伴随的硅藻增长，激发碳输出（Chen，*et al.*，2011）。

由于温度上升、层结加强，海洋变暖对远洋生态系统的影响有直接的也有间接的。层结加强有利于小的浮游植物量超过大细胞生物如硅藻等（Falkowski，*et al.*，2007；Li，*et al.*，2009）（图 2.3）。这样造成的光-同化碳有利于变异微生物食物链，因为其活动受到暖水温的刺激，增

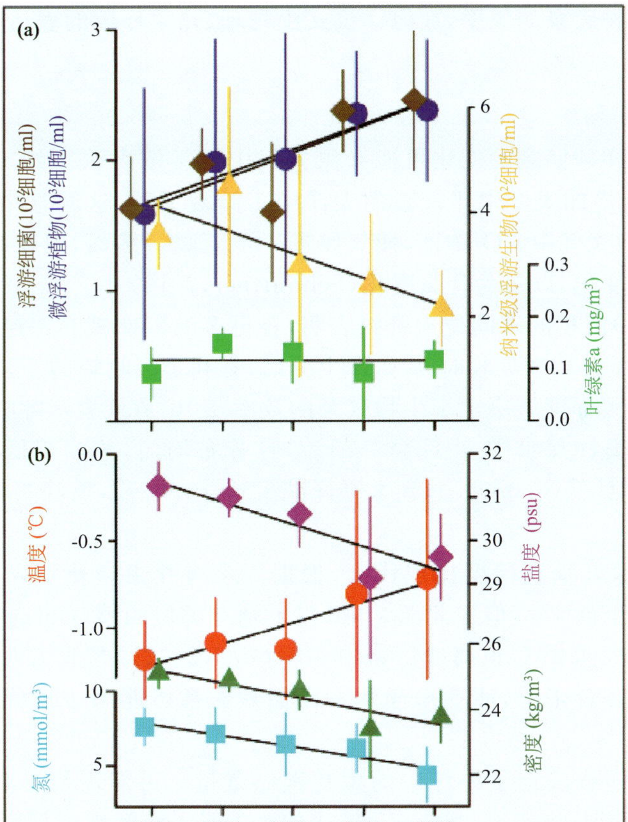

图 2.3 加拿大海盆上层水的夏季条件

(a)同期浮游生物机体的响应；(b)2004—2008 年自然水的特性

（原作 Li，*et al.*，2009，引自 Lancelot，2012）

加碳的成矿率(Sarmento,*et al.*,2010)。小的浮游植物细胞沉降率也低。海洋层结加强,这些细胞的扩散也会降低生物泵的总能力,但是究竟降低多少还是一个未知数(Barber,2007)。

微浮游植物的碳将在表层水中完全重新成矿,这种流行观点近来受到了挑战,赤道太平洋及阿拉伯海的资料表明,与微浮游植物有关的碳可能通过直接途径作为聚集物和排泄物颗粒输出(Richardson,*et al.*,2007)。由于变暖,未来颗石藻类的繁盛能扩散的纬度范围还不清楚。另外,海洋酸化造成的碳化率可能有多大改变也不知道(Cermeño,*et al.*,2008)。

在暖的海洋中,温度上升,层结加强,造成巨大的海洋脱氧,对海洋生物有直接后果(Keeling,*et al.*, 2010),但是仅只直接影响海洋生产力、营养物及碳循环。低氧/缺氧条件的扩展,将会使沉积过程中释放磷酸盐及铁,由于脱氧或者厌氧氨氧化而排出活性氮。海洋中硝酸盐-磷酸盐平衡的改变将影响海洋有机物的组成和生产力,首先是重氮营养物藻青菌,但不清楚对生物碳泵有多大影响。

总之,最小的浮游植物在一个暖大洋中比较有优势。相反,硅藻则在表层水中有优势,只有短暂的营养物脉动。硅藻特别易于在沿岸区生长,那里在气候变暖情况下风暴强度及频率上升,强风造成涌升。通过模式评估生物碳泵的变化有许多困难,控制浮游植物生长优势及食物网结构均有不确定性。同时,许多全球环流模式分辨率还比较粗,并且不适合高频强迫。为了更好地预测未来生物碳泵的效率,在海洋模式中物理、化学环境的表达也要有与生物学中相应的复杂度(Lancelot,2012)。

古代的生物碳泵

冰期—间冰期海洋碳储藏的变化可能导致大气中 CO_2 浓度改变约 100 ppmv(Sigman,*et al.*,2000)。如果在较冷的大洋中比较暖的大洋中多储藏了碳,这就意味着存在正反馈,气候变暖海洋释放碳,增大大气中 CO_2 浓度,使气候进一步变暖。然而,现在我们不知道在过去海洋中储藏的碳有多大变化,以及为什么变化(Schmittner,2012)。

LGM(19～22 ka)沉积的碳同位素资料表明,有更多的碳储藏在深层海洋中,特别是大西洋(图 2.4)。当碳被浮游植物吸收时 $\delta^{13}C$ 产生分馏,有利于吸收轻的 ^{12}C。$\delta^{13}C$ 分布在深层海洋中,因此,$\delta^{13}C$ 在很大程度上决定于生物碳泵的效率,$\delta^{13}C$ 愈低表示呼吸的碳愈少。

在北大西洋现代海洋深水中 $\delta^{13}C$ 高(+1‰)且分布均匀,相当于低营养物汇、高氧表层水。在南大西洋中 $\delta^{13}C$ 低(+0.5‰),到太平洋减少到−0.06‰,反映当前海洋为高营养物及碳、低氧的古代海水。

LGM 时大西洋深处垂直梯度比现代大,根据深水有孔虫微化石壳测量,2～3 km 以下 $\delta^{13}C$值比 2～3 km 之上低 1‰,但在北部 2 km 以上则有类似的值(Curry,*et al.*,2005)。在太平洋深层特别是在南大洋 $\delta^{13}C$ 也高(Matsumoto,*et al.*,2002),与北大西洋相反,北太平洋没有很强的垂直梯度。综合来看,冰期海洋生物碳储藏非常可能高于现代,但是还不知道高多少,以及为什么高。

生物、物理、化学过程决定了海洋中的生物碳储藏量。可能需要不止一种过程来解释冰期—间冰期的变化(Köhler,*et al.*,2005)。较冷的水中 CO_2 溶解度增加可以解释不到20 ppmv 的冰期—间冰期差。大西洋 $\delta^{13}C$ 的垂直梯度的增大可能是环流变化的结果,如向南流的深水深度变浅,或者向北流的底水速度变化。此外,在 Bouttes 等(2009)的简化模式中,从南极四周海冰排出的咸水增加及其对深海层结的影响,使大气中 CO_2 浓度降低约 42 ppmv。但是这个影响需要用更接近实际的模式来进一步验证。北部的源比南部的对全球深水作用大,也可以改变生物泵的效率(Martin,1990),但是对冰期—间冰期大气 CO_2 浓度的变化贡献不大。

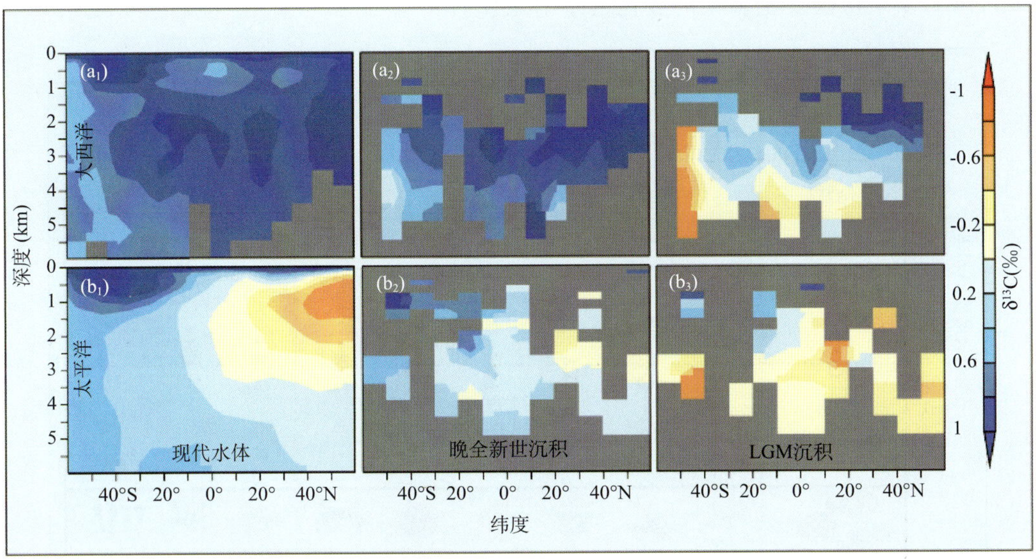

图 2.4 大西洋[(a_1)～(a_3)]及太平洋[(b_1)～(b_3)]纬向平均 $\delta^{13}C$ 的纬度-深度分布
[(a_1),(b_1)为现代水体 WOCE 及 CLIVAR 船测;(a_2),(b_2)为晚全新世资料;(a_3),(b_3)为 LGM 沉积资料]
(Hesse, *et al.*, 2011;Matsumoto,*et al.*, 2002,引自 Schmittner,2012)

有较高尘粒沉降,为表层海洋中输入更多的铁,浮游生物吸收亚硝酸盐及磷酸盐的效率也会增大,估计可达 37 ppmv (Brovkin,*et al.*,2007)。巴塔哥尼亚冰期尘粒脉动可以部分地解释南大西洋底水的低 $\delta^{13}C$。但是,风成铁输入的增加,可能由于沉积源海平面低而被抵消(Moore,*et al.*,2008)。总的讲,冰期海洋中生物(固定的)氮可能高于现代,由于较冷的冰期海洋中溶解氧的浓度高,或者海面下降使大陆架的面积减少,因此脱氮作用低。但是,对这些过程还没有用实际的 3 维模式进行定量地研究。

控制冰期—间冰期碳储藏变化的某些过程或者所有过程对现代气候变暖研究也有重要意义。在较暖的大洋中 CO_2 溶解度下降是肯定的。但是,未来其他过程究竟有多么重要还有很大的不确定性。通过国际模式比较计划以及综合、增加古气候资料空间覆盖面,可对过去与未来海洋碳储藏如何变化,以及为何变化有进一步的了解(Schmittner,2012)

2.3 海洋酸化

海洋酸化过程

海洋酸化是 21 世纪才出现的名词,用以描述由于吸收人类活动产生的 CO_2 而造成的海洋化学变化。这些变化包括溶解的无机碳浓度增加、pH 降低、低碳酸钙饱和状态(Ω)等。但是,只是最近才开始研究海洋酸化的证据以及海洋酸化对海洋生物和生态系统的影响(图 2.5)(Gattuso,*et al.*,2011a, 2011b)。

关于海洋酸化的一些方面,如碳酸盐化学中的变化已经了解得很清楚了。同样大家都知道,全球海洋有三类海域最容易受海洋酸化影响,如极区及深海酸化特别严重,或者由于其他原因酸化的影响增加,如珊瑚礁本身受全球变暖影响也很强烈。但是对大多数生物学的、生态的和生物化学的影响认识得还不够准确。钙化、初级生产力、固氮及生物多样性都要受到影响。不过,对未来可能发生多大的变化还不清楚。

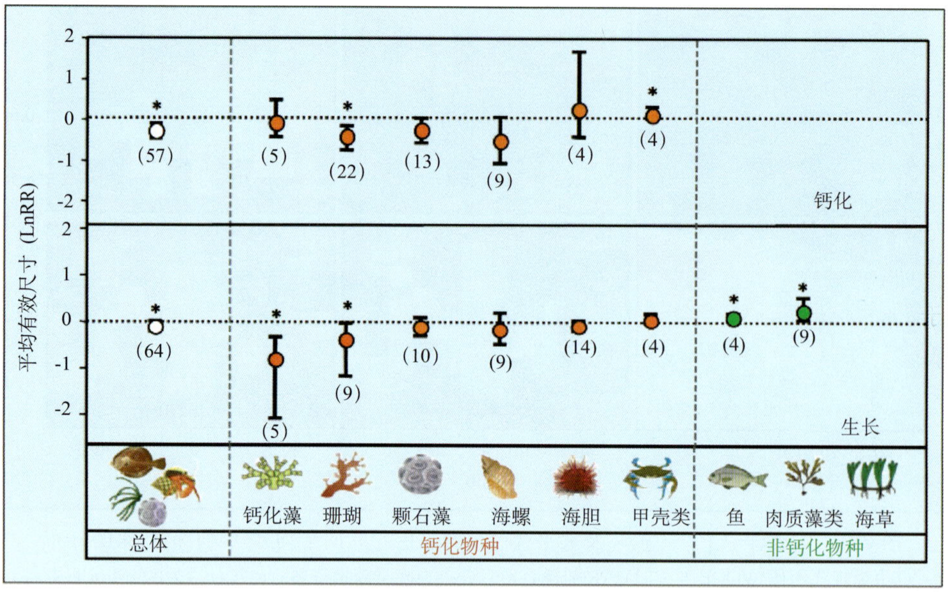

图 2.5 海洋酸化对海洋生物的影响

(圆圈为平均影响大小,竖线为 95%信度,括弧中数字为试验次数,* 号表示 95%变化范围未跨越 0 值)

(Kroeker, *et al.*, 2010; Gattuso, 2012 补充)

虽然一些研究指出,海洋酸化对某些生物的钙化率没有影响或者呈正影响(Andersson, *et al.*, 2011; Riebesell, *et al.*, 2011),但是元分析发现有普遍的、显著的负影响(Hendriks, *et al.*, 2010; Kroeker, *et al.*, 2010)。一般对珊瑚有不利影响,甲壳类的壳可能增厚。无论是否 CO_2 增高、Ω 降低,在这种条件下从热力学角度看不利于碳酸钙的沉淀,某些生物可能调高新陈代谢及钙化速度,以补偿低的 Ω。但是,这就要付出能量,需要从其他基本过程转移能量,故不能维持较长时间。如果能够提供 CO_2 升高情况下钙化所需的补充能量,则在一定的生物中可以全部或部分抵消这种能量缺损。我们需要对钙化海洋生物中的分子及生物过程有更多的了解,以便认识钙化对海洋酸化的响应。

海洋酸化不是影响单个生物,而是影响全部生物——生态系统。有大量的证据表明,特别是深水群体,当海洋酸化时其结构将要改变。例如,地中海围绕次海洋 CO_2 排气口,生态系统的结构受排气四周 CO_2 浓度梯度控制,接近排气口,非钙化海藻代替了钙化海藻,没有发现年幼的钙化体。

对远洋群体结构的影响我们知道得更少。自然浮游植物群体实验一致表明,CO_2 升高时固定碳有中等程度增加(Riebesell, *et al.*, 2011)。CO_2 水平增加有助于某些浮游植物的生长,如藻青菌,但使其他种类如某些钙化生物竞争力下降。虽然对酸化及生态系统的其他变化的综合影响目前还了解得不确切,但是非常值得深入研究,特别要注意对渔业及旅游业的潜在经济影响。

从海洋酸化及其对海洋生态系统影响的角度看,减少 CO_2 的排放也是必要的,但是我们需要减少不确定性,并且提供一个预测,虽然有时这个预测与观测结果是矛盾的。对认识海洋酸化及其与其他应力如变暖、富营养化过程及脱氧过程相互作用的方方面面，综合研究是一个关键。但是，至少从研究角度看还是乐观的，未来除了 IPCC 及其他评估研究外，还有一系列的新的研究开始进行，这将显著增加我们对这个问题的认识水平。

古代的海洋酸化

科学家经常“回顾过去，展望未来”，这就是评价在碳循环过程中海洋酸化的影响（Pelejero，*et al.*，2010）。幸好直接受碳酸钙饱和度下降影响的钙质生物留下了化石记录，浮游有孔虫和钙质微型浮游生物（如颗石藻类）提供了海洋酸化影响的信息，这包括表层海洋钙质生物、深水有孔虫、深海介形亚纲动物，以及陆架环境中的珊瑚、钙质海藻、棘皮动物、双壳类动物、腹足纲软体动物（Kiessling，*et al.*，2011）。

关于海洋酸化问题，过去对未来有什么指示意义呢？为了找到 CO_2 水平远高于现代（>389 ppmv）的时代，必须回到“遥远的过去”（Kump，*et al.*，2009；NRC CIDT，2011）。在过去 2.6×10^6 年（Ma）中，当冰期转入间冰期时，大气 CO_2 浓度可能在几千年内增加约 90 ppmv。不过，那是从 175～185 ppmv 开始增加，比现代的浓度要低得多。过去自从南极冰盖建立以来的 35 Ma 大气 CO_2 浓度从来没有超过 400 ppmv。在遥远过去的暖期，与临近的未来并不相似，生命是在那以后才发展起来的，不过，这无论如何也可以作为参考。

在遥远的过去，长期的高 pCO_2 及低 pH，并没有导致海水低 Ω，因为在 10～100 ka 前埋藏在海洋沉积中的 $CaCO_3$ 与陆地岩石风化释放的正离子平衡，而深海碳酸盐溶解缓解了海洋的低 Ω。这种缓解只是在 180 Ma 之后才有可能，因为那时开放的大洋钙质生物发展，而其遗体开始积累成为深海碳酸盐。以后，只有当特别地补充 CO_2 时，如在几百年内燃烧化石燃料，才导致 pH 下降及低 Ω。研究过去的海洋酸化要确认大气 CO_2 浓度迅速增加的时间，如海床沉积甲烷水合物的溶解，岩浆进入有机物丰富的沉积，火山喷发气体或很快的有丰富 CO_2 深水的上翻。

在地质记录中可以明显地看到碳循环与气候的关系（图 2.6）。碳同位素异常（CIE）说明向大气-海洋系统释放了大量的轻的碳，那时气候变暖，海床碳酸盐溶解（Kump，*et al.*，2009）。在地球显生宙 543 Ma 有生物的历史以来，约 250 Ma 二叠纪—三叠纪交界（P/Tr），约 200 Ma 三叠纪—侏罗纪交界（Tr/J），约 183 Ma 与 93 Ma 侏罗纪—白垩纪（J/C）海洋缺氧事件（Oceanic Anoxic Events，OAE），约 55 Ma 古新世—始新世热力极大（PETM），及约 65—40 Ma 古近纪小“热力极大期”，均有扰动（McInerney，*et al.*，2001）。所有这些事件均与未来相似，碳同位素异常、全球变暖、海洋酸化、脱氧，均不同程度地影响生物界。在海洋发生缓冲之前，二叠纪与三叠纪交界、三叠纪与侏罗纪交界发生了大灭绝（包括礁石生物界）。这些早期的地质事件有助于了解缓冲过高的碳释放速率的过程。以后的酸化时期并没有伴随着海洋钙质生物的大灭绝，虽然在某些海洋缺氧事件及热力极大中珊瑚礁和深海深水有孔虫遭遇灭绝。在海洋缺氧及接近海洋缺氧时，或经过热力极大时，钙质微型浮游生物物种生成及灭绝率加速，并有微型浮游生物变形的记录，虽然这可能是海床沉积形成及形成后溶解的结果。动植物群的变化一般至少要 10 ka 才能恢复。

过去碳循环扰动中 CO_2 排放率与现代最近似的情况表明，过去的 CO_2 排放比现代人类活动造成的 CO_2 浓度升高要慢得多。地质记录说明，人类造成的这次“巨大的地球物理实验”是前所未有的，CO_2 排放率之高有可能对海洋生物界造成严重的长期影响（Thomas，2012）。

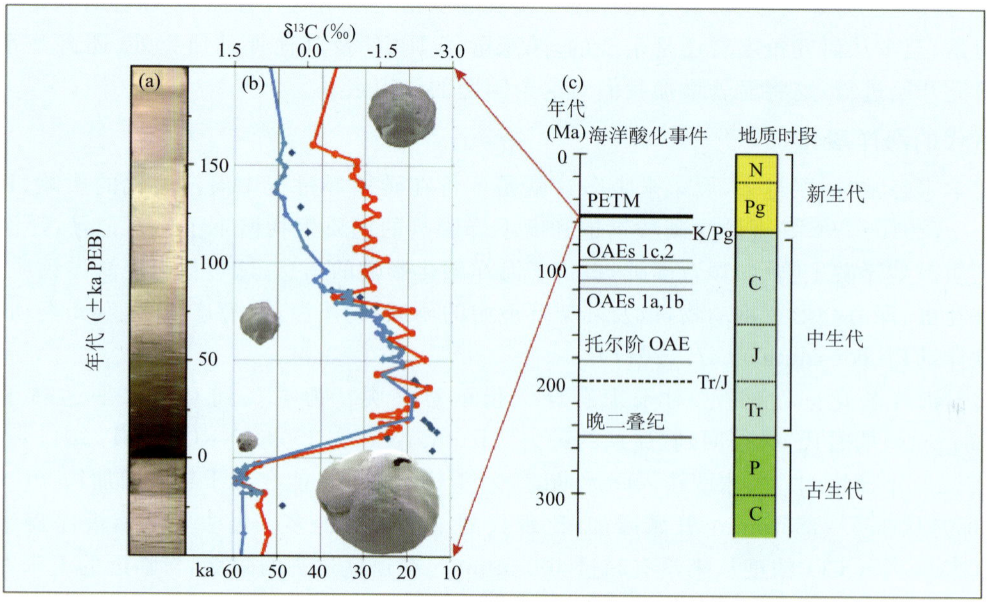

图 2.6 纳米比亚沿岸东南大西洋古新世—始新世热力极大(PETM)

[(a)沉积岩芯碳酸盐分泌物(浅色)及泥土(深色),海洋酸化时碳酸盐已溶解(Zachos, *et al.*, 2005),时间为相对于古新世—始新世交界(PEB)(Hönisch, *et al.*, 2012);(b)蓝色曲线及蓝点表示深海中深水有孔虫壳碳同位素异常(CIE)(McCarren, *et al.*, 2008),红色曲线表示 CIE 大灭绝,深海中深水有孔虫种群数下降,图画为大灭绝时仍生存的深水有孔虫,用来做同位素分析,一切表明随着海洋酸化,有孔虫体在显著缩小;(c)近 300 Ma 地球历史气候与碳循环,从下向上依次为:C 石碳纪,P 二叠纪,Tr 三叠纪,J 侏罗纪,C 白垩纪,Pg 古近纪,N 新近纪,OAE 海洋缺氧事件](据 Kump, *et al.*, 2009 改绘;Thomas, 2012)

2.4 甲烷水合物

为了认识甲烷水合物的作用,先介绍一下地球系统碳库的概况。Ciais 等(2012)研究了冰期(以 LGM 为代表)与间冰期(以工业化前为代表)全球碳的分布(表 2.1)。冰期陆面惰性碳库比间冰期高 700 Pg C,这样冰期大气中及陆面植被碳库中的碳的减少得到补偿,使得冰期碳库(约 3 600 Pg C)仅比间冰期(约 4 000 Pg C)少 10%(约 400 Pg C)。冰期把多余的 700 Pg C 冻封在永冻土中,这是一个巨大的挑战。无论是用地球系统模式研究过去还是预测未来,详细研究湿地及永冻土的碳循环,均是必不可少的。对于完善全球碳循环的图像,这也是必不可少的一步。

表 2.1 冰期与间冰期地球系统的碳库(Pg C)(Claussen, 2012)

碳库	间冰期(%)	冰期(%)
大气	600(1.4)	400(1.0)
陆面	2 370(5.7)	1 340(3.2)
陆面惰性碳	1 600(3.9)	2 300(5.6)
海洋	36 830(89.0)	37 350(90.2)
总计	41 400(100.0)	41 390(100.0)

北极圈

甲烷(CH_4)是一种强大的温室气体，积累在次表层烃库中，如煤矿及天然气。北极永冻土及冰川形成一个“冰雪帽”，储藏了大量的从烃库渗透出来的CH_4，阻止其进入大气中。北极地质甲烷库储藏了1 200 Pg C，与大气中CH_4仅仅有5 Pg C相比，这是一个很大的量(Anthony, *et al.*, 2012)。只要这些被埋藏在地下的CH_4有很小一部分逸出，就会对气候产生巨大的影响。阿拉斯加与格陵兰永冻土融化及冰川后退的边界释放出来的$\delta^{14}C$大为降低的CH_4，大量渗出到大气中。从气泡形成的湖冰空洞可以确认这些CH_4的渗出。渗出造成异常高的CH_4通量。在阿拉斯加古代的放射性碳和稳定同位素与煤矿及热甲烷的积累一致。而格陵兰年轻的CH_4的渗出与小冰期后冰盖的后退带一致。这表明：气候变暖，永冻土、冰川及部分极地冰盖的瓦解，有利于埋藏在“冰雪帽”中$\delta^{14}C$大为降低的CH_4的渗出。

永冻土及冰川是一个很大的地质时期的CH_4库，CH_4作为水合物存在于煤矿及天然气中(Gautier, *et al.*, 2009; Isaksen, *et al.*, 2011)。这个CH_4库是沉积中有机物由于热力及微生物分解形成的，从最初的岩石中流出来成层地或在结构中积累，或者在高压低温下作为气体水合物存在于次表层像冰一样的固体中(Collett, *et al.*, 2011)。

永远冻结层、冰饱和地面(永冻土)及超载的冰川形成一个不透气的隔离层，对产生于化石烃库及其他非化石但$\delta^{14}C$大为降低的埋藏于冰冻圈之下的，晚第四纪沉积中的地质时期CH_4，起到阻隔作用。烃库模型表明，永冻土及超载的冰川的功能类似一个冰冻圈的盖子，在间冰期中，这些气体可以逸出(Lerche, *et al.*, 1997)。Anthony 等(2012)首次提供了证据，证明当冰冻圈后退时，沿着边界有地质时期的CH_4渗出。

在冰川区，冰冻圈前进及后退使得沉积岩石断裂。由于这些岩石中包含有天然气，新产生的以及早就存在的岩石通道使气体转移到表面。因此，当冰后退时低$\delta^{14}C$气体外逸。在永冻土区，永冻土的瓦解除去了对早已存在的断层及非层状沉积岩石圈中新形成的断层的封锁，使埋藏在永冻土中的气体逸出到大气中。因此，北极地区是一个由于冰冻圈瓦解，气体外逸的特殊地区。这里渗出的CH_4达到约2 Tg①/a，而地质时期CH_4的渗漏排放也不过3～4 Tg/a(Etiope, *et al.*, 2008)。这就说明，当气候变暖，永冻土融化，冰川与冰盖消融时，可能使CH_4气化外逸。深的永冻土融化可能需要几百到几千年。但是已经在进行的永冻土变暖造成大量冻结的水消融，加强了表层水与次表层永冻土地下水的交换，扩大融水层及形成新的融水层，可以在很短时间内增加永冻土对气体的可渗透性。当然，CH_4氧化可能缓解次冰盖层的排放，但是最终由于冰冻圈瓦解，甲烷碳注入大气，将增加地面的碳循环。如果这个过程确实存在，则像西西伯利亚的北部有大量天然气埋藏在薄的永冻土下，一旦气候变暖气体外逸，将对气候变暖造成强烈的正反馈(Anthony, *et al.*, 2012)。

Kort 等(2012)根据最近的观测指出，北极地区是巨大的CH_4库，包括永冻土及甲烷水合物，而这个库对气候变暖十分脆弱。北冰洋表层水为CH_4过饱和。由于CH_4增加在接近表层最明显，而在CO层很少或没有增加，因此可以断定这里的CH_4增加不是燃烧造成的。

Etiope(2012)指出，地质时期的CH_4源还有许多种(图2.7)。根据模式估计最低排放总量约60 Tg/a，而最高估计为80 Tg/a (Etiope, *et al.*, 2008)。宽一点可以认为地质时期的排

---

① $1\ Tg=10^{12}g$，下同。

放量为 40～80 Tg/a，这相当于全球排放量的 7%～14%。观测表明大气中的 CH_4 有 30%来自化石，这说明地质时期的 CH_4 源的强度至少达到人类活动排放的化石甲烷的一半。

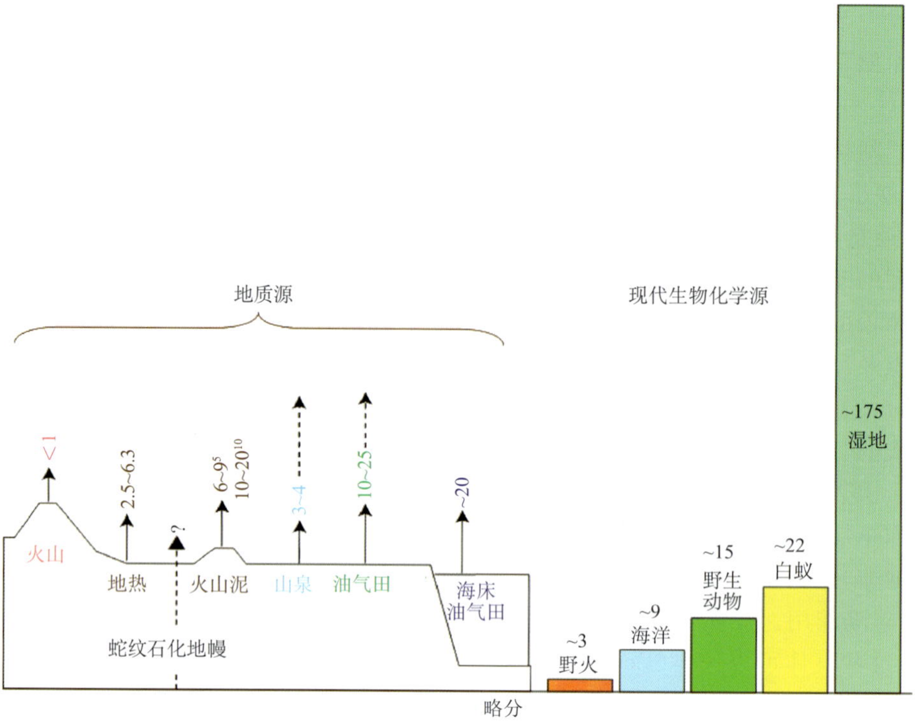

图 2.7 地质时期及现代生物化学 CH_4 排放(单位：Tg/a)(Etiope,2012)

南极

我们曾经设想南极冰盖下面没有生命，但是现在知道那里可能是一个充满代谢活动的微生物细胞和有机碳的库。有机碳的降解在冰下形成 CH_4，这是一个非常重要的过程，但是我们了解得还很不够。可能在南极冰盖下到 14 km 深的沉积中还有这种过程，估计共埋藏有 21 000 Pg 的有机碳。不过，可惜还没有南极次表层海洋沉积中 CH_4 生成率的观测资料，因此只能通过模式估计冰下超载的有机物质生成 CH_4 的潜力。一维水合物模式表明，在气压和温度条件适合的情况下，生成甲烷水合物的深度在西南极可以达到 300 m，在东南极可以达到 700 m。这表明在南极沉积中有甲烷水合物积累的潜力，甲烷水合物的总量决定于有机碳降解率及冰盖底部的条件。南极次表层甲烷水合物总量，可能与最近估计的北极永冻土的排放处于同样的数量级。这就说明南极冰盖是全球 CH_4 平衡中一个被忽略了的重要的组成部分，它可能对气候变暖有正反馈作用(Wadham, *et al.*, 2012)。

模式模拟结果表明，东南极冰盖下甲烷水合物可能有 70～390 Pg C，西南极冰盖下有几十 Pg C。这说明在南极冰盖下是一个甲烷水合物库，其大小与北极永冻土及海洋甲烷水合物库相当。冰下甲烷水合物的量对冰的厚度很敏感，可能主要位于冰的厚度较薄的地区，因此冰消期很可能通过冰的重量变化造成甲烷水合物不稳定。例如，上次西南极冰盖瓦解时，冰盖变薄、后退造成的甲烷水合物稳定带的变化，使甲烷水合物不稳定，随之通过漏孔释放出来。这个甲烷水合物扰动对大气 CH_4 浓度的影响，依赖于甲烷水合物的数量、地理分布、类型及冰盖后退率。末次冰消期时南极冰盖的后退率达到 1 000 km^2/a，北半球劳仑泰冰盖的后退率就曾达到 1 200 km^2/a。西南极冰盖可能超过这个值，因为冰盖在水下，并且冰碛推进很快而且动力学不稳定。如果在边缘地热活动带有 15 Pg C，且 10% 为甲烷水合物，冰后退的速度为 1 000 km^2/a，则每年可能有 0.15 Pg C 的水合物释放到大气中。这稍微超过大气 CH_4 的变化率0.13 Pg C/a，因此，有影响大气 CH_4 浓度的潜力。要达到这一点，水合物的扰动需要是一个不平衡的过程，即 CH_4 迅速地传送到沉积表层，而且其速度要远高于氧化的速度。西南极冰盖有几十 Pg C，这与其他地区海洋水合物库属于同一数量级，如东南极的 15 Pg C(Ferraccioli, *et al.*, 2009)及大西洋西部的 23 Pg C(Dickens, *et al.*, 1997)。因此，南极冰盖可能包含一个过去被忽略了的全球甲烷水合物库，尽管我们今天的认识还有很大的不确定性。特别是浅的部分对气候强迫是很敏感的。如果在西南极冰盖下有大量的甲烷水合物及气体，则冰盖瓦解时甲烷水合物的不稳定可能对全球气候变化造成一个正反馈。因此，继续深入研究这个问题十分必要。

海洋水合物对气候的敏感度

要预测未来 CH_4 的变化，就要知道随着气候变暖有多少 CH_4 能脱离海床进入海洋及大气。关键是气泡占多大比重 CH_4 才开始外逸。所以要选择一个适当的临界值，气泡没有达到临界值时，CH_4 依然保存在沉积中，这一部分称为“可释放甲烷”，利用深海模式，可以计算不同气泡比重(%)临界值情况下，可释放甲烷随温度变化的情况(图 2.8)。假设气泡达到 10% 时才外逸，则只有 2%的 CH_4(即 35 Pg C)在温度上升 3 ℃时能脱离海床。而如果气泡达到 2.5%即可外逸，则温度上升 3 ℃时，可能有 940 Pg C 能进入海洋及大气。把甲烷水合物模式嵌套进全球气候模式表明，这可能使气候变暖 0.4～0.5 ℃。

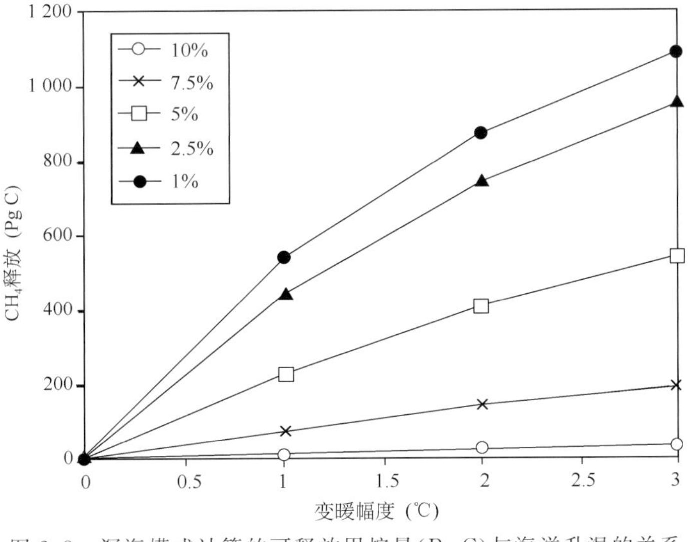

图 2.8　深海模式计算的可释放甲烷量(Pg C)与海洋升温的关系

[不同曲线表示气泡比重(%)不同临界值](Archer, *et al.*, 2009a)

2.5　生态系统服务

从生物多样性到生态系统的功能，整个生态系统服务于人类，把社会与由于气候变化而造成的生物圈的变化直接联系起来，称为生态系统服务。例如作物及森林产品、通过固定碳协调气候、天然昆虫对作物和野生植物授粉、再生价值、美学或宗教价值。在某些地区变暖的可能性预示着向好的方向发展：播种新的作物——包括谷物或葡萄这类高市场价值的作物，增加某些树的产量或者适宜于旅游的天气。然而，并不总是发生这些正面的变化及与之相关的机遇，有时会发生与气候变化有关的生态系统服务的突变，而且可能将来还会更多(Mooney,*et al.*，2009)。

生态系统对气候变化的响应

气候变化影响的最极端表现是摧毁整个生态系统。例如，珊瑚礁是许多鱼类的繁殖场所，水温升高、珊瑚礁变白可能使当地居民失去重要的鱼类资源(Hoegh-Guldberg,*et al.*，2007)。失去珊瑚礁将会使居民增加风暴灾害的危机，失去旅游的收入，从而对可持续的沿岸管理造成巨大影响，最后，使全球失去一个不可替代的文化财富。

另一个例子是美国西南部，随着2000年的干旱，在区域范围内半干旱林地的树枯死，这是一个生态崩溃的例子(Breshears,*et al.*，2011)。树木干枯波及到松、桧，这个突发事件从根本上改变了生态系统服务(见本书2.6节)，有利也有弊，短期内这对大牧场的草生长有利，但对有重要文化意义的松果生长不利，对整个文化景观价值也不利。长期影响则涉及土壤流失，以及通过改变反照率影响区域气候。

从全球来看，虽然模式预估有分歧，但是由于气候变化导致的亚马孙雨林的缩小及随之而来的陆气反馈，已经表明可能对全球气候有潜在的严重影响(Mahli,*et al.*，2009)(图2.9)。虽然看来变化不突然，但是也可能有严重影响。因为是生物群提供了生态系统服务，所以功能很重要的种群分布的迁移有可能扰乱生态系统服务，或者由于响应速度不同、或者由于受不同气候变量控制，植物及其授粉昆虫的变化可能是彼此独立的。

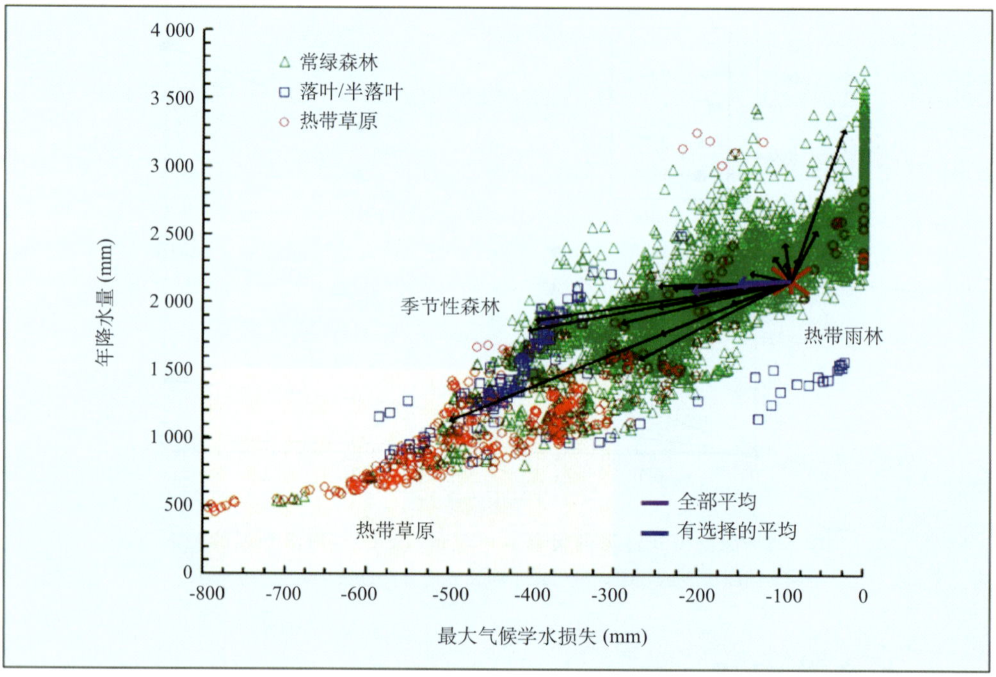

图2.9 亚马孙地区植被类型与降水量的关系

[箭头表示IPCC AR4应用的19个大气环流模式，从1970—1999年平均观测开始(红星)的气候模拟的变化方向，箭头末端表示模拟的21世纪后期降水状况，蓝箭头表示所有模式平均，紫箭头表示模拟较好模式平均](Lavorel，2012，据Mahli,*et al.*，2009改绘)

甚至在种群分布变化之前植物及其授粉昆虫物候学失去了微妙的匹配，得不到适当的授粉会给文化上重要的及稀有的品种粮食作物造成经济损失。相反，当某些害虫的物候学特性或者分布与寄主植物的变化一致时，则气候变化是这些害虫发展的最好的机遇。在欧洲阿尔卑斯山，普通槲寄生及松蛾的向高山扩展就是这种变化的例子。

北美高山松树是一个特例(Kurz,*et al.*,2008)。因气候变暖，这种品种向北扩展，影响到百万公顷针叶林。气候变暖及干燥的夏季使火险增加，高度易燃的甲虫损害森林使得发生森林火灾的面积急剧增加，影响区域的碳收支，估计加拿大西部平均排放 36 g C/(m^2 · a)，这有可能造成正的气候反馈。某些外来物种的入侵，也可能造成类似情况，例如 C_4 草进入灌木生态系统，就可能对澳大利亚、南非角的野火产生深远的影响。

生态系统服务产生这样的突变对适应能力是一个严重的挑战。了解过去的事件、确认早期预警信号，促使社会-生态系统的恢复能力是十分重要的。

研究历史

虽然生态系统服务是一个相对新的名词，但是这个概念已经有很长的历史了。例如：1895年纽约州宪法规定阿迪朗达克森林保护区永远保持自然生态，以维护哈得孙河流域的水质和供水。古代社会利用这些自然或略加管理的生态物质作燃料、纤维及食物，大多数人都承认有植物的水系及冲积平原提供了生态服务。正如现代社会一样，这种承认来之不易。

研究过去对评价生态系统服务的危机及脆弱性有两个作用：提供环境变化、生态服务及社会活动之间相互作用的记录；认识气候变化如何影响作为生态服务基础的生态特征。因为人类活动对生态系统的影响已经有几百年，甚至几千年了，确定生态系统特征及服务的底线，以及人类已经对这个底线造成了多大的变化是十分重要的。一大批海洋生物学家及古生物学家已经研究了人类对北美渔业影响的历史(Jackson,*et al.*,2001; Jackson, 2001)。虽然北美原住民经常大量地捕捞鱼及有壳的水生动物，但是海湾的生态系统却很少受到影响。然而，引进欧洲技术则使食物链顶端的鱼很快减少，大量养殖牡蛎导致海湾形成富营养化过程。20世纪工业捕鱼使这两种趋势加剧，对生态物质及服务造成多方面的影响。

另一个例子，美国西部高山湖沉积表明，由于大量放牧牛、羊，沙尘沉降比19世纪增加了5倍(Neff,*et al.*, 2008)。现代研究发现，由于破坏了土壤壳，以及低地植被减少，沙尘的排放足以减少雪的反照率，使高山雪盖存留期减少几个星期，改变了季节性及总径流量(Painter,*et al.*, 2010)。沉积研究也指出，20世纪30年代引进的联邦放牧政策减缓了沙尘的沉降(Neff, *et al.*, 2008)。

这些研究集中于历史时期的影响，但是古代社会也提供了一个客观的研究文化实践、气候变化及生态系统服务之间相互作用的平台(Costanza,*et al.*, 2007; Büntgen,*et al.*, 2011)。我国西南洱海湖沉积生动地表明，全新世晚期文明的交替如何影响陆地覆盖、土壤流失及洪涝(图2.10)，17—18世纪陆地及土壤流失达到了峰点(Dearing, 2008; Dearing,*et al.*, 2008)。土地利用的结果与季风强度的增加共同作用，从20世纪开始造成环境破坏。

环境及生态变化的研究，即使没有直接与文化实践及后果联系，也能在评价生态系统服务中起到重要作用。环境服务最终受控于生态系统的结构、功能及组成特征，了解这些特征对过去气候变化的响应，有助于认识生态系统服务对当前及未来气候变化的脆弱性(Williams,*et al.*, 2004; Jackson, 2006; Jackson,*et al.*, 2009)。全新世北美大陆中部的干旱是一个较好的例子。最近的研究表明，与中世纪气候异常有关的多年代干旱，导致了大湖区中部及西部广泛的野火及植被组成的变化(Shuman,*et al.*, 2009; Booth,*et al.*, 2012)。中全新世 4 200～4 000 BP 严重而持续的干旱导致大湖区西部森林破坏及组成变化,以及密西西比河上游沙丘的活动(Booth,*et al.*, 2005)。在早全新世,美洲大陆中部遭受了一个逐渐随时间发展的干旱,其间还有一次与劳伦泰冰盖崩溃有关的快速的干旱。生态系统的响应表明有两种变化:一种是逐渐的随时间发展的;另一种是快速的突变(Williams,*et al.*, 2009,2010)。每个地点变化的时间不同,说明局地系统的阈值及敏感度不同。所有这些个例研究都说明,生态系统的特征以及生态系统服务对气候变化是脆弱的,不管是短时间的还是持续性的变化均如此,并且敏感度在不同区域不同生态系统中有显著变化(Jackson, 2012)。

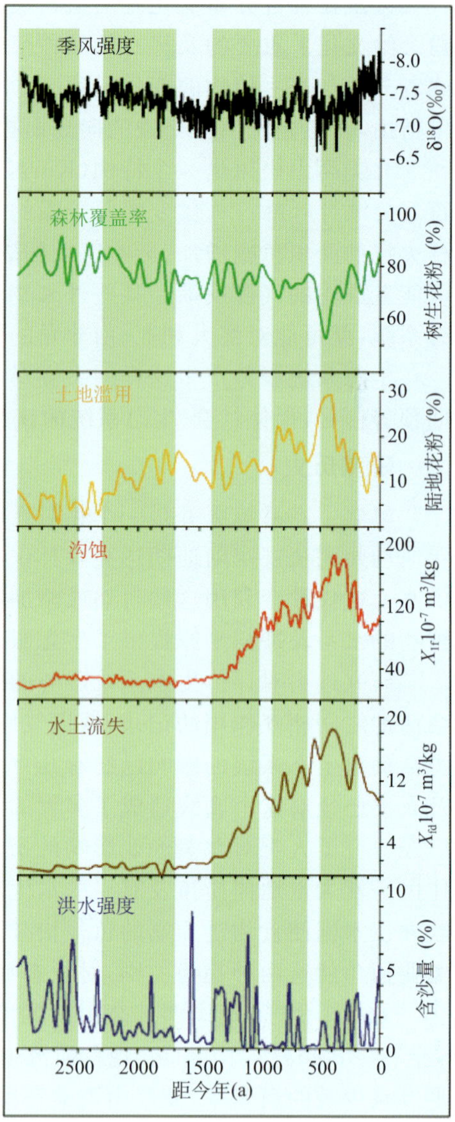

图 2.10 生态系统特征及服务变化的地学及历史记录

(3 000 a 的陆面、水土流失、洪涝强度记录来自于洱海湖沉积,季风强度记录来自石笋,这些记录表明生态系统对人口、文化实践及气候的反应。5 个绿色条表明人类对区域环境影响的关键时期,自左向右依次为:铜器时代文化、汉朝浇灌时期、南诏王国、大理王国、明末/清初环境破坏)(Dearing, 2008)

2.6 气溶胶

气候对气溶胶的敏感度

气溶胶是悬浮在大气中的固体或者液体颗粒,可通过改变云,使生物地球化学循环及大气化学受到干扰,而直接与辐射发生相互作用。气溶胶包括硫酸盐、有机碳、无机黑碳、海水飞沫、矿物尘粒、氨、硝酸盐等,或者直接排放出来,或者由气体形成。气溶胶由燃烧化石燃料、燃烧生物产生,或者从陆面与海面排放出来。气溶胶能在对流层存在 1 d 以上到几周,在平流层存在几年(Mahowald,*et al.*,2011)。

现在用地基和卫星遥感装置,以及地面和飞机采样,监测局地和全球气溶胶,例如 NASA 全球气溶胶气候计划(GACP)。尽管有大量的气溶胶观测,但是对气溶胶的时、空分布及特征的认识还是有很大的不确定性,因为其时、空变率大而且成分复杂(Mahowald,*et al.*, 2011; Formenti,*et al.*, 2011)。同时,可以用被动式或人造收集器,如雪坑或海洋沉积埋藏研究气溶胶的沉降(Kohfeld,*et al.*, 2001)。用较复杂的大气输送和化学模式以及地球系统模式可以研究气溶胶与气候的相互作用(Stier,*et al.*, 2006)。

IPCC AR4(IPCC,2007)指出,人类活动产生的气溶胶已经对气候造成了净降温的效果,部分抵消了由温室气体造成的变暖。但是,这个结论由于存在很大的不确定性而软化。因此,气溶胶与气候相互作用仍然是评价全球平均辐射强迫时的主要的不确定性来源(Forster,*et al.*,2007),并且是 CO_2 浓度加倍造成的 2~4.5 ℃温度变化,也就是气候敏感度不确定性的主要原因(IPCC,2007)。

气溶胶影响气候的途径有多种。直接影响是散射与吸收太阳及地球辐射,造成的辐射强迫为(−0.50±0.40)W/m²,而 CO_2 增加产生的辐射强迫为(1.7±0.1)W/m²(Forster,*et al.*,2007)。同样,气溶胶与辐射的相互作用也造成观测到的"变暗"(dimming)或达到地面的入射太阳辐射的削减(Haywood,*et al.*,2011)。气溶胶改变反照率与云产生相互作用,即"云反照率"影响,这样造成的辐射强迫有−0.7(−0.3~−1.8)W/m²,同时也改变云的生命期(Forster,*et al.*,2007)。气溶胶也改变生物、地球化学循环提供的营养物而限制了原生产力(Martin,*et al.*,1990),造成气候交替,加强碳吸收,间接影响气候,造成的辐射强迫有(−0.50±0.40)W/m²(Mahowald, 2011)。此外,黑碳及灰尘沉降还可以改变雪的反照率(Hansen,*et al.*,2004)。自然生成的气溶胶也是一个气候反馈的强大源泉(Carslaw,*et al.*,2010)。平流层气溶胶对气候的影响表现在强火山爆发后地面的冷却,如皮纳图博火山爆发可能造成了 −0.2 ℃ 的全球平均温度变化(Robock,2000)。由于气溶胶具有造成气候扰动的强大力量,所以也可以把它视为改变地球气候工程的工具(Shepherd,*et al.*,2009)。

近 130 a 人类活动已经显著地增加了大气中的气溶胶。将来,由于公众对健康的关心,以及减少使用化石燃料,可能人类活动造成的气溶胶将减少(图 2.11)。未来气溶胶的减少一方面会增加变暖率(Andreae,*et al.*, 2005),另一方面使 CO_2 的减少难以完成(Mahowald, 2011),因为气溶胶在改变气候及生物地球化学中有复杂而重要的作用。

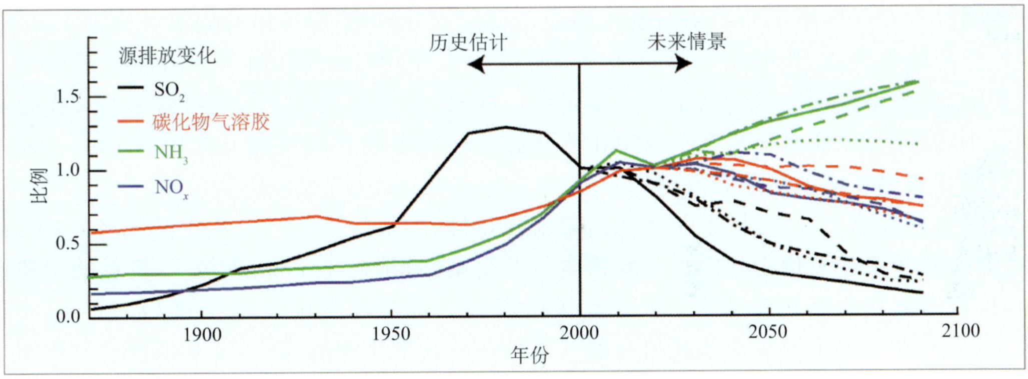

图 2.11　相对于 2000 年,历史估计及未来预估气溶胶排放

(SO_2 形成硫酸盐气溶胶,大约一半氨及氮氧化物形成大气中以氮为基础的气溶胶,含碳气溶胶包括黑碳及有机碳,这里的估计不包括大气中形成的 2 级气溶胶)(Albani,*et al.*, 2012)

古气候记录

过去几百万年的古气候记录表明,扬尘及其他自然气溶胶的沉降有很大的变率。了解这些变率是一个挑战也是对地球系统模式模拟效果的检验。自然气溶胶的产生、传输和沉降受许多物理和生物地球化学过程控制,对此我们还认识得很不够(Ganopolski, 2012)。另外,气溶胶通过一系列的物理及生物地球化学过程影响气候(Albani,*et al.*,2012)。在较短的年际时间尺度上,火山喷发的硫化物气溶胶在气候强迫中起主导作用。在长时间尺度上,气候与气溶胶的反馈可以使其他原因如地球轨道要素及温室气体浓度造成的气候变化

幅度增大。

在冰期—间冰期时间尺度上，灰尘循环变率有特别重要的意义(图 2.12)。古气候资料及模式模拟表明，LGM(21 ka)热带灰尘的沉降比当前高几倍，南极与格陵兰灰尘的沉降率要高一个数量级。大气中含尘量这么大的增加说明，冰期中必然有一个大的灰尘源(Mahowald, *et al.*, 2006)。有一系列的过程可以加大或改变大气灰尘沉降的分布及速率，影响地球轨道要素造成的冰期旋回。大气中灰尘浓度增大，造成对入射太阳辐射的反射的增加，使全球变冷。这个影响还可能由于自然气溶胶对云反照率的作用而加强，这就是所谓的直接影响。但是，灰尘质点有可能吸收射出长波辐射，而影响这个过程(Takemura, *et al.*, 2009)。

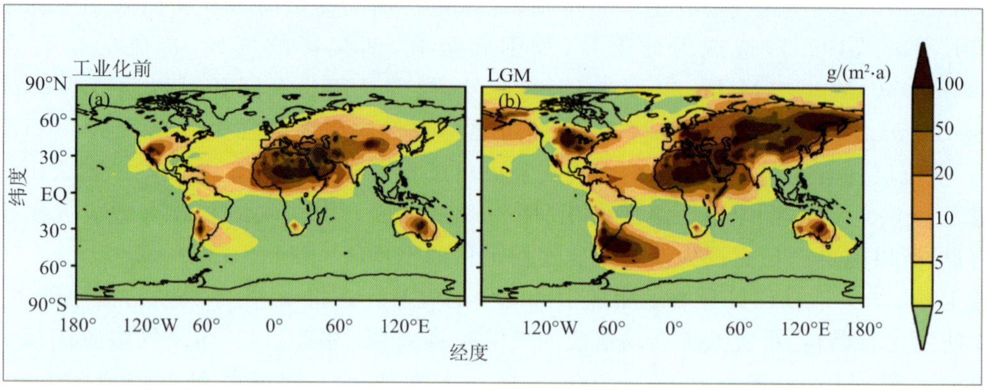

图 2.12 模式模拟的工业化前及 LGM 灰尘的分布(Mahowald, *et al.*, 2006)

冰期灰尘对气候影响净结果对灰尘的光学特性十分敏感，但可惜我们对此认识十分不足。模式模拟的结果表明，典型的气溶胶强迫的强度为 1～2 W/m^2，与由于冰盖增长造成的 CO_2 浓度下降、反照率增加的影响处于同一数量级。同时，在雪盖及冰上灰尘沉降率增加使地表反照率变小，因此可以使融化加强。这对于阻止冰盖向低纬度扩展可能有作用(Krinner, *et al.*, 2006)，并且加速在冰消期冰盖后退的速度(Ganopolski, *et al.*, 2010)。

除了物理影响之外，海洋上灰尘的沉降加强，可能加强生物生产力并使得大气中 CO_2 浓度下降，因为海洋中浮游植物的生长受到铁含量的限制(Martin, *et al.*, 1990)。最近的模拟试验表明，仅在南大洋铁施肥的效果，即可解释相当大一部分冰期 CO_2 的下降(Brovkin, *et al.*, 2007)。为了进一步了解灰尘及其他自然气溶胶在气候变化中的作用，要求把这些过程加入到新一代地球系统模式中。

2.7 陆面生态变化

陆面对气候变化的影响

历史上土地利用已经显著地改变了陆地表面。例如，19 世纪初以来，北半球中纬度地区耕地面积迅速增加。20 世纪伴随着热带雨林的砍伐，进行了大范围的城市移民，发展了灌溉农业。陆面覆盖的变化已经对区域及全球气候系统造成了影响，主要是：①改变了地面反照率；②改变了地面蒸发；③改变了对风和热浪的适应能力，增加了对洪涝以及其他影响人类生存的因素的脆弱性；④改变了大气 CO_2 的摄入(van den Hurk, *et al.*, 2012)。

反照率及蒸发的变化对 19 世纪后期以来的全球平均温度可能已经造成了可以识别的影

响，虽然不同模式对这个影响的估计是有差异的(Pitman，*et al.*，2009)。森林面积的减少增大了反照率，因此，使地面拥有的能量下降。这可能使全球平均增温(工业化开始以来已经上升了 0.8 ℃)下降 0～0.1 ℃(de Noblet-Ducoudré，2012)。局地陆面与大气反馈使得土地利用的影响具有很大的空间尺度。一般地，在热带土地利用造成的温度变化相对较小，但是到赤道则显著增加。在大量砍伐森林的地区(如美国、欧洲大陆中部)，局地冷却可能已经高于抵消温室气体浓度增加造成的全球平均温度上升所必需的数值(图 2.13)。不过应该注意，砍伐森林本身也使大气中 CO_2 浓度上升(Pongratz，*et al.*，2010)。土地利用对蒸发与反照率的影响更不确定。在森林和草原，根据局地条件，蒸发量可能更大(Teuling，*et al.*，2010)。

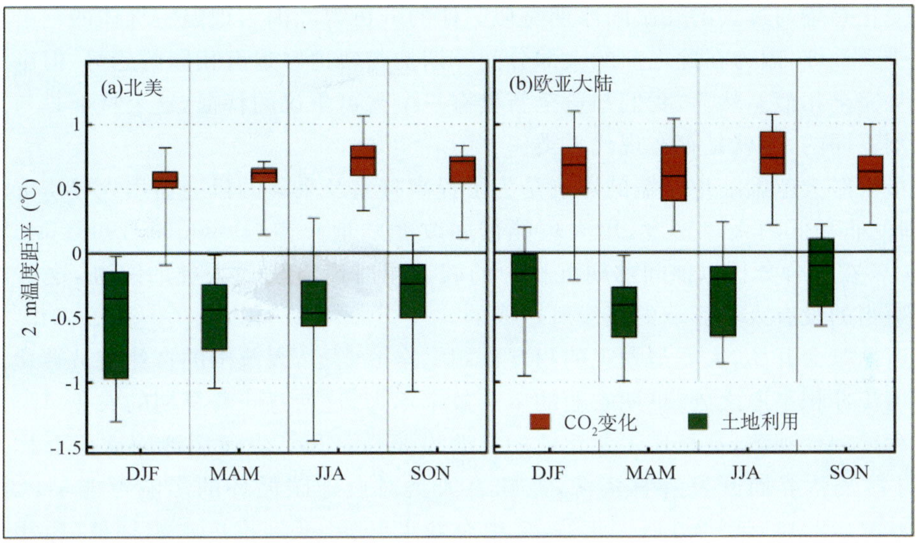

图 2.13　工业化前到现代，北美中部及欧亚大陆中部 7 个大气-陆地模式模拟的土地利用和 CO_2 对温度变化的强迫(de Noblet-Ducondré，*et al.*，2012)

大范围砍伐森林，除了直接影响自然气候系统之外，同时也释放了大量的碳到大气中，加剧了燃烧生物燃料造成的 CO_2 浓度上升。2010 年估计由化石燃料释放了(9.1±0.5)Gt C，也有人估计由于土地利用变化也释放了(0.9±0.7)Gt C(Peters，*et al.*，2011)。虽然综合了 CO_2、生物物理影响，砍伐森林在热带地区还是造成净气候变暖，但是在北半球的一些地区可能造成净气候变冷(Betts，*et al.*，2007；Bonan，2008)。不过，人的治理也起一定作用，因为在砍伐了森林的地区碳含量可能较高，并且雪盖较少(Pongratz，*et al.*，2011)。另一个土地利用变化对气候的影响是增加了气候极端值的脆弱性，因为一方面不再可能抑制极端温度，另一方面也使得在像洪水这样的极端事件中增加土地的暴露。

在 CMIP5 中，许多全球环流模式做了不同社会、经济，包括土地利用情景的模拟。初步结果表明，预计各种情景的土地利用变化(自然植被转化为耕地)，一般要小于 20 世纪。但是，不同地区差异很大。在所有的情景中，非洲次撒哈拉地区农业用地是变化最显著的，甚至在为了把全球变暖限制在 2 ℃阈值的情景下也是如此。土地利用与气候的相互作用的性质及程度的大尺度空间变率，要求我们加强对局地陆面变化影响的评估。

全新世的记录

工业革命前 12 ka，冰盖消融，海平面稳定，温度与降水型的变化已经影响了全球陆面覆盖。同时,人类开始了农业和畜牧业,发展了冶金及其他技术,建立了社会及文化系统。这些变化导致人口膨胀、城市化,使人类移民到世界上完全没有冰的所有地区。全新世人类造成的及自然的环境变化改变了陆面覆盖,并通过排放温室气体及气溶胶使得地球系统发生转换(Kaplan, 2012)。

工业化之前的人类活动主要是砍伐森林、播种水稻、驯化反刍动物,向大气中排放了大量的 CO_2 和 CH_4。温室气体浓度的变化可能已经影响了全球气候,到了排除一个新的冰期开始的程度(Ruddiman,2003;Ruddiman,*et al.*, 2011)。Ruddiman(2003)研究的基础是轨道强迫,这是冰期开始及冰芯中大气 CO_2 和 CH_4 浓度改变的最终原因。他的结论是:全新世温室气体浓度变化趋势与过去的几次间冰期类似。他的分析曾经因为把温室气体的记录与轨道强迫协调而受到批评,因为在此之前的大部分间冰期均与轨道强迫有相同的趋势,但全新世并不与这个趋势完全相似。然而,我们知道全新世有一个无可争议的特征,这个特征是与地球历史的其他时刻不同的,这就是存在现代人类。

人类最早对大范围陆地覆盖的影响是为了提高狩猎及采集的机会而用火(Marlon,*et al.*, 2008)。即使非常低的人口密度,用火也能彻底改变陆地覆盖(Bowman,1998; McWethy,*et al.*, 2010)。在综合分析以前间冰期沉积中的碳记录时没有发现人类的踪迹,这可能是因为没有一个适当的没有人类影响的底线所造成的。

从新石器革命开始,人类与景观的相互作用完全改变了,大范围的自然植被转化为农田及牧场。除河流冲积平原之外,早期农业的生产效率不高,这就意味着早期的农业单位产量所用的土地面积比现代观测,甚至比工业化前的社会也要高。为了农业用地而砍伐森林及为了燃料、建筑材料及营养而开发森林资源,意味着人类对全球碳循环的影响可能早已很显著了(Kaplan,*et al.*,2011)(图 2.14)。此外,从中全新世开始,亚洲推广水稻种植(Fuller,*et al.*, 2011),以及熔炼金属产生的碳使得 CH_4 排放显著高于自然水平。因此,近 6 ka 人类活动可能已经使大气 CO_2 及 CH_4 浓度增大。

人类活动可以稳定或增加温室气体浓度,使气候变暖,砍伐森林及增加气溶胶对气候的生物地球物理影响则可能是相反的。增加地面及大气的反照率可能造成冷却,虽然气候模拟试验表明,影响可能仅限于土地利用发生变化的地区。此外,工业化前的人类活动影响全球水平衡,砍伐森林导致蒸腾减少及径流增加,这在区域气候中可能产生随季节完全不同的影响。人类活动可能早在工业化前就影响了全新世的区域及全球气候。

2.8 野火

在各种各样的森林中,大范围的野火与温度及降水有关(Krawchuk and Moritz, 2011)。气候变化使陆地温度上升,大陆内部及北半球高纬度地区上升尤其高。但是降水量变化大,并且不确定。估计随着全球变暖,热带及高纬度地区降水增加,而中纬度减少。到 21 世纪中后期,变暖伴随着降水量变化将在美洲、非洲、南欧、中亚、东南亚及澳洲造成持续性的严重干旱,虽然还有很大的不确定性。这样大的变化可能显著地改变生态系统。野火能构成一种机制,使得对逐渐发生的气候变化的响应成为突变。但是缺少适当的气候-野火-植被相互作用模式,来研究未来几十年的有这样的速度及强度的类似转变(Westerling, 2012)。

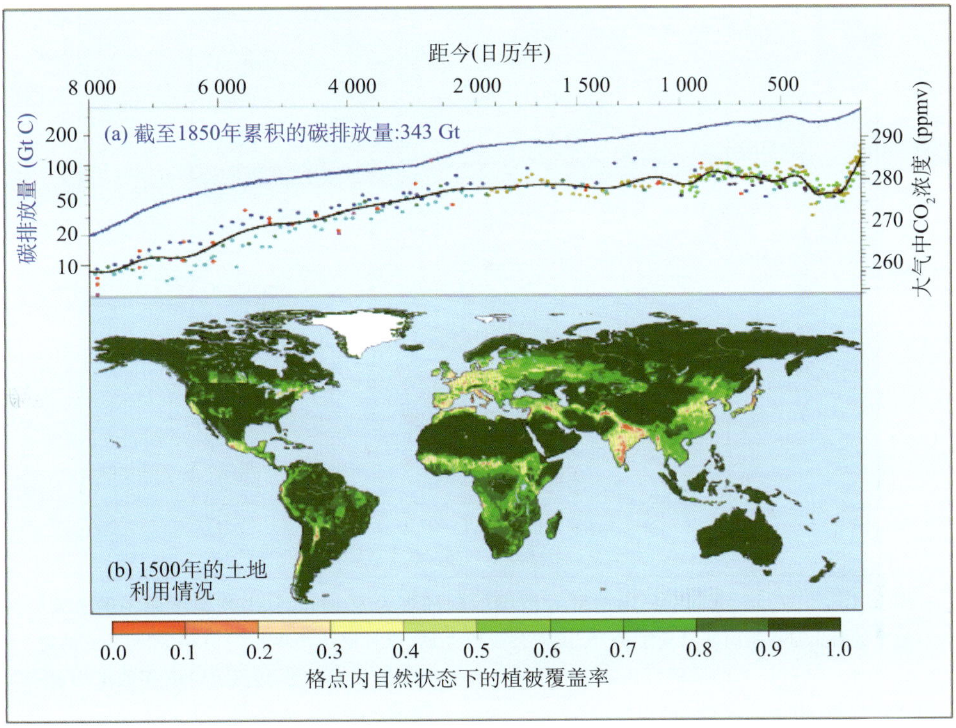

图 2.14 (a)工业化前全新世 CO_2 浓度,点及黑线为南极冰芯记录,蓝线为人类活动土地利用变化造成的碳排放;(b)美洲原住民与欧洲人接触前 1500 年的全球土地利用情况(Kaplan,*et al.*,2011)

野火会增加吗?

生态系统对最近的气候趋势的敏感度是很高的,这包括冷湿森林不经常发生的、时断时续的野火,变暖导致野火季节的延长或者增加蒸腾。一个例子是美国落基山半山腰(Westerling,*et al.*, 2006),以及加拿大与阿拉斯加北部森林(Soja,*et al.*, 2007),野火显著增加(图 2.15)。西伯利亚北部森林高强度燃烧的面积可能也增加了,但是历史基准线资料不很可靠(Soja,*et al.*, 2007)。气候继续变暖,这些地区的森林野火还可能进一步增加(Wotton,*et al.*, 2010; Westerling,*et al.*, 2011)。然而,随着气候变化,一旦野火变得更频繁,不同树种的再生与生产力变化可能使植被组成能够经受的野火状态发生转变(Soja,*et al.*, 2007; Krawchuk,*et al.*, 2011; Westerling,*et al.*, 2011a)。这些生态系统的另一个不确定性是:野火与其他扰动,如可以改变森林结构的棘胫小蠹的爆发,有什么相互作用?

干、暖的森林可能对变暖更敏感,变暖使周期性的干旱加剧。美国西南部高山森林由于最近的干旱及变暖而发生大面积火灾(Williams,*et al.*, 2010a)。大火与降水减少、高温及春季提前融雪一致。美国西南部高山森林的土地利用及野火的抑制导致燃料积累及燃料结构变化。燃料变化与气候变化和变率的相互作用使得野火的频率与强度增加,但是这些原因的相对重要性还不清楚(Williams,*et al.*, 2010b)。重复出现的强干旱由于野火、甲虫和其他与气候有关的枯死原因正在显著改变野火的状态,把美国西南大部分(>50%)的森林转变为非森林植被(Williams,*et al.*, 2010b)。

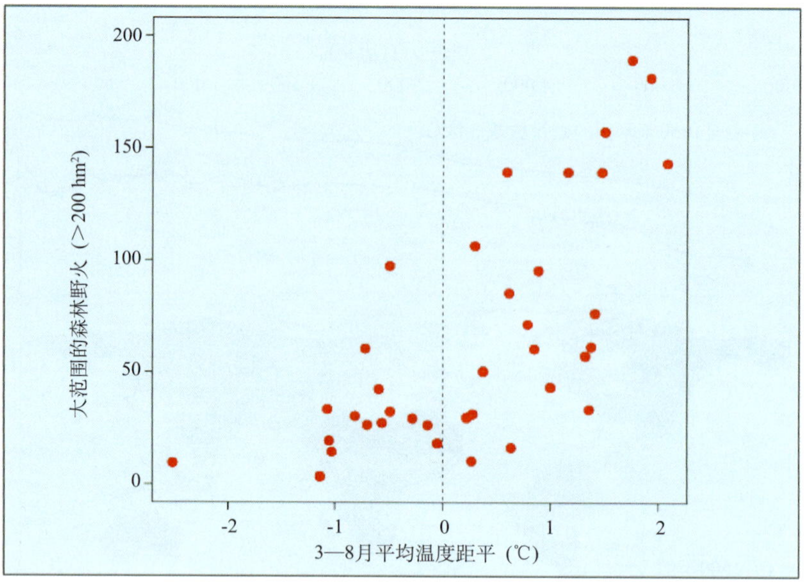

图 2.15 1972—2008 年美国西部大范围的森林野火及 3—8 月平均温度距平的关系（这里的野火是指美国印第安事务局、国家公园服务局、森林服务局确认的面积>200 hm^2 的野火，是曾经试图扑灭的活跃野火；3—8 月平均温度距平是指相对于 1972—1990 年的平均值）（Westerling，*et al.*，2006，2011）

正如高纬度森林，干旱增加了燃料的易燃性使得热带森林野火增加，然而，短期内是降水减少而不是温度升高对热带森林野火有决定性的影响，因为本来温度就很高了（Goldammer，*et al.*，1998）。根据许多气候模式预估，亚马孙、墨西哥、刚果森林的平均干燥度将增加，但是由于预估的降水分布类型有很大的不确定性，所以对热带森林野火的预估也有很大的不确定性。

野火影响了古气候 在未来几十年中，全球许多地区的多种森林，由于温度及降水量变化，野火有潜在增加的可能。气候变化以及各类扰动可能从根本上改变植被，也会加强或抑制森林火灾的变化。野火是破坏植被的一种最常见的形式，对气候有多重影响，对社会造成沉重的经济负担，遥感技术及历史记录有助于我们认识气候、环境及人类活动如何影响野火的发生。但是，这些记录仅限于近二三十年，在这个时期气候的变化远小于 21 世纪可能面临的变化，并且从全球讲，人类活动没有本质的变化。幸好，还有其他关于区域野火状态的信息来源，可以反映巨大的气候变化及人类活动的根本性变迁。这些来源包括冰芯气泡中的同位素成分、活的及死的树木的火烧的标志、埋藏在沉积中的生物指标及碳。当然，最丰富的是沉积中的碳，在世界范围有 800 处记录，其中有的有近几千年的高分辨率记录，有些记录可扩展到冰期—间冰期旋回（Harrison，*et al.*，2012）（图 2.16）。

从全球讲，冰期寒冷时野火少，间冰期温暖时野火多（Daniau，*et al.*，2010b）。末次冰消期以来野火的发生与全球温度变化一致（Power，*et al.*，2008），与末次冰消期中的快速气候变化也一致，不过落后<50～100 a（Daniau，*et al.*，2010b；Mooney，2011）。在百年到几千年尺度及区域到全球尺度，温度是生物质燃烧的主要控制因素：温度上升增加了植物生产力，因此增加了燃烧的可能，所以野火频率增加。降水变化的影响则非常复杂。在各种温度状态下，中等程度降水时野火频率最高；环境干燥但燃料不足，以及环境湿润燃料过湿时，野火频率低。

降水变化的影响在燃料有限的干环境，及缺少干旱的湿环境时，均受到抑制。对古气候而言，气候与野火的关系不固定，对燃烧面积的全球遥感分析也得到同样的结论。

很奇怪，关于人类影响区域野火状况的古气候证据不多。向荒岛殖民，如新西兰，可能使野火增加，正如欧洲向澳大利亚殖民使文明交替时那样（Mooney，2011）。但是，也有殖民的同时文明交替，但是野火频率没有变化。在欧洲从尼安德特人向现代人类的转变则没有伴随着野火状况的变化（Daniau，*et al.*，2010a）；同样，欧洲殖民美洲也没有同时发生野火的变化。巨大的人类影响发生在 19 世纪末，世界上不少地方本地的农业扩展，造成了显著的景观破坏，在受影响地区野火减少、全球生物燃烧量下降（Marlon，*et al.*，2008；Wang，*et al.*，2010）。

直接把古代的证据外推来预测未来是不可靠的，过去的气候和环境变化和未来是不相似的，因为影响因子不同，区域土地利用的类型也有了显著的变化。但是，古记录表明，气候与野火的关系是可以用来做预测的。从古记录可以得到经验教训，这对预测 21 世纪野火有重要意义。古气候记录表明，全球变暖将使野火的全球性增加，但是有些地方或者由于燃料减少（气候变暖变干）、或者由于燃料的湿度增加（季风气候区），这种影响将有所缓解。人类活动造成连续性的景观破坏，如城市化、热带雨林砍伐，可能减少气候对野火的影响。但是，减缓行动，如造林，可能使野火增加。

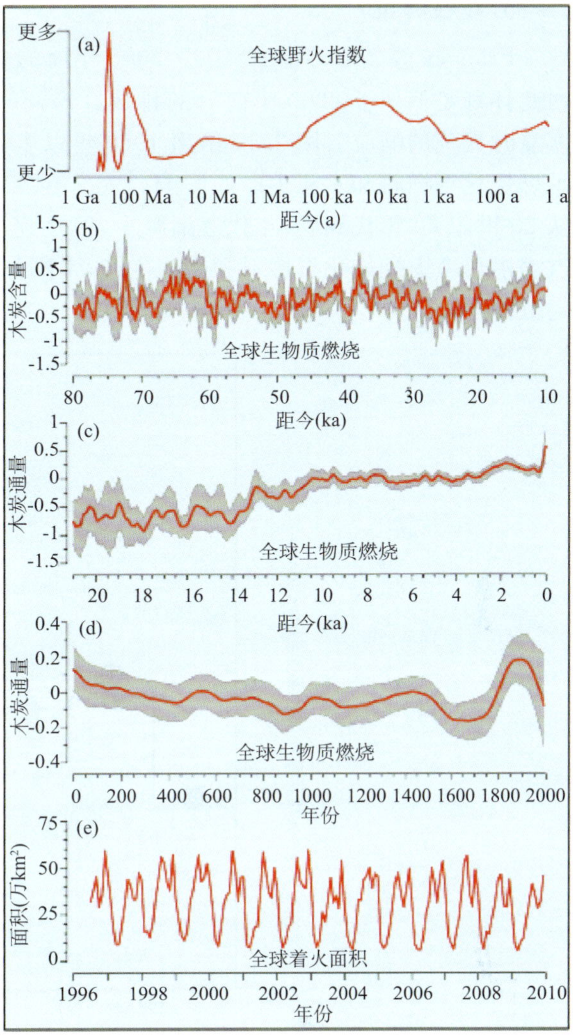

图 2.16　多种时间尺度的野火变化

［(a)根据不连续的沉积中炭记录得到的过去 1 Ga 全球野火指数(Bowman，*et al.*，2009)；(b)过去 80 ka 全球 30 个沉积炭记录(Daniau，*et al.*，2010b)；(c)过去 21 ka 全球 700 个沉积炭记录；(d)过去 2 ka 全球 400 个沉积炭记录(Marlon，*et al.*，2008)；(e)1996 年以来全球野火燃烧的卫星遥感记录(GFEDv3.1)］

2.9　人类排放的碳与大气中 CO_2 浓度变化的分歧

在年代到百年尺度上，全球大气中 CO_2 浓度的增长取决于燃烧化石燃料、水泥生产及土地利用变化。在次年代尺度上还受到 3～5 a 的年际变率干扰。分析 CO_2 变化及稳定同位素比（$^{13}C/^{12}C$）表明，年际变率主要是由于 ENSO 及火山爆发影响了碳交换，当然大气与海洋的碳交换也有影响。

分歧在哪里？

Francey 等(2010)指出，2007/2008 年前的全球碳收支与大气中 CO_2 增长的变化有分歧，因此怀疑是低估了 2000 年前后的排放。Francey 等(2013)重新研究了全球经济危机开始及恢复时大气的响应。图 2.17 给出 1950 年以来人类排放的碳(以 Pg C/10a 为单位)。这包括了燃烧化石燃料和水泥生产的影响，1960 年之后还增加了土地利用变化的影响。可以看出：从 20 世纪 60 年代到 90 年代逐渐减少，但是到了 21 世纪最初 10 年突然猛烈地上升。图中黑点表示仅考虑燃烧化石燃料和水泥生产，空圈加十字表示增加了土地利用变化，垂直线为不确定范围。

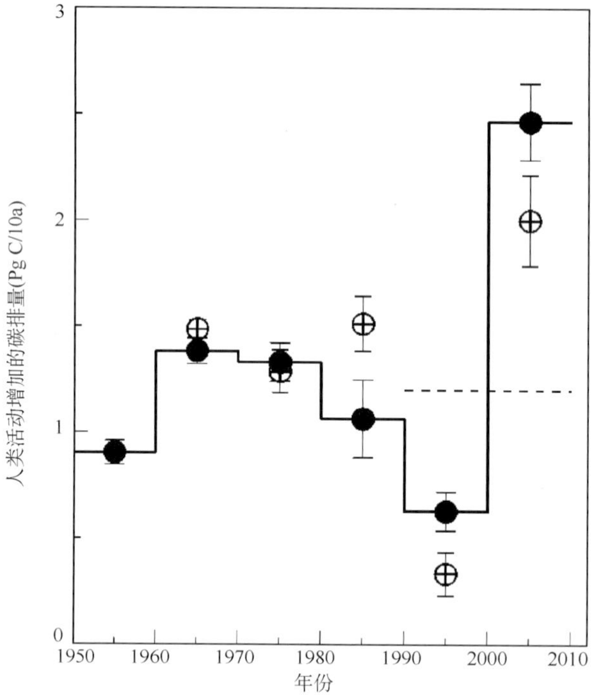

图 2.17　1950 年以来人类排放碳量的 10 a 平均值

(黑点表示每 10 a 燃烧化石燃料和水泥生产年碳排放平均值线性回归斜率，空圈加十字表示考虑了土地利用变化的碳排放，虚线为敏感性模拟研究采用的值)(Francey, *et al.*, 2010)

现在再看大气中的 CO_2 浓度变化。图 2.18(a)为澳大利亚格利姆角(41°S,141°E)的空中观测曲线。对飞机观测有严格的条件约束，并且有连续的记录，且处于南半球 30°S 以南，因此有很好的代表性，但仅有 2002 年以来的资料。分析表明：大气中 CO_2 的变化除了年变化之外，年际变化主要与 ENSO 及火山爆发有关。图 2.18(a)中的细红线为 1.8 a 滑动平均，粗红线为 5 a 滑动平均。显然近 10 a 来大气中 CO_2 浓度的增长率处于下滑趋势。图 2.18(b)给出 3 个 CSIRO 序列的 CO_2 浓度年增量的 5 a 滑动平均，这 3 个序列是格利姆角(蓝色)、北半球 Mauna Loa (MLO)(黄色)及南极(SPO)(灰色)。注意这里格利姆角序列是 CSIRO 用瓶收集的记录，与图 2.18(a)的空中观测不同。为了比较，图 2.18(b)中同时给出格利姆角的空中观测(红色)。2002/2003 年之后总的下降趋势是一致的。只有黄色与灰色曲线尾部有上升，这可能是滑动平均在尾部不准确，也可能与近两年北半球排放量突增有关。图 2.18(c)就说明 2009 和

2010 年两个半球 CO_2 浓度差突然增加，这时 $\delta^{13}C$ 的差也达到低点，说明这种差与人类活动排放的碳有关。

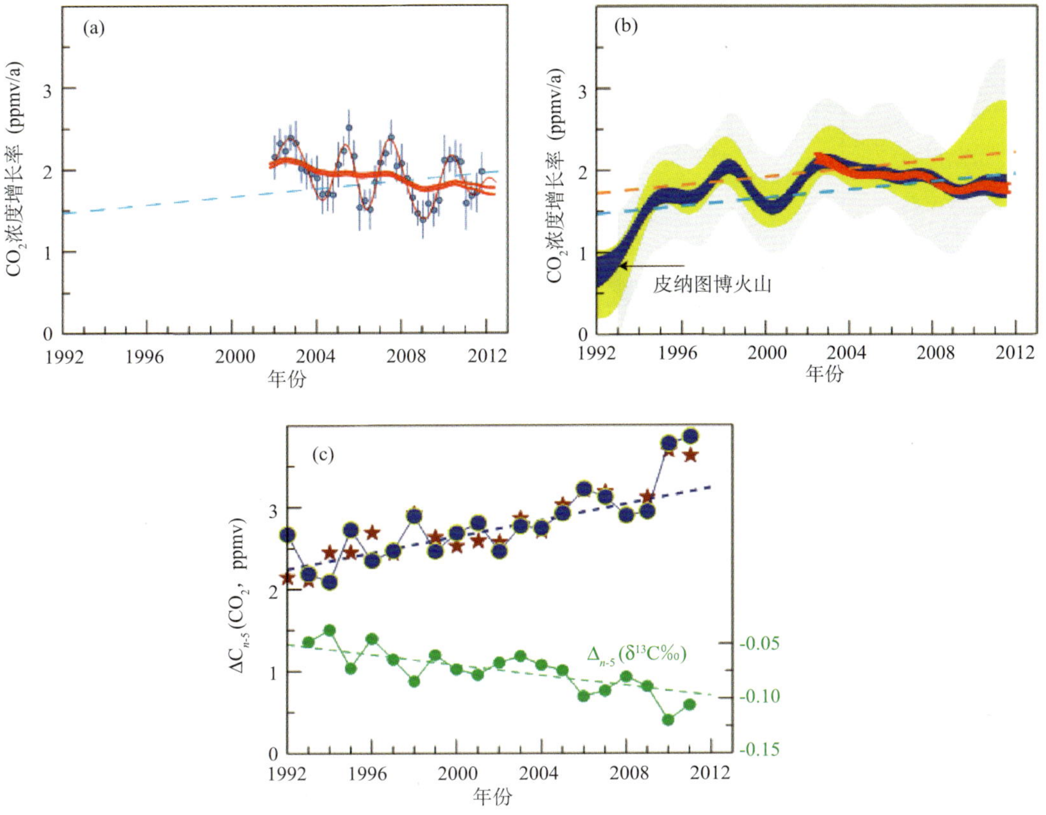

图 2.18　大气 CO_2 观测

[(a)格利姆角的空中监测 CO_2 年增量，细红线为 1.8 a 滑动平均，粗红线为 5 a 滑动平均，浅蓝虚线为南极 50 a 线性回归外推；(b)5 a 滑动平均 CO_2 浓度增长率，蓝色（格利姆角）、黄色（MLO）、灰色（ALT）、红色（CGO LoFlo观测）为不同测站，橙色及浅蓝色虚线分别为 MLO 及南极的 50 a 线性回归外推；(c)蓝点为北、南半球 CO_2 差（MLO－CGO），棕色星为 NOAA 资料，绿色点为北、南半球 $\delta^{13}C‰$ 差，虚线为 1992—2009 年线性回归]（Francey，*et al.*，2013）

这样就出现了一个明显的矛盾：从 20 世纪 90 年代到 21 世纪最初 10 年，人类排放的碳有明显的增加，但是大气中的 CO_2 的年增量却没有明显的增加，甚至还略有下降。图 2.19 做了明确的比较，为了方便把大气中的碳增量也化为 Pg C/a。人类每年碳的排放量及大气中碳的增量约差 5.3 Pg C/a，所以图 2.19 两条曲线的纵坐标差 5.5 Pg C/a，使得两条曲线大体上处于相同位置。但是很显然，1993—2004 年大气中 CO_2 浓度显著偏高，相当于这期间大气中多了8.8 Pg C，这就是说可能低估了同样量的碳的排放。如果真的是这样，则这段时间大气中 CO_2 浓度变化属于中等程度。但是也有另一种看法，即大气中碳汇随时间增强了，然而，这却与目前的观点相反，因为研究表明陆地（Pan，*et al.*，2011）及海洋（Le Quéré，*et al.*，2010）碳汇均在减弱，南大洋的汇也在减弱（Le Quéré，*et al.*，2007）。因此，问题还在于对 2000 年前后碳排放的估计偏低。但是，土地利用及生物燃料的燃烧均不可能完全解释这个矛盾。所以，人类排放的碳与大气中 CO_2 变化的分歧，依然对我们是一个严肃的挑战。大气中碳的年增量与排放量的比约为 0.42,从长期来看这个数值是稳定的(Francey,*et al.*, 2013),但有很大的年际及年代际变化。过去的 20 a 最低在 1992 和 1993 年,分别为 0.32 和 0.35;最高在 2001 和 2002 年,比值分别达到 0.48 和 0.49。1997—2003 年每年均超过 0.42,平均为 0.46,这就是这一节提出来的矛盾所在。

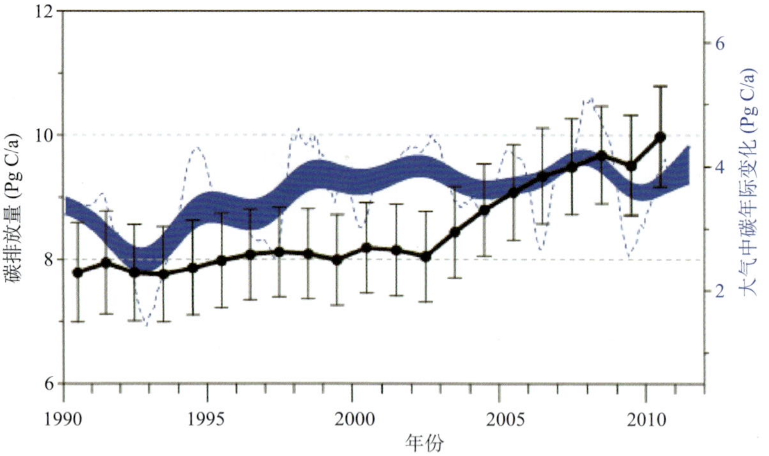

图 2.19 人类活动排放碳的年增量(黑点,Pg C/a)及大气 CO_2 浓度变化(蓝虚线,Pg C/a)(蓝色粗线为 5 a 滑动平均值)(Francey,*et al.*, 2013)

第 3 章　气候变暖的模拟

尽管日益增多的科学家、公众、乃至政府机构相信，现代的气候变暖是人类活动造成的温室效应加剧的结果。但是仍然有一些科学家会发出不同的声音。我们基本上支持 IPCC 的观点，不过却认为这些不同的声音是有益的，他们会指出一些气候变暖理论的薄弱环节或不成熟的部分。这在本书 1.4 节已有系统的叙述。这一章则集中讲述如何从理论上证明现代气候变暖确实是温室效应加剧的结果。气候模式就是最主要的论证工具。所以，在 3.1 节讲述了归因分析概况之后用 3 个小节来介绍与模式有关的内容。3.2 节分析气候敏感度，3.3 节及 3.4 节讲述耦合模式比较计划(CMIP)和古气候模式比较计划(Paleo-climate Modelling Intercomparison Project，PMIP)发展的历程，现在这两个计划的研究逐渐走到一起来了。3.5 节及 3.6 节分别讲述近百年及近千年的模拟结果。最后 3.7 节给出 PAGES 2k 的最新研究成果。

3.1　气候变暖的归因研究

气候变暖的成因是目前国际上的一个争议焦点，代表国际主流思想的 4 次 IPCC 评估报告(IPCC，1990，1996，2001，2007)认为是人类活动的影响造成了变暖，其中包括温室效应加剧使气候变暖，而气溶胶的直接和间接影响则抵消了一部分变暖。但是，从 20 世纪末至今对气候变暖持怀疑观点的科学家，仍然不断地对气候变暖的原因提出质疑(Singer，1999，2008；Allegre，*et al.*，2012)。所以，气候变暖的归因研究仍然是国际上的热门问题。

过去科学界经常把对气候变暖的检测与归因并提，有时也把对成因的分析称为检测，例如检测温室效应的影响。但是，这样也造成一定的概念混乱，所以从 IPCC TAR(IPCC，2001)开始，明确区分检测与归因的定义。IPCC AR4(IPCC，2007)仍然保持了类似的表述："气候有各种时间尺度的变化。检测气候变化是一个过程，要证实气候在某种统计意义上发生了变化，但是并不涉及气候变化的成因。气候变化的归因研究也是一个过程，要在一定置信度水平上确认检测到的气候变化的最可能成因。"

归因研究历史

从 IPCC FAR(IPCC，1990)到 IPCC AR4(IPCC，2007)，对全球气候变暖的归因研究有了巨大的进步。IPCC FAR(IPCC，1990)还没有给出多少

人类活动对气候影响的证据，认为近百年气候变化可能是自然波动或人类活动或两者共同造成的。IPCC SAR(IPCC，1996)已经指出，综合各种证据，可以察觉到人类活动对20世纪气候的影响，越来越多的各种证据表明，人类活动的影响可以被识别出来。IPCC TAR(IPCC，2001)认为：现代模式评估表明，20世纪变暖非常不可能仅仅是气候系统内部变率造成的。并且确认近50 a大部分观测到的变暖可能(66%～90%)是人类活动造成的温室气体浓度增加的结果。IPCC AR4(IPCC，2007)已经得到结论：过去50 a的全球变暖很可能(>90%)是温室气体增加造成的。

但是IPCC是如何得到这个结论的？一是看变暖证据的多少，二是看气候模式模拟变暖的一致性高低。但是需要说明的是：观测资料时间不够长，而且包含了一系列的误差。从观测数据的获取，到整理同化，形成全球平均温度，有很大的不确定性。外强迫因素的数值化也有很大问题，如对太阳活动产生的辐射强迫就有不同的意见。模式的模拟，从完全的气候系统模式，到中等复杂程度模式，再到简化的能量平衡模式，包含的不确定性也很大。因此，要"证明"人类活动的影响是近50 a气候变暖的主要原因，并不是一件容易的事。这也不是简单地比较模拟与观测的全球平均温度就能得到结论的。因此，科学家们建立了一套详细的检测与归因方法。

归因方法研究

有两种统计方法用来做归因研究：最优指纹法及推理法。最优指纹法可以用多元回归来实现(The International Ad Hoc Detection and Attribution Group，2005)。多元回归模式(Hasselmann，1997)一般写做 $\boldsymbol{y}=\boldsymbol{X}\boldsymbol{a}+\boldsymbol{u}$，其中 $\boldsymbol{y}$ 是经过滤波的观测资料，矩阵 $\boldsymbol{X}$ 包含对外强迫反应(信号)的型，$\boldsymbol{a}$ 为对应这些型的标量因子矢量，$\boldsymbol{u}$ 为内部气候变率。矩阵 $\boldsymbol{X}$ 的信号来自耦合模式(CGCM)、大气模式(AGCM)或简化气候模式如能量平衡模式(EBM)。拟合多元回归模式，需要估计自然内部变率，观测资料序列太短，而且还包括外强迫因子的影响，因此并不适合用来计算内部变率，一般用耦合模式的控制试验计算内部变率。

推理法是把演绎与对标量因子假设的估计相结合，这也可以分为标准最高频率法(Hasselmann，1997)(以下简称"标准法")及贝叶斯法(Hasselmann，1998)。采用标准法首先要检测假定的气候变化信号显著不等于0，其次要比较观测结果与模式模拟对强迫的响应。而且一个完善的归因，不仅要有这方面的证据，还要考虑气候变化的机制是完全可能的。采用贝叶斯法是要有从多方面集合信息的能力，以及综合分析独立信息的能力。这种方法的特点是基于后验分布，把观测的证据与独立的先验信息结合。这种结合先验信息及对强迫的响应是贝叶斯法的优点所在。另一个优点是这种演绎是概率性的，可以更容易地为决策者采用，因为它包含了风险与获益两个方面。Hasselmann(1998)建立了一个滤波技术，与最优指纹法类似，选取最高信噪比。Beliner 等(2000)则并不对影响最优化，而是用贝叶斯法对 $\boldsymbol{a}$ 的估计做演绎。

20世纪温度变化的归因

20世纪有较完整的温度观测及外强迫因子的数据，因此，是研究气候变暖成因的最佳时段(Tett，*et al.*，1999；Hegerl，*et al.*，1997；North，*et al.*，1998)。Hegerl 等(2007b)汇集了不同作者利用海气耦合模式所做的模拟结果，共包括14个海气耦合模式的58个模拟。模拟考虑了平均人类活动影响及自然因子的影响。人类活动包括温室效应及直接与间接气溶胶的影响，个别模式只有直接影响；自然因素主要是太阳活动和火山活动。虽然不同模式的气候敏感度、海洋吸收的热量及外强迫的处理有差异，但是综合结果还是相当成功地模拟了20世纪的温度变化。但是，只考虑自然因素的模拟（共包括5个模式的19个模拟），则没有模拟出近30 a的温度上升。

大约以1960年为界，在此以后的40多年中，不仅温度变化趋势模拟得较好，3次火山爆发之后的温度下降及随后的温度回升，均基本上能模拟出来。但是20世纪前60 a则模拟得不够理想。这说明强迫因子表达得不好甚或有遗漏，当然也可能由于温度观测覆盖面不够，温度序列本身也有不确定性。不过，这并不影响近50 a的变暖主要受人类活动影响的结论。

近千年温度变化的归因

把研究范围扩大到近千年对归因分析有重要意义。首先，人类活动对气候的影响从理论上讲是从工业化（大体上可采用1750年）才开始的。而温度观测资料从1850年才有了一定的数量。因此，只用近150 a或20世纪的记录，不利于分解人类活动与自然因素的影响。其次，1850年或1750年之前不仅外强迫主要是自然因素，而且有大量的证据表明存在两个典型的气候时段：中世纪暖期（900—1300年）及小冰期（1300—1900年）。现在大多数科学家都同意，自然因素是这两个气候时段形成的原因。所以，把研究范围扩大到近千年，也有利于认识自然因素对气候的影响。

然而，研究近千年的温度变化，建立温度序列是一个难题。过去用单个代用资料序列重建北半球气温时往往用最小二乘法，这样就减小了温度的振幅。Hegerl等（2007a）设计了一种新的合成方法：把500—2000年的1 500 a分为3段，500 a为一段，每段内所用的序列都覆盖了整个500 a，3段时间由近及远分别用12，7及5个序列。每一时段独立做标准化，根据1880—1960年每个序列与30°～90°N平均温度的相关加权平均，得到平均标准化序列。最近一段称为CH-混合（短）序列，用1880—1960年温度观测标定得到温度距平；中间一段称为CH-混合（长）序列，利用与CH-混合（短）序列重叠部分标定；最早一段称为CH-混合（黑暗时代）序列，用与CH-混合（长）序列重合部分标定。这样就得到近1 500 a的北半球平均温度序列。由于各原始序列都做了20 a的低频滤波，所以这个序列主要反映了低频变化。与能量平衡模式模拟的结果比较，20世纪的变暖是近1 270 a以来最强的，这个变暖主要是人类活动影响的结果。甚至20世纪上半叶的变暖也大约有1/3可以用人类活动来解释。同时17世纪到18世纪初的低温则可能主要受火山活动影响。对太阳活动影响的估计则不确定性较大，这主要是由于对太阳活动可能带来的辐射强迫估计有分歧。

IPCC AR4

在以上分析的基础上，IPCC AR4（IPCC，2007）对气候变暖的归因研究得到如下结论（括弧中为可能性）：

（1）没有外部辐射强迫不能解释过去半个世纪的全球变暖（>95%）；

（2）已知的自然原因不能用来单独解释过去半个世纪的全球变暖（>90%）；

（3）温室气体的强迫是过去半个世纪观测到的全球变暖的主要原因（>90%）；

（4）温室气体浓度增加可以造成比过去半个世纪观测结果更强的变暖，因为火山活动与气溶胶在一定程度上抵消了变暖（>66%）；

（5）显著的人类活动造成了南极以外的各大陆20世纪中叶以来的变暖（>66%）；

（6）工业化之前（过去7个世纪）的温度变化是自然的外部强迫造成的（>90%）；

(7)人类活动的强迫可能造成温度极端值的变化(>66%);

能量平衡研究

Huber 等(2012)的研究是对最优指纹法的重要补充,尽管与指纹法的结果类似,但是,这是从完全不同的角度得到的结论,对确认人类活动为气候变暖的主要原因是一个有力的支持。以前的归因研究主要依赖于对气候变暖特征的时空差异,来区分人类活动与自然因素的影响。而能量平衡法只根据能量守恒原理来分析,并不需要假定变暖的空间分布特征。这里采用的是 Bern 2.5D 中等复杂程度模式,从下向上估计历史的辐射强迫,用 1850 年以来地面温度观测以及 20 世纪 50 年代以来的海洋吸收热量约束模式,采用 A2 情景。由图 3.1 可以得到结论:全球能量平衡的变化及辐射强迫,约束了人类活动造成的气候变暖。20 世纪中叶以来温室气体可能造成 0.85 ℃ 的增温,但是有大约一半被气溶胶的冷却作用抵消,与观测到的 0.56 ℃的变暖数值相当。这个变暖趋势极不可能(<5%)是气候系统内部变率造成的,虽然现在的模式可能低估了内部变率。

总之,人类活动是现代气候变暖的主要原因这一命题,得到了越来越多的证据。因此,尽管其他自然因子如太阳活动、火山活动对气候的影响也不可忽视,气温在年际到年代际尺度也

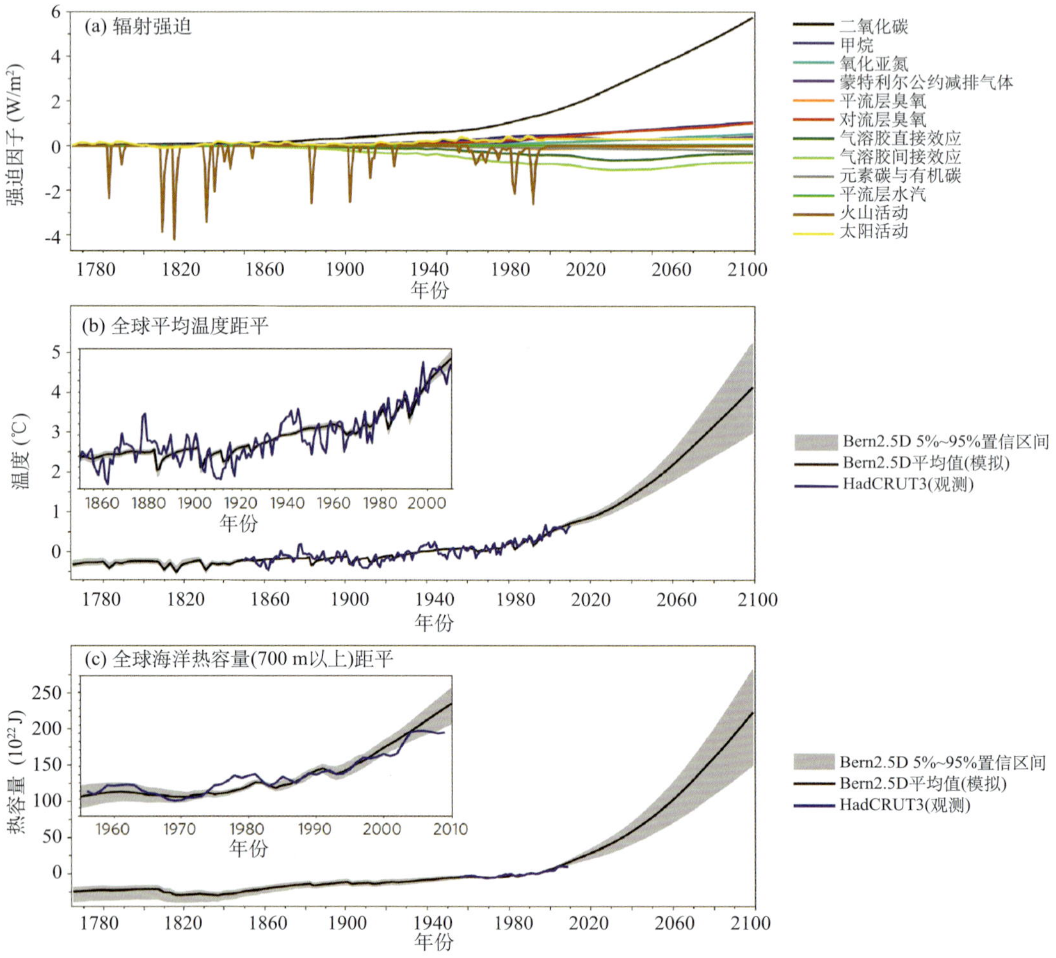

图 3.1 1765—2100 年辐射强迫各种分量(a)、Bern 2.5D 模式模拟的温度变化及温度观测(b)、700 m 以上海洋吸收能量的模拟及观测(c)比较(Huber,*et al.*,2012)

可能有一定波动，但是全球变暖的趋势看来仍然要继续。

3.2 气候敏感度

平衡响应

研究人类活动造成的气候变暖，有一个度量标尺，这就是气候敏感度，最早用的是平衡气候敏感度。指平衡条件下，全球平均温度对大气中相对于工业化前加倍的CO_2浓度的响应（Hegerl, *et al.*, 2007b; Meehl, *et al.*, 2007b）。公认的工业化之前大气中CO_2浓度为280 ppmv，因此开始多取560 ppmv为CO_2浓度的加倍值，后来多采用600 ppmv，约相当于对1900年值的加倍。最初平衡气候敏感度的值只是专家的估计，由于Charney(1979)首先提出来(3±1.5)℃或者1.5～4.5 ℃，所以也称为Charney敏感度(Schmidt, 2012)。IPCC FAR (Mitchell, *et al.*, 1990)、IPCC SAR (Kattenberg, *et al.*, 1996)及IPCC TAR(Cubasch, *et al.*, 2001)评估报告，均采用了这个估计。大量的研究出现在IPCC TAR发布之后，因此，IPCC AR4(Meehl, *et al.*, 2007b)对这个问题做了较为细致的分析，确定平衡气候敏感度为2.0～4.5 ℃，缩小了对平衡气候敏感度的估计范围。图3.2给出了IPCC AR4引用的10位作者得到的平衡气候敏感度概率密度函数。其中前7位作者(Forest, *et al.*, 2002, 2006; Frame, *et al.*, 2005; Knutti, *et al.*, 2002; Andronova, *et al.*, 2001; Forster, *et al.*, 2002, 2006; Gregory, *et al.*, 2002)是根据观测资料约束模式的结果。后3位作者(Hegerl, *et al.*, 2006; Schneider, *et al.*, 2006a; Annan, *et al.*, 2005)是根据近千年及LGM资料约束模式的结果。由图3.2可见，不同研究得到的概率密度集中程度差别很大，从峰值超过0.6，到只有0.2左右。分布范围差别也很大，但是中值则大部在2.0～3.5 ℃之间，最大概率值一般低于中值。另外，也有的作者指出，对平衡气候敏感度的估计有很大的不确定性，特别是对上限的估计的不确定性更大(Schmittner, *et al.*, 2011; Hegerl and Russon, 2011, Knutti and Hegerl, 2008)。

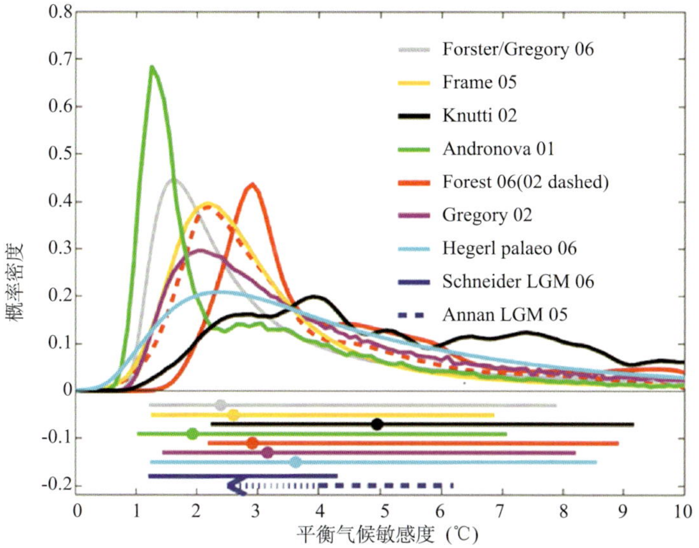

图3.2 不同作者得到的平衡气候敏感度的概率密度函数

(图下方为5%～95%的变化范围，圆点表示中值)(Hegerl, *et al.*, 2007b)

瞬变气候响应(TCR)

上面谈到的气候敏感度,大多是平衡响应,即当CO_2浓度加倍时的平衡气候状态与初始平衡状态的差,所以称为平衡气候敏感度。与之相对的还有一种响应,即瞬变气候响应。令大气中CO_2浓度每年增加1%积分气候模式,对CO_2浓度加倍时前后共20 a,计算平均温度,这个温度与初始温度的差即瞬变气候响应。图3.3给出耦合模式比较计划CMIP3(红色)(Meehl, *et al.*, 2007a)及CMIP5(蓝色)(Taylor, *et al.*, 2012)不同模式的结果。为了比较,图中还给出一个简化气候模式瞬变气候响应的概率密度函数(黑色)(Gregory, *et al.*, 2008)。CMIP3, CMIP5及简化气候模式所得到的瞬变气候响应分别为1.2～2.6,1.3～2.4及1.3～2.3 ℃。结果十分相近,但数值明显低于平衡气候敏感度。

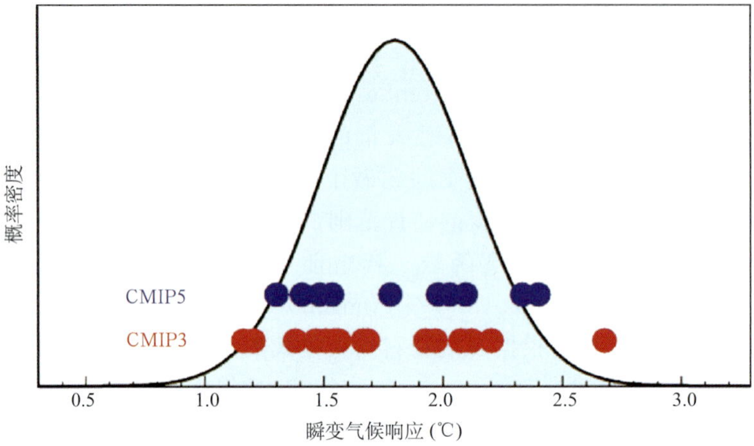

图3.3 瞬变气候响应CMIP3(红色)与CMIP5(蓝色)及简化气候模式瞬变气候响应的概率密度函数(黑色)(Collins, *et al.*, 2012)

地球系统敏感度(ESS)

平衡气候敏感度的估计以气候模式为主体,因此考虑了各种大气过程的相互作用,但是大陆冰盖、植被、大气成分均设为定常。显然,这样的平衡气候敏感度用来研究古气候是有问题的。Lunt等(2010)认为地球系统敏感度可能比平衡气候敏感度高50%。Hansen等(2008)估计对于冰期—间冰期旋回地球系统敏感度可能达到6 ℃。因此,不仅研究末次冰期冰盛期(LGM)时需要全面地考虑上面谈到的那些子系统,甚至做CO_2浓度加倍的试验也要考虑这些子系统,因为它们有的也可能发生显著的变化。这也就是为什么CMIP5对CMIP3的一个重要转变,就是加进了生物地球化学过程的原因。当然,地球系统敏感度也还可以分为两种情况,对于地球轨道尺度,必然要考虑冰盖、植被的反馈作用。但是,对于地球轨道以下的尺度,有时可以只考虑尘粒、气溶胶、O_3及海洋环流,而依然把冰盖、植被视为定常(Lunt, *et al.*, 2010)。

如果气候敏感度对气候背景的依赖是非线性的(Skinner, 2012b),也就是说地球系统各子系统对辐射强迫的反馈及响应时间是随地球系统的状态变化的,或者说是地球系统状态的函数,则地球系统敏感度是要专门研究的,而不能用现代观测及模拟所得到的平衡气候敏感度来外推。

大气中CO_2浓度加倍,约相当于辐射强迫增加3.7 W/m^2(Knutti, *et al.*, 2008)。因此,

可以用这个辐射强迫来估算地球系统敏感度。Skinner (2012a)收集了末次冰期冰盛期、间冰期平均、中上新世、早上新世、晚始新世、古新世—始新世热力极大(PETM)及白垩纪的全球平均温度及辐射强迫(Hansen, *et al.*, 2008; Higgins, *et al.*, 2006; Hoffert, *et al.*, 1992; Köhler, *et al.*, 2010; Pagani, *et al.*, 2006, 2010),绘成图3.4。图中的虚线给出不同的地球系统敏感度,即辐射强迫增加3.7 W/m^{2}时的全球平均温度变化。可见数据分布类似一个棒球场,地球系统敏感度变化于0.6~6.5 ℃之间。有趣的是其平衡值约为3 ℃。但是,不要因为3 ℃接近Charney平衡气候敏感度,而忽略地球系统敏感度可能存在的非线性。另外,多平衡态对地球系统敏感度也是一个挑战。同一种边界条件下可能出现两种状态,而且状态的转变又经常是"突然"的,即在相对短的时间内实现的。这时地球系统可能失去"弹性",从而地球系统可能对一个短时间的辐射强迫的迅速增长发生不可逆的响应,或者说通过了某个临界点。

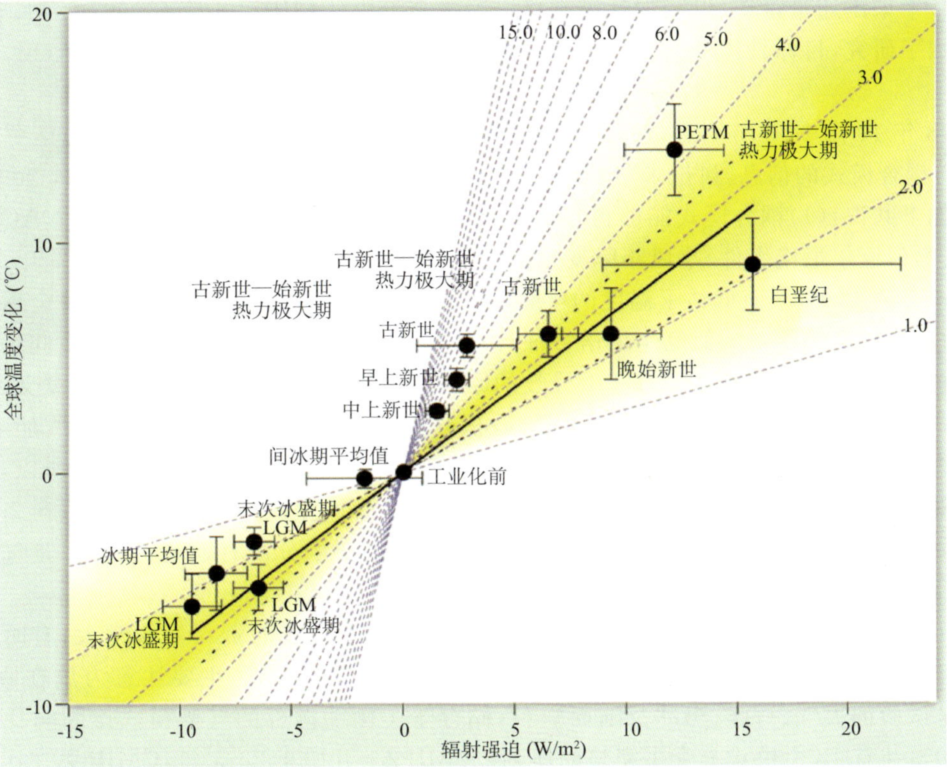

图3.4 从地质记录得到的地球系统敏感度相对于工业化前全球温度变化值

(灰断线间隔1 ℃;黑实线为各点的回归;横、竖短线表示变化±1 σ范围;黄色区域为模拟的概率,深色表示概率高)(Skinner,2012a)

3.3 气候模式

气候模式建立在物理、化学、生物学等基础上,用数学方程式表现地球气候系统各个圈层相互作用和反馈的主要过程以及与外强迫的关联,广泛应用在气候与气候变化研究中,因此气候模式是气候变暖研究的核心技术。气候变暖的预估几乎完全依赖模式的模拟。历届IPCC第一工作组的评估报告,均把气候模式研究放在中心位置。建立耦合模式比较计划(CMIP),

是气候模式研究的里程碑。1994 年 10 月由世界气候研究计划(WCRP)在美国加州组织了一次会议，研究当时的全球耦合气候模式的研究现状。在会上提出了模式比较研究的问题(Meehl，1995)。几乎同时，Lambert 及 Boer 等一批科学家为了编写 IPCC SAR 开始收集、分析不同模式模拟的结果(Gates，*et al.*，1996)。经过这两方面的努力，WCRP 下面的研究计划“气候变率与可预报性”(CLIVAR)的数值试验组重组为 WCRP 耦合模式工作组(WGCM)，于 1995 年后期开始建立 CMIP。

CMIP1 和 CMIP2

CMIP 的第一阶段工作定名为 CMIP1，目的是收集、分析当时耦合模式的控制试验，即未加强迫的大气-海洋-海冰耦合模式气候学(Meehl，*et al.*，2000)。全世界共有 21 个模式参加了这个计划，其中包括中国科学院大气物理研究所开放实验室的 IAP/LASG 模式。当时的模式约有一半采用通量订正，以减少气候漂移。第二个阶段(CMIP2)开始于 1997 年初，有 17 个模式参加了研究，目标是比较大气 CO_2 浓度每年增加 1%的气候变化模拟结果(Meehl，*et al.*，2005)。

1998 年 10 月 14—15 日在澳大利亚墨尔本召开了第一次 CMIP 会议，目的是更新参加 CMIP 的耦合模式的信息，讨论未来耦合模式比较研究的发展方向(Meehl，*et al.*，2000)。会议得到如下共识：(1)耦合模式能够再现许多大尺度气候过程，如北大西洋涛动(NAO)、环南极波动、类似厄尔尼诺事件、季风年际变率。(2)可能主要因为分辨率低及参数化简单，所以模拟的 ENSO 振幅小，从而低估了温度的年际变率。(3)某些模式的模拟表明，随着全球气候变暖，平均海表温度场出现类似厄尔尼诺特征，但是也有一些模式模拟的海表温度空间场比较均匀，甚至有类似拉尼娜特征。了解产生分歧的原因对预测未来的气候变化有重要意义。(4)对耦合模式的通量订正，可以保证长期(如 1 ka)积分的稳定。不过，有一些模式虽然加了订正，但仍然有显著的气候漂移，然而，也有一些较新的模式未加订正，漂移却相当小。所以，看来通量订正对模拟结果影响不大。(5)耦合模式发展很快。有的模式大气分辨率已达到 2.5°经纬度，海洋达到 1°经纬度，同时改进了参数化。最新的多世纪积分没有通量订正，但是气候状态稳定，可能就是这些改进的结果。

CMIP1 及 CMIP2 先后有 25 个模式参加。但是，由于模式的资料量非常大，有时只有月平均温度及降水量资料，因此 CMIP 的下一个阶段称为 CMIP2+，主要注意力放在收集 1% CO_2 增量试验的大气、海洋、海冰及陆面资料，储存于美国能源部的气候模式诊断与比较计划(PCMDI)，共有 12 个模式上交了完整的序列。CMIP2+开始于 2001 年，CMIP 第二次工作会之前已经有了 28 个子计划。

第二次 CMIP 会议与第一次会议相隔 5 a，于 2003 年 9 月 24—26 日在德国汉堡召开。正如第一次会议是给 IPCC SAR 做准备，第二次会议是为 IPCC AR4 做准备。从第一次会议到第二次会议耦合模式得到了若干改进：(1)已经较少用通量订正；(2)对 ENSO 变率模拟的振幅已达到观测值的一半；(3)大气模式的分辨率从 20 世纪 90 年代初的 5°经纬度缩小到 21 世纪初的 2.5°经纬度，有的新一代模式达到 1.5°经纬度，有 1 个模式达到 1°经纬度；(4)CO_2 每年增加 1%的试验已经标准化，用来研究瞬变气候响应；(5)决定进行 21 世纪及 22 世纪的预估，考虑火山、太阳变率、硫化物气溶胶、O_3 及温室气体的辐射强迫，特别是后 3 种强迫已经规范化。另外，有一个重要的进展是设计了耦合模式 20 世纪气候模拟计划(20th Century Climate in Coupled Models，20C3M)，专门收集不同模式不同强迫下得到的模拟结果(Meehl，*et al.*，2005)。

CMIP3

2003年后期WGCM开始着手协调耦合模式的试验研究，即CMIP3(Meehl, *et al.*, 2007a)，进行一系列的多模式集合研究：(1)20世纪的模拟从19世纪后期开始，同时考虑自然及人类活动的强迫，简称20C3M；(2)21世纪模拟试验，采用SRES B1方案，即低排放，到2100年大气中CO_2浓度达到550 ppmv；(3)21世纪模拟试验，采用SRES A1B方案，即中等排放，到2100年达到700 ppmv；(4)21世纪模拟试验，采用SRES A2方案，即高排放，到2100年达到820 ppmv；(5)气候变化承诺试验，固定所有温室气体浓度在2000年的值(CO_2约为360 ppmv)，积分到2100年；(6)气候变化承诺试验，固定SRES B1方案所有的温室气体浓度在2100年的值(CO_2约为550 ppmv)，积分到2200年；(7)气候变化承诺试验，固定SRES A1B方案所有温室气体浓度在2100年的值(CO_2约700 ppmv)，积分到2200年；(8)理想化CO_2每年增加1%，70 a后达到CO_2浓度加倍，然后固定CO_2浓度积分150 a；(9)理想化CO_2每年增加1%，增加到CO_2浓度4倍，然后固定CO_2浓度再积分150 a，此外，还有一些试验，如控制试验与之配合。到2005年初共有11个国家的16个模式组23个模式参加CMIP3，中国的FGOALS-g1.0和BCC-CM1参加。模式的比较结果大多被IPCC AR4采用(Meehl, *et al.*, 2007b)。

模拟能力的评估

Reichler等(2008)为了评估模式的模拟能力，设计了一个模式性能指数，记为I^2。首先确定14种要检验的要素，如海平面气压、气温、风应力、降水量、海面温度、海面盐度等。把每种要素的方差与该要素的年际变率比较得到一个比值，把这个比值与CMIP3的试验20C3M比较，并对所有要素的比值求平均得到I^2。每一个模式的I^2大体上变化于0.4～7.0之间(图3.5)。$I^2>1$表示模拟的水平低于20C3M，$I^2<1$表示模拟的水平高于20C3M。图3.5中给出CMIP1和CMIP2的模拟结果，CMIP3为对照，所以平均为1，但不同模式的结果仍有优劣之分。图3.5中第4行为再分析资料(REA)，$I^2=0.4$，表现最好。图3.5中最下面1行是CMIP3模式做的工业化之前的控制试验，效果也不错。

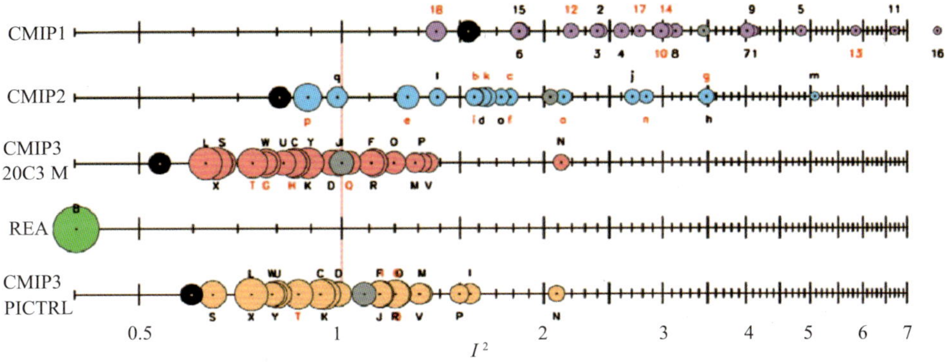

图3.5 模式性能指数I^2

(圆圈大小表示95%置信度范围，字母和数字表示不同模式，灰色表示所有模式I^2平均，黑色表示多模式平均场的I^2)(Reichler, *et al.*, 2008)

CMIP5

2008 年 9 月 WGCM 与国际地圈生物圈计划（IGBP）的地球系统积分与模拟计划联合召开会议，决定合作推动新一轮的气候模式比较研究计划 CMIP5（Taylor，*et al*.，2012），目的是：（1）判断由于对碳循环及云有关的反馈了解不够而造成的模式差异的机制；（2）研究气候的可预报性，开发模式预测年代尺度的能力；（3）确定为什么类似的强迫在不同的模式中得到不同的响应。有一些在 IPCC AR4 中提出来的问题，将通过 CMIP5 在 IPCC 第五次评估报告（AR5）中得到反映。

目前，有 50 多个模式参加 CMIP5。这个阶段的 CMIP 包括两个分支：近期积分（10～30 a）和长期积分（百年及百年尺度）。例如 Meehl 等（2009）对短期模拟研究进行了全面的分析，他们指出：这两种模拟的区别在于近期年代际模拟是最困难的时间尺度（图 3.6），初值的影响已经极大地削弱，而边界强迫影响又不够明显。这就是 CMIP5 面临的问题，也是 CMIP5 区别两类模拟的根本原因。图 3.7 给出 CMIP5 的两个分支的核心问题（粉色）、1 级课题（黄色）和 2 级专题（浅蓝色）。

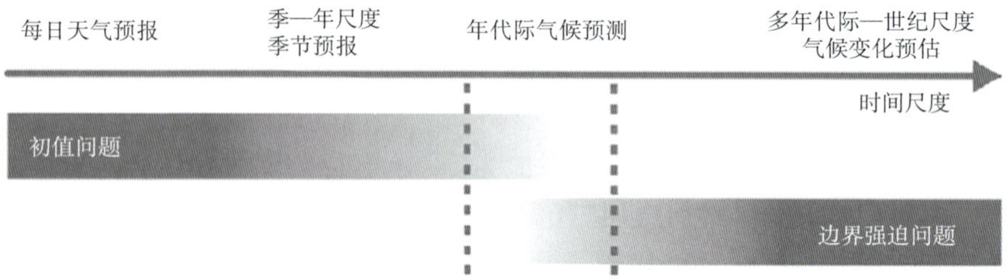

图 3.6 初值问题及边界强迫问题示意图（Meehl，*et al*.，2009）

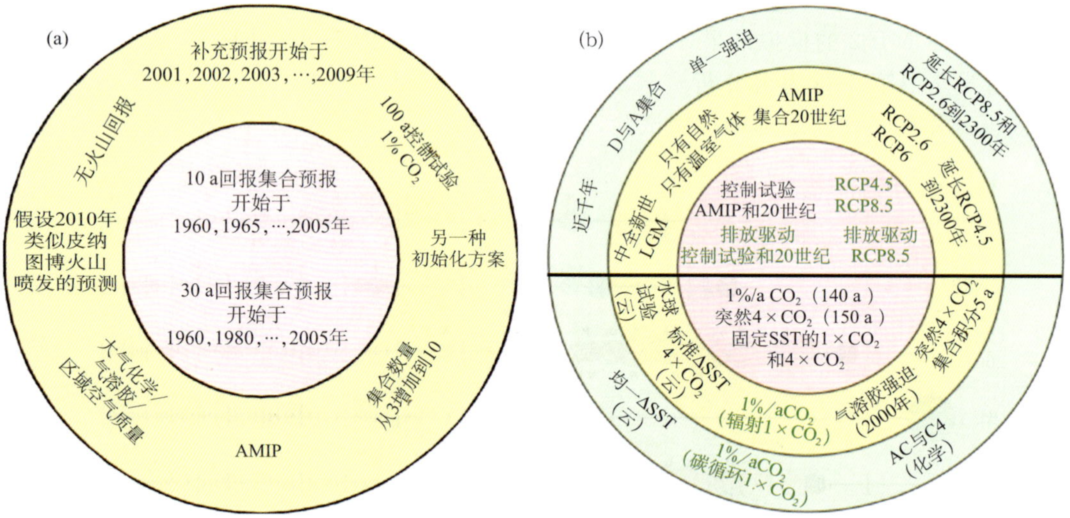

图 3.7 CMIP5 结构示意图

［（a）近期试验，（b）长期试验。中间粉色表示核心部分，外圈黄色为 1 级课题，外圈浅绿色为 2 级专题。（b）中上半部可以与观测资料比较，下半部为理想化或诊断性质，目的是更好地了解气候系统及模式行为］（Taylor，*et al*.，2012）

CMIP3 的全球海气耦合模式依然是 CMIP5 的模式基础，但是又做了许多改进，特别是改进物理参数化和提高模式分辨率。大家都知道，过去对流参数化中，发展中的对流云对环境不敏感，现在这个问题得到了考虑，改进了对热带气候变率的模拟(Chikira，2010)。又如，关于对流参数化的动量输送，现在许多模式用积云参数化计算典型的垂直速度，这样就能更好地反映云的微物理及云滴的活动，也有的应用所谓超级参数化，很有发展前途(Zhu，*et al.*，2009)。提高空间分辨率是另一个模式改进的方向。IPCC AR4 模式中大气模式的分辨率为 1°～2°经纬度、海洋为 1°经纬度。IPCC AR5 中有的模式特别是在近期的气候模拟中，大气的分辨率提高到 0.5°经纬度。如果海洋的分辨率提高到第一斜压罗斯贝半径(低纬度 50 km，高纬度 10 km)之内，则层流变为湍流，中尺度涡旋使海洋模式能更好地抓住锋面的能量、边界流及涡旋特征(McClean，*et al.*，2006)。大气也是这样，如果能把几千米的对流云系统分离出来，则可以避免对流云参数化，例如可以更好地模拟 MJ 振荡(Miura，*et al.*，2007)。除了模式本身的改进之外，为了能更好地模拟气候变暖，至少有 3 个问题至关重要，即平衡气候敏感度、气溶胶的影响及海洋吸收。这 3 个方面如果任何一个改变，均会对未来气候变暖的预估产生巨大影响(Forest，*et al.*，2002)。不过，为了准备 IPCC AR5，最大的进步还是在 CMIP5 中开始建立地球系统模式。地球系统模式覆盖了整个地球，与气候系统模式相比，增加了对生物地球化学循环的描述，如碳循环、硫循环及 O_3，同时有些模式还增加了城市化模型。这是一个包罗万象的模式，包括气候系统对各种外强迫的响应，例如碳循环、气溶胶、甲烷循环、植被及野火、土地利用、O_3、大陆冰盖等，被称为交互式碳循环。但是，由于地球系统模式对计算机资源要求高，所以也可以应用中等复杂程度的地球系统模式(Petoukhov，*et al.*，2005)。但是，也有的作者对“无限”增加模式的复杂性表示了担忧。Lenton(2012)提醒模式工作者，要小心把过多的“厨余”(垃圾)带入地球系统模式。

气候模式的不确定性

为了准备即将发布的 IPCC AR5，气候模式的研究者于 2011 年 12 月 5—9 日在美国旧金山召开了工作会议，回顾了 IPCC AR4 发布 5 a 来气候模式研究的进展(Meeting Briefs，2011)。Tebaldi 在会议上说：“为 IPCC AR5 而运转的气候模式更大，也更接近实际，但是真的没有发现(同以前)有任何显著的不同。”(Meeting Briefs，2011)与 IPCC AR4 的模式相比，准备参加 IPCC AR5 的模式，对温室气体的增加仅稍稍敏感一些。预估的气候变暖及降水量变化的地理分布类型，也同过去非常相似。气候模式改进了，但是预估结果的分散度不是缩小而是增加了，似乎不确定性愈来愈大。因此，就要面对决策者与公众如何认知这个问题。对此 Maslin 等(2012)做了深入的讨论。他们首先指出，模式是不真实的，从本质上讲，模式不可能抓住自然系统中的所有因子，就算抓住了，经常也并不完全了解。模式的不确定性主要来自 3 个方面：(1)输入模式的到 21 世纪末的温室气体及大气中气溶胶的累计值，是根据经济模式计算出来的，是假设全球经济有多么绿色，才计算出 100 a 消耗的化石燃料。2008 年的经济危机证明，预测经济的变化是多么的困难。经济的不可预测性可能才仅仅开始。(2)另一个不确定性来自于对不同模式的评价。每个模式均有自己的特色，一些模式在某些方面有优势，平等看待各种模式是不合适的。未来模式间的差异可能要加大而不是缩小，因为各种模式增加了不同的物理过程并提高了分辨率，这就相当于加进来很多“知道的未知数”。(3)利用全球气候模式来驱动区域模式时不确定性就更大了。降水量空间变率大，预测结果更容易发生自相矛盾。例如，用英国气象局 HadCM3 模式驱动湄公河流域水文变化，预估的年流量变化范围为 −5.4%～5.4%。甚至于不能确定水量将要增加还是减少，决策者很难应用这个结果。再加上社会可能对环境变化影响的反馈，问题就愈发复杂了。

在正确认知气候模式的不确定性的同时，Maslin 等(2012)认为，最大的障碍是政治家不愿意为社会的长期利益而行动。政治家往往以公众意见及科学的不确定性为借口而拒绝行动。他们经常说："我们需要等到科学家证明是人类造成了气候变化。"这已经过时了。他们又说："我们需要等到科学家能准确地告诉我们将要发生什么，以及代价如何。"或者说："我们需要知道行动后的公众意见。"前者是不存在的，因为模式本身不能提供模拟的准确程度。而后者则仅仅是一种说法。其实，政治家经常是在没有公众支持的情况下采取行动，从战争到银行紧急救济，从征税到改进健康措施。我们需要的是采取行动。

3.4 古气候模式

用现代气候来评价气候模式是必要的。但是，这并不能保证模式也能够正确地模拟古气候。实际上，很难在古气候中找到与现代和要预估的未来完全相似的时期，辐射强迫及其变化速度均不同。不过，古气候中也有比现代暖的时期，也有气候突变。所以，可以作为预测未来气候变化的借鉴。评价古气候模式，可以从三处着眼：(1)气候变化的方向；(2)气候变化的幅度；(3)气候变化的速度。但是，长期以来古气候模式仅仅涉及前两个问题，也就是研究对外强迫的平衡响应。集其大成者是古气候模式比较计划(PMIP)(Kageyama, 2012)。

PMIP1

PMIP1 由世界气候研究计划及国际地圈生物圈计划联合建立，其主要目的是确定模式模拟过去气候的能力，增加我们对气候变化的了解(Joussaume, *et al.*, 1995)。在开始阶段，PMIP1 主要是检验大气环流模式模拟末次冰期冰盛期(21 ka)及中全新世(6 ka)气候的能力。当时以大气环流模式为主，或者用给定的海表温度强迫，或者采用板块海洋。末次冰期冰盛期模拟的设计是研究气候对大冰盖、冷大洋及低温室气体条件的响应。中全新世模拟，是研究气候对轨道要素引起的太阳辐射变化的季节及纬度响应。结果表明，大多数模式能模拟出末次冰期冰盛期的变冷及中全新世夏季风的向北扩展(PMIP, 2000)。但是，不同模式模拟的温度、降水量变化差别很大。例如，用重建的末次冰期冰盛期的海表温度强迫大气模式，就模拟不出热带的变冷，只有大气-混合层海洋耦合模式才能模拟出适当的变冷。同样，各种模式模拟的 6 ka 非洲季风的向北扩展，远不如重建记录显示的那么大。模式计算的降水量变化偏小，例如，仅有足以维持 23°N 撒哈拉植被所需降水量的 50%。另外一些模式则甚至模拟不出降水量的增加以及夏季风的向北推进。尽管如此，PMIP1 的成果，还是成为 IPCC TAR 评估气候模式的核心内容(McAvaney, *et al.*, 2001)。

PMIP2

PMIP2 开始于 2002 年(Harrison, *et al.*, 2002)。依然锁定末次冰期冰盛期(21 ka)及中全新世(6 ka)为研究目标，但是改用大气-海洋耦合模式(OA)，或者大气-海洋-植被耦合模式(OAV)。2007 年发布了 PMIP2 综合成果报告(Braconnot, *et al.*, 2007a, 2007b)。图 3.8 给出末次冰期冰盛期模拟结果的比较。图 3.8 中 PMIP2 OA 为 PMIP2 的大气-海洋耦合模式，共有 6 个模式参加比较，用不同符号表示；PMIP1 SSTf 及 PMIP1 SSTc 分别为 PMIP1 的固定海表温度及计算海表温度，分别用"×"号及"+"号表示。PMIP1 SSTf 固定了海表温度，所

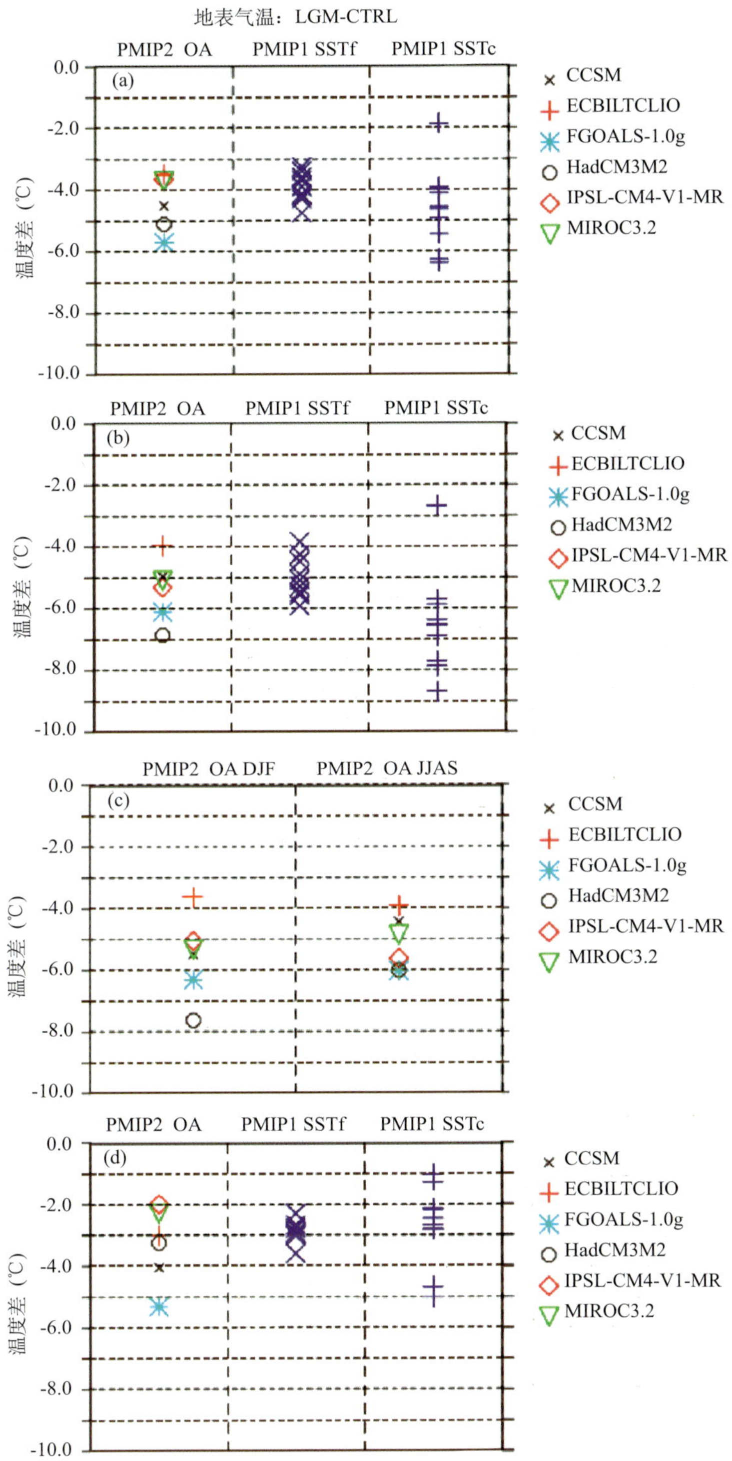

图 3.8　末次冰期冰盛期温度与工业化前温度的差

［(a)全球年平均；(b)北半球年平均；(c)北半球季节平均；(d)南半球年平均］(Braconnot，*et al.*，2007a)

以模式之间的差异较小。PMIP2 OA 一般较 PMIP1 SSTf 低，是因为 PMIP1 所依据的海表温度在热带地区较高。模式之间的差异主要在于大陆温度的不同，这是因为对冰盖、雪面、云的反馈处理不同所致。PMIP2 与 PMIP1 所给出来的温度分布也有差异。PMIP1 SSTf 中强冷却出现在北大西洋及北海的海冰区以及冰盖上，极大值在泛斯堪的纳维亚冰盖上。而 PMIP2 最大冷却在劳伦泰冰盖上。

参加中全新世比较的 PMIP2 模式有 10 个大气-海洋耦合模式（OA）及 3 个大气-海洋-植被模式（OAV）。中全新世（6 ka）气候变化（相对于工业化前）的幅度远低于末次冰期冰盛期（21 ka）。但是，充分反映了太阳辐射季节变化的影响。那时北半球冬季太阳辐射低于工业化前，而夏季太阳辐射高于工业化前。所以，无论 PMIP1 还是 PMIP2 模拟的结果，都是冬冷、夏暖。但是 PMIP2 的模拟似乎冬季的降温缩减，甚至有个别模式也得到增温，而夏季的增温则比 PMIP1 有所加强（图 3.9）。夏季增温在大陆上如欧亚大陆及西藏高原最强，而大洋上增温不强，这意味着夏季风增强，PMIP2 模拟的 6 ka 西非降水增加比 PMIP1 更明显，虽然各模式之间模拟降水量变化的分歧依然比较大（图 3.10）。

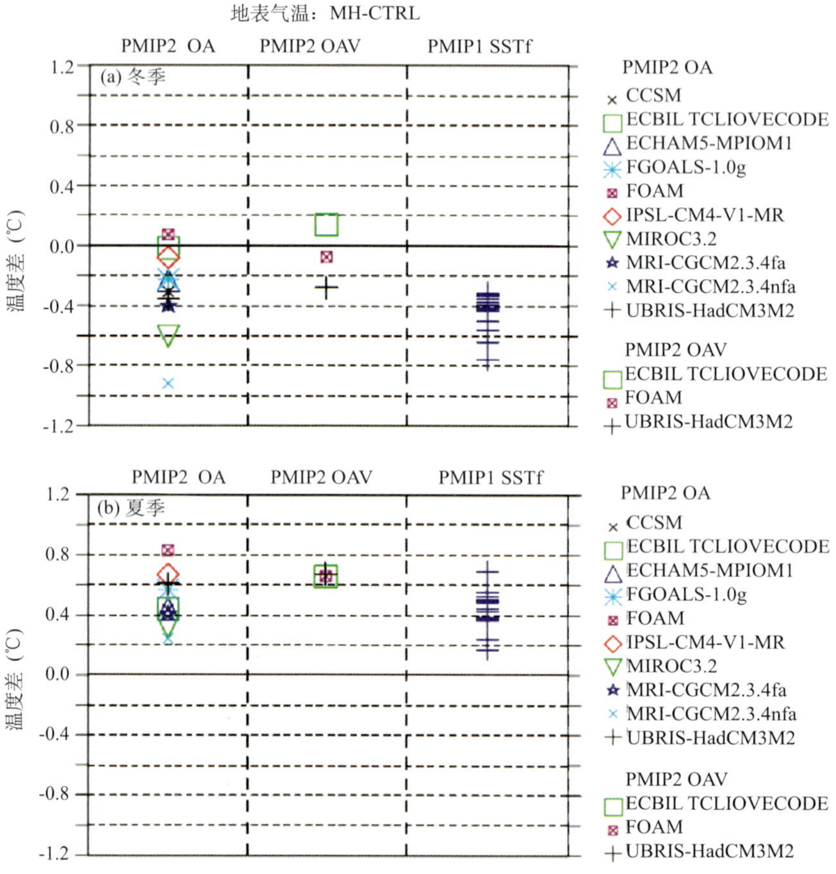

图 3.9 6 ka 北半球冬季（12 月—2 月）及夏季（6—9 月）温度差（相对于工业化前）的模拟结果（Braconnot, *et al.*, 2007a）

PMIP3

除了 21 ka 和 6 ka 两个目标之外，PMIP3 又增加了近千年模拟（Otto-Bliesner, *et al.*, 2009; Schmittner, *et al.*, 2011a; Braconnot, *et al.*, 2012）。这个新目标与 CMIP5 的近期

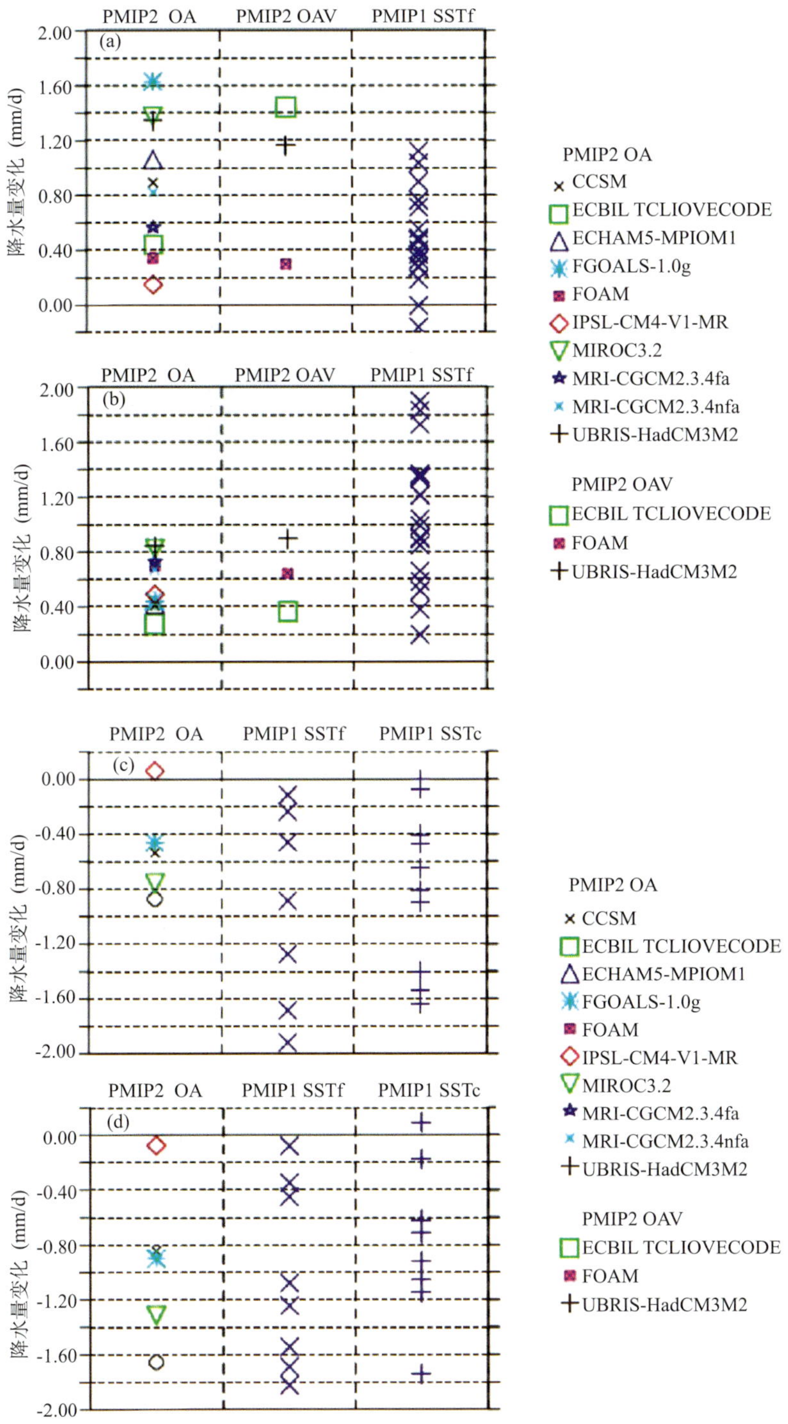

图 3.10 6 ka 及 21 ka 6—9 月降水量相对于工业化前的变化

[(a)西非(10°～25°N,20°W～30°E)6 ka;(b)印度北部(20°～40°N,70°～100°E)6 ka;(c)西非 21 ka;(d)印度北部 21 ka](Braconnot, *et al.*, 2007a)

(年到年代)变率的模拟一致,模式的改进与 CMIP5 一致(Braconnot, *et al.*, 2012)(图 3.11)。但是,这不是 PMIP3 的唯一改进,另一个方向是加强对暖期的研究(Schmittner, *et al.*, 2011b)。例如,对上新世、始新世、末次间冰期的模拟,以及对全新世与末次间冰期的瞬变模拟,均对未来变暖的预估有重要意义。此外,对末次冰消期的瞬变模拟对更好地了解地球系统各成员对外强迫反应的动力学及时间尺度也有重要意义。

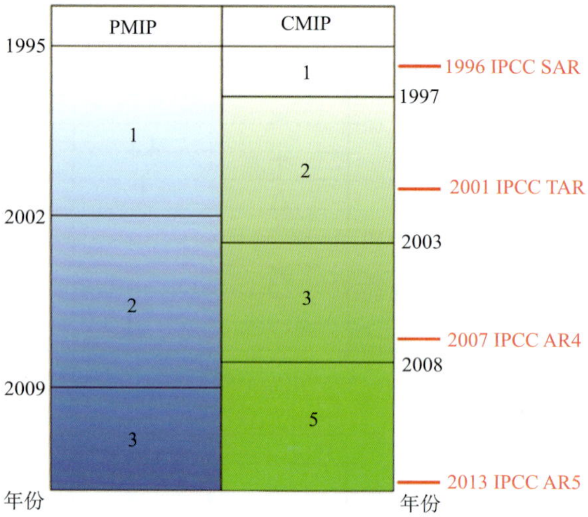

图 3.11 PMIP 和 CMIP 发展阶段,以及 IPCC 评估报告的时间表示意图

不过完全古气候模式十分复杂,而研究古气候需要做长时间的如几十万年的积分,这实际上是不可能的。因此,又有中等复杂程度模式(EMICS)出现(Claussen, *et al.*, 2002; Steffensen, *et al.*, 2008),并有了自己的模式比较计划(EMIP-CO_2)(Petoukhov, *et al.*, 2005)。这样既可以考虑地球系统中的慢变过程,又可以较为快速地进行计算。

另外一个发展方向是所谓的"直接模拟"或者称为"代用资料模拟",即不是把通常模拟的气温、降水量与观测(或重建)的结果比较,而是把模式中直接计算的植被、$\delta^{18}O$、有孔虫丰度等与观测的结果比较。这样就避免了重建气温、降水量的误差的影响,又可以考虑那些在重建中没有考虑的过程(LeGrande, *et al.*, 2006)。

气候突变的挑战

对气候模拟的更大挑战来自气候突变。2011 年 7 月 *Nature Geoscience* 发表了 3 篇评论性文章(Valdes, 2011; Zeebe, 2011; Beerling, *et al.*, 2011),并为此附有编者按(Editorial, 2011)。Zeebe(2011)指出气候对外强迫的反应有两类,一类快速反馈,一类相应较慢。例如,大陆冰盖对辐射强迫的响应是很慢的,在百年尺度的模拟中冰盖对温度的反馈可以忽略不计。但是,如果时间尺度超过了冰盖的响应时间,则冰盖反馈显然是一个重要的因素。Valdes(2011)指出目前 IPCC 所用的模式并不具备模拟气候突变的能力,似乎现代的模式过于稳定,需要加以 10 倍于重建的强迫才能模拟出气候突变的开始,他给出 4 个气候突变的例子,有关这些气候突变事件的研究,对 21 世纪气候变化预估有重要意义。

(1)古新世—始新世之交的热力极大(PETM)。大约 55.8 Ma(Ma 为距今百万年)发生了一次突然的变暖。在大约千年之内热带温度上升 5 ℃,而高纬度上升 20 ℃,因此那时赤道与高纬度间温差很小。但是,现代的古气候模式却模拟不出这种气候变化。另外两个次于 PETM 的暖期,在中中新世(18—15 Ma)及中上新世(3.6—2.6 Ma)也是值得研究的。尽管这两个暖期 CO_2 的变化比 PETM 小得多,但也达到了 500 ppmv,与展望未来的 CO_2 加倍(600 ppmv)接近。

(2)北非沙漠化(desertification of Northern Africa)。大约 9.0—5.5 ka(距今千年),现在撒哈拉大沙漠控制的地区比现代气候温暖湿润得多,有广泛的草原植被,被称为绿色的撒哈拉。转变为沙漠只发生在几十年到几百年前。但是现代的复杂模式也未能模拟植被状态的变化,特别是模拟不出早—中全新世的绿色撒哈拉。模拟不出绿色植被是如何开始的,也就谈不上模拟在 5.5 ka 的干旱化。

(3)大西洋经向翻转环流崩溃(collapse of the Atlantic Meridional Overturning Circulation)。在末次冰期中的 6 次海因里希事件(H 事件)中北大西洋经向翻转环流崩溃。这可能是对淡水注入的响应。不同的复杂气候模式模拟了这种深水下沉关闭的事件,但是只有当设定的淡水注入达到 1 Sv① 时,才能有这种效果,而实际的估计值只有 0.1～0.2 Sv。如果用这个观测值去强迫,则海洋环流仅仅变化了 30%左右,远达不到关闭的程度,造成的格陵兰降温也只有 2～3 ℃,而实际降温可能达到 10 ℃。

(4)D/O 暖事件(Dansgaard-Oeschger rapid warming)。末次冰期中至少有 25 个间冰阶,格陵兰冰芯记录表明,每次在几十年内温度即可上升 8 ℃。我们还不完全了解这些变化的机制。CH_4 变化表明,这些事件的气候影响决不仅限于格陵兰。但是,气候模式模拟这些事件尤为困难,因为这要求数千年长时间注入淡水,而这远远超过了注入淡水时间的气候证据。

对以上 4 类事件的模拟研究表明,现在的模式还不具备模拟气候史上这些突变事件的能力。我们不仅需要对古气候及强迫因子有更精确的了解,进一步认识气候突变发生的物理学及动力学,而且需要研制更完善的模式,以便在模拟气候突变的基础上对未来气候变化做出预测。气候突变的模拟是对气候模式的最大挑战。

3.5 近百年变暖的模拟

HadCRUT3 与 CMIP3 模拟

气候模拟是检验人类活动影响的核心工具,也只有通过有效的模拟才使得 IPCC AR4 提高了对人类活动造成了现代气候变暖结论的置信度。图 3.12 给出 20 世纪以来的温度变化以及模拟结果。这里观测资料取自 Broham 等(2006),即 HadCRUT3。模拟的细节可参阅 Stott 等(2006)的描述。图 3.12 的重点是比较同时考虑人类活动影响及自然因素的模拟[图 3.12(a)]以及只考虑自然因素的模拟[图 3.12(b)]。图 3.12(a)共用了 14 个模式的 58 个模拟结果。人类活动影响考虑了温室气体及气溶胶的影响。有的模式同时考虑了气溶胶的直接及间接影响。有的模式则只考虑了直接影响,各模式对气溶胶影响物理过程的描述也有不同。有的模式还考虑了对流层及平流层 O_3 的影响,但是有的模式就没有包括这一部分。还有少数模式考虑了含碳气溶胶及土地利用的影响。在自然因素影响中,不同模式对太阳辐射变化及火山强迫有不同的表达。图 3.12(b)共利用了 5 个模式的 19 个模拟。

比较图 3.12(a)与图 3.12(b)立刻就可以看出,如果同时考虑人类活动影响及自然因素,可以较好地模拟出 20 世纪以来全球平均温度变化,见图 3.12(a)。但是,如果只考虑自然因素,则很难模拟出后 30 a 的温度上升。这十分有力地说明,近 30 a 的气候变暖是人类活动影响造成的。

当然,这并不是说模拟得已经尽善尽美了。恰恰相反,温度的年际与年代际变化的模拟还有许多不满意的地方。20 世纪 30 年代中期到 40 年代中期的 10 余年是全球持续偏暖的时

① 1 Sv=10^6 m^3/s,下同。

期，在 20 世纪末气温持续上升之前，这始终是 20 世纪最暖的时期，但是尽管同时考虑人类活动影响及自然因素，也未能解释该时段变暖的原因。同时，接下来的 10 a 又是温度从 20 世纪中期的高峰明显回落的时期。但是也是同时考虑这两种影响，模拟的温度在 20 世纪 40 年代中期到 50 年代中期还高于前 10 a，这突出地说明现代的气候模式在模拟温度变化的年代际变化上受到的挑战。

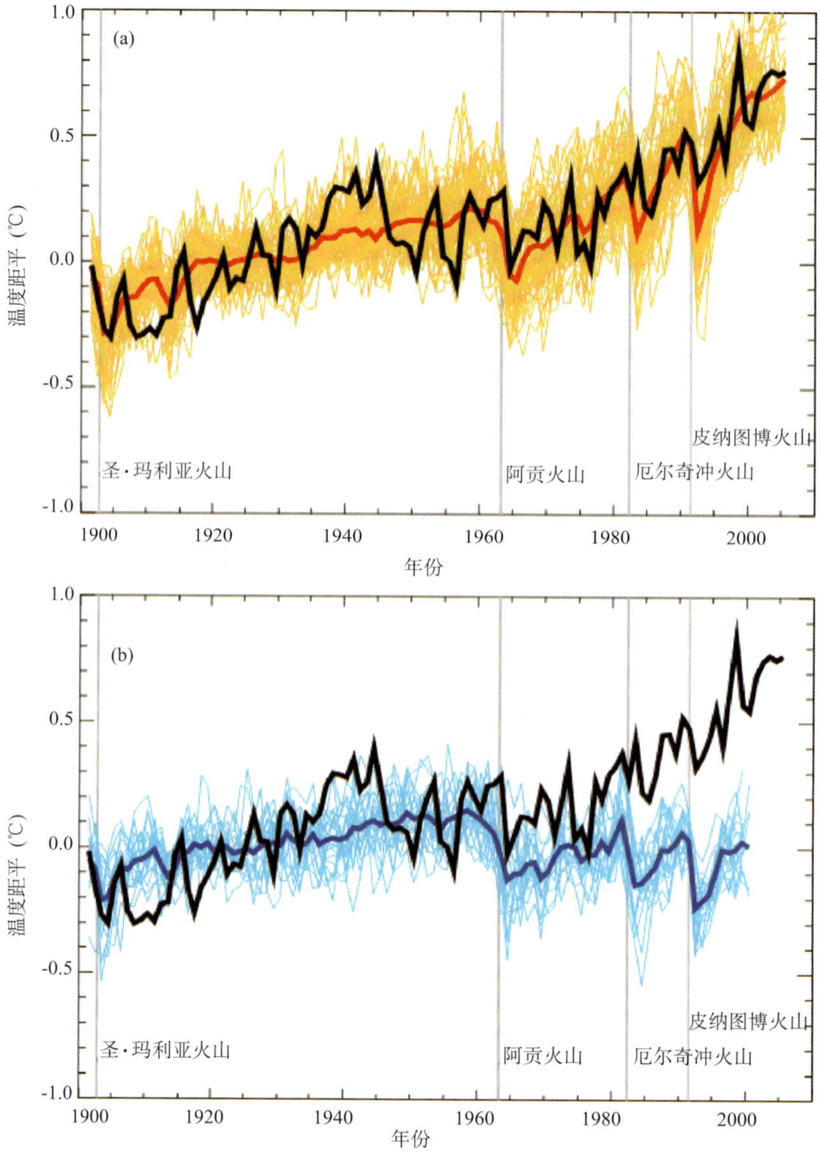

图 3.12 近百年全球平均温度观测（粗黑线）与模拟结果的比较

［(a)同时考虑人类活动影响及自然因素；(b)只考虑自然因素。粗红线及粗蓝线为多模式平均；细黄线及细蓝线为不同模式的模拟结果；灰竖线表示强火山爆发］(Hegerl, *et al.*, 2007b)

此外，模式在模拟年际变化上也有缺陷，3 次强火山爆发的影响虽然在模式中有明显的反映，但是模拟的温度过低。而且 1998 年温度的峰值没有模拟出来。当然，温度观测也有不确定性，模式本身及模式的强迫均有不确定性。1998 年峰值模拟的失败还很难说是这 3 个方面中的哪一个方面出了问题。因此，目前的模式模拟年际变化的能力仍然受到较大质疑。

图 3.13 给出 1901—2005 年及 1979—2005 年的全球温度变化趋势，模式及模拟数目与图 3.12 同。从观测资料来看，两个时间尺度上均有降温的地区，尽管变暖还是占据了绝对优势。但是，也就是因为这样，这些地区的降温才尤为引人注意。1901—2005 年温度变化的平均趋势表明，美国东南部、北大西洋西北部、非洲及南美洲的个别格点为变冷。从 1979—2005 年温度变化的平均趋势来看，北太平洋东部、赤道东太平洋及南半球大洋高纬度变冷。由于缺少资料，无法判断 1901—2005 年的温度变化趋势，是否南半球大洋也有变冷，但是 1979—2005 年变冷则是确定无疑的。在全球变暖趋势加剧的这段时间，南半球大洋有这样大范围的变冷，

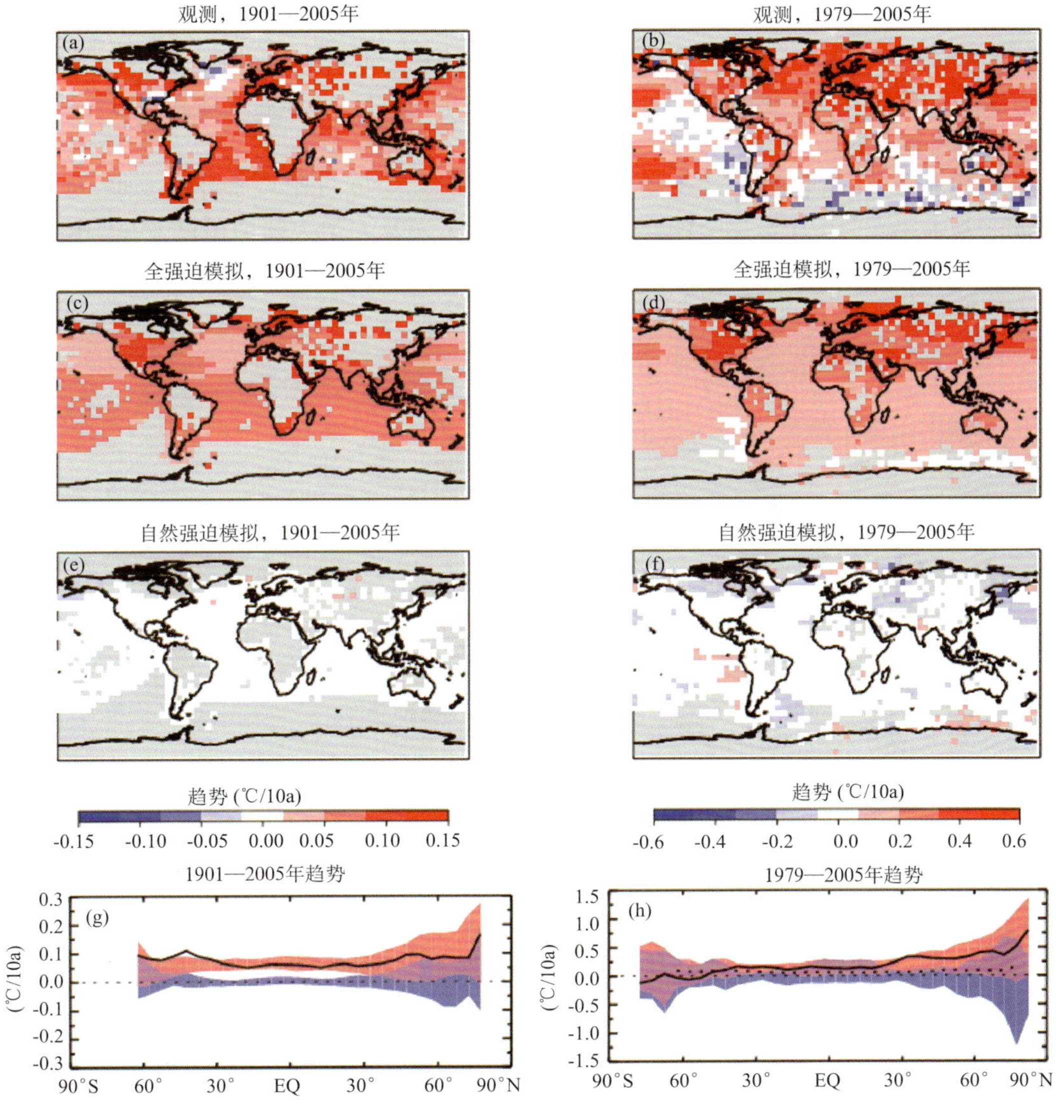

图 3.13　近百年观测的全球温度变化[(a),(b)]与同时考虑人类活动影响及自然因素影响的模拟温度变化[(c),(d)]及仅考虑自然因素的模拟温度变化[(e),(f)]的比较[灰色区域表示资料不足；(g),(h)曲线为温度变化趋势的纬圈平均值，黑线为观测，红线为同时考虑人类活动影响及自然因素的模拟的 90%范围，蓝色为只考虑自然因素的模拟的 90%范围，(h)中用点线给出 1901—2005 年的趋势做比较](Hegerl, *et al.*, 2007b)

这是对气候模拟研究的一个挑战。显然，无论现代模式考虑的人类活动，还是自然因素，均无法解释这个现象。是否这同大西洋经向翻转环流（AMOC）的变化或南极 O_3 洞扩大以及与之相关的环南极的西风环流变化有关，值得深入研究。图 3.13(g)和(h)给出温度变化趋势的纬圈平均值。显然，只有人类活动影响才能解释北半球高纬度的气候变暖。

但是，自然因素的影响似乎也不能完全忽略。特别对于 20 世纪前半叶的变暖，从图 3.12 可见，无论只考虑自然因素，还是同时也考虑人类活动，均只能模拟出一个微弱的变暖趋势。因此，对于这段时间气候的变暖还有不同的见解，有人认为太阳活动可能起主导作用（Meehl, *et al.*, 2004），有人认为火山活动的影响更大（Broccoli, *et al.*, 2003），甚至也有人认为是内部气候变率的影响（Delworth, *et al.*, 2000）。但是，气溶胶无疑对 1950—1970 年温度的下降有较大影响（Tett, *et al.*, 2002）。Knight 等（2005）估计 AMOC 的年代际变化有可能使北半球平均温度发生 0.2 ℃的变化。因此，至少在年际到年代际尺度，温室气体之外的各种因子作用依然是相当重要的。

图 3.14 给出 20 世纪的 10 a 平均温度变化，为了显示 20 世纪后半叶的变暖，对 1901—1950 年平均求距平。图中给出全球、全球陆地、全球大洋及 6 个大陆的温度变化。图中黑色曲线为观测结果，红色区域为考虑人类活动同时考虑自然因素的模拟结果的 90% 范围，蓝色

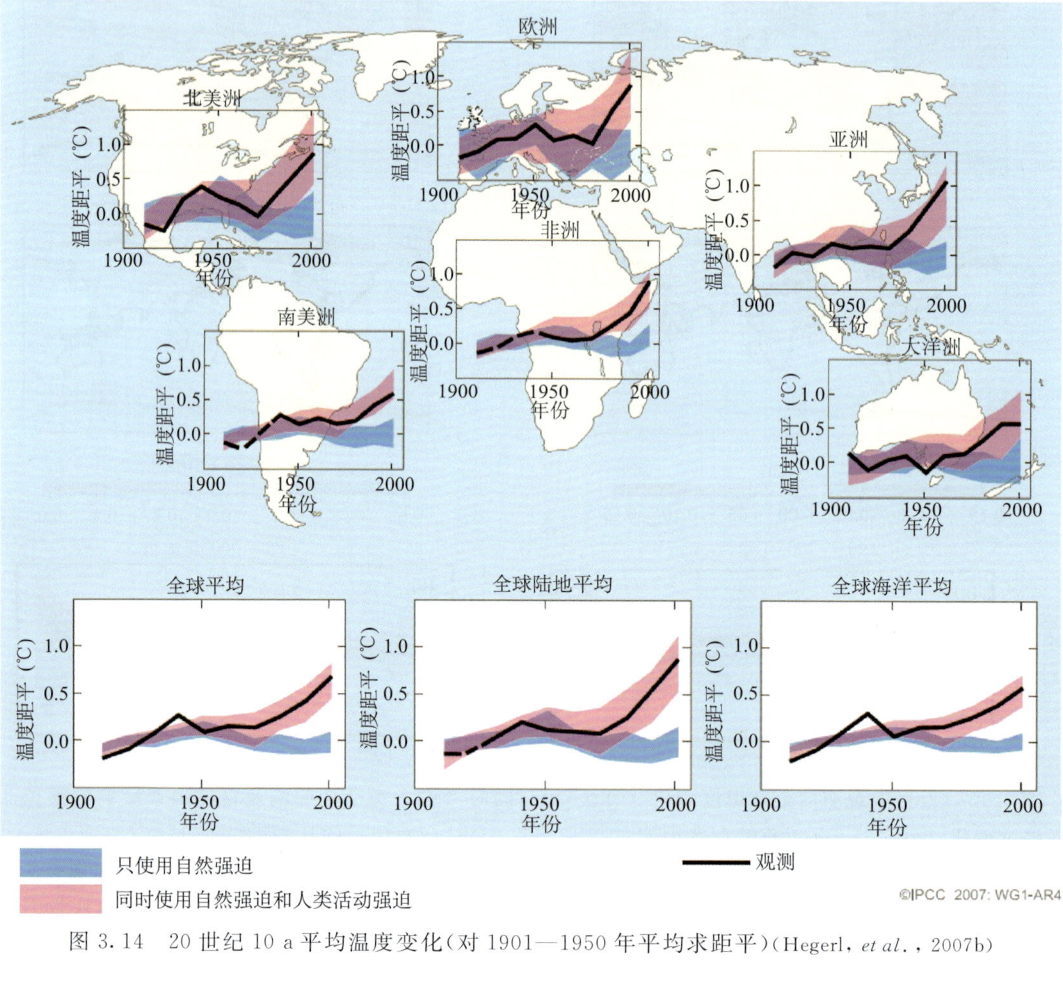

图 3.14　20 世纪 10 a 平均温度变化（对 1901—1950 年平均求距平）(Hegerl, *et al.*, 2007b)

区域为只考虑自然因素的模拟结果的90%范围。这个图有几个值得注意的结果:(1)陆地变暖强烈,海洋上则明显较弱,这在模拟中得到了充分的体现;(2)不同地区的变暖过程有一定差异,特别是变暖幅度有不同,这也在模拟中有所反映;(3)再次说明只考虑自然因素无法解释20世纪后半叶的全球变暖。根据所有的这些分析,IPCC AR4(2007)得到结论:20世纪后期的变暖有90%以上的可能是人类活动造成的。

HadCRUT4与CMIP5模拟

IPCC AR4发布之后,英国气象局哈德莱中心,又改进了全球温度序列(Morice, *et al.*, 2012),这个新的序列称为HadCRUT4,特别是21世纪以来的温度有所提升(图3.15),这主要是增加了北半球高纬度的资料,在目前世界上4个序列中,HadCRUT4在20世纪中叶及21世纪都是温度最高的,其他3个序列是GISS,NCDC及JMA,其中JMA为日本气象厅的序列(Morice, *et al.*, 2012)。

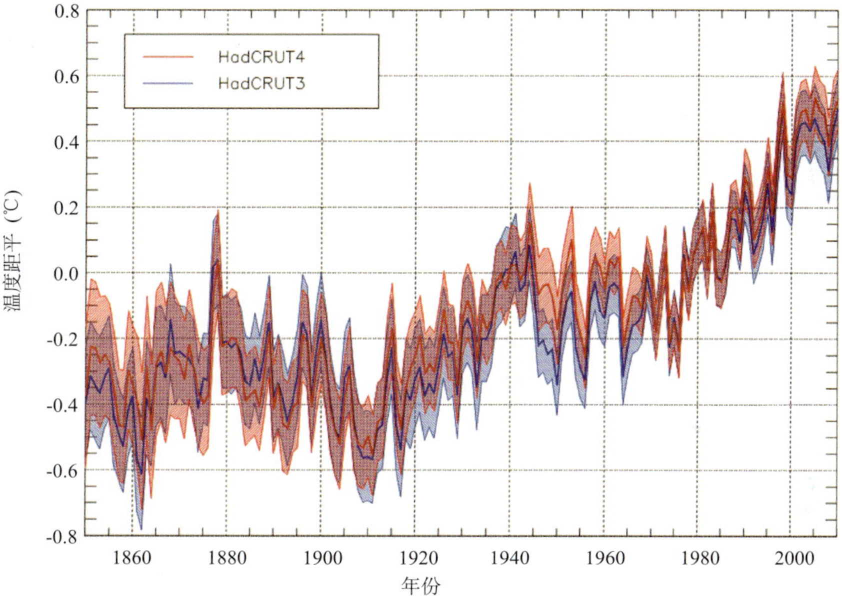

图3.15 1850—2010年HadCRUT4(红色)及HadCRUT3(蓝色)
全球平均温度距平序列(对1961—1990年平均)(Morice, *et al.*, 2012)

图3.16给出CMIP3(蓝色)与CMIP5(红色)的模拟与4个温度观测序列(黑色)的比较。可以看出,CMIP3(蓝色粗线)与CMIP5(红色粗线)的平均差别不大,CMIP5的分散度还要更大一些。这就是有一些人质疑CMIP5的一个原因。但是CMIP5模拟的21世纪初的温度相对于CMIP3有所降低。如上所述,HadCRUT4在21世纪的温度较之HadCRUT3有所提升。因此,新的观测序列及新的模拟,在21世纪差距有一定缩小。21世纪全球平均温度上升的速度减缓,甚至停滞,曾经遭到质疑(Knight, *et al.*, 2009; Kerr, 2009)。新的资料与新的模拟缓和了模拟与观测的差异,但是并没有完全改变21世纪变暖停滞或减缓的趋势,在温室效应继续加剧的情况下,如何解释并模拟出变暖停滞仍然是一个挑战。

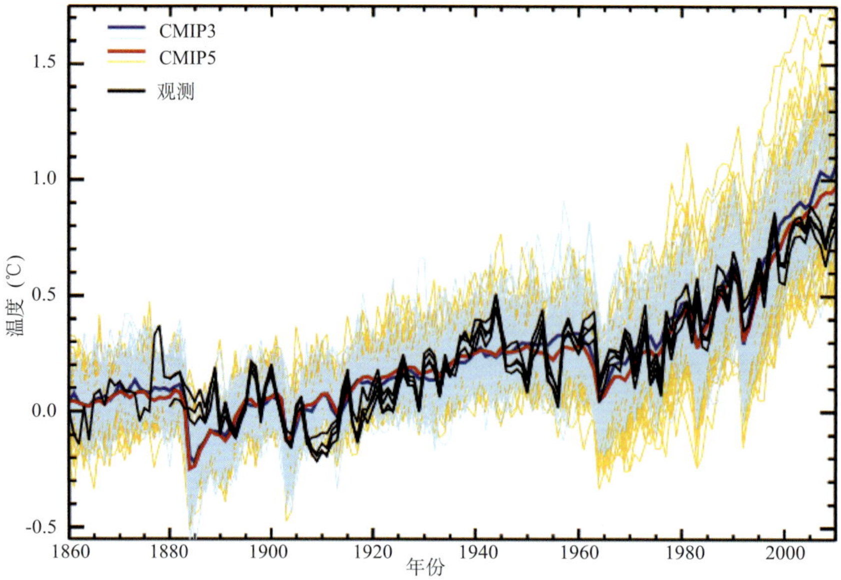

图 3.16 1860—2010 年 4 个温度观测序列（黑色）及 CMIP3 模拟（蓝色粗线）与 CMIP5 模拟（红色粗线）比较（细蓝线与细黄线分别为 CMIP3 及 CMIP5 不同模式模拟结果）（Jones, *et al.*, 2012）

3.6 近千年温度变化的模拟

近千年温度变化

图 3.17 给出近 1.3 ka 温度序列的重建。图 3.17(a)包括 3 个序列，都是观测温度，有两个北半球的序列，HadCRUT2v 包括陆地与海洋观测，细黑线表示年平均距平（相对于 1961—1990 年平均），粗黑线为 30 a 低频滤波。显然近一个半世纪的变暖有两次升温，一次在 1910 年之后，另一次在 1977 年之后。图 3.17(a)中的棕色曲线为仅有陆地观测的序列，这个序列向前延伸到 1781 年。尽管早期只有 23 个欧洲站及 1 个北美站，但是在 1850 年之后与北半球平均序列的变化趋势非常一致，也就是因为这样陆地测站的序列仅给出低频滤波值。此外，土黄色曲线为欧洲 4 个站的低频滤波曲线。由于仅有 4 个测站，所以这个序列的振幅比较大，例如到 2000 年就达到 0.9 ℃左右，而陆地测站序列（棕色）为 0.7 ℃，北半球序列（黑色）的温度距平仅为 0.5 ℃。图 3.17(a)中增加了这两个覆盖面较小的序列，不过是权宜之计，只能粗略地看一看 1850 年之前温度大体的变化趋势。更主要的还是要依靠代用资料。

图 3.17(b)给出 12 个代用资料序列，资料来源见表 3.1。图中同时给出观测序列作比较。并不是每个序列的长度均达到 1.3 ka，洞穴温度序列最短，只向前延伸到 1500 年，而且由于时间分辨率低，只能看长期趋势，完全反映不出年代际到百年尺度的温度变化。其他序列分散度也很大，例如：1200—1350 年，不同序列的温度距平变化于－0.1～－1.1 ℃之间，最大相差为 1 ℃；1700—1900 年差别要小一些，大体在－0.2～－0.7 ℃之间，最大相差为 0.5 ℃。考虑到各序列之间的巨大差异，如果仅简单地求各序列的平均是没有太大意义的。所以，图 3.17(c)给出概率分布，这里考虑了除 RMO..2005 及 PS2004 两个序列之外的其他 10 个序列。无论如何，从最大概率的变化还是可以看出近千年温度变化的基本特征：(1)除了 20 世纪之外，

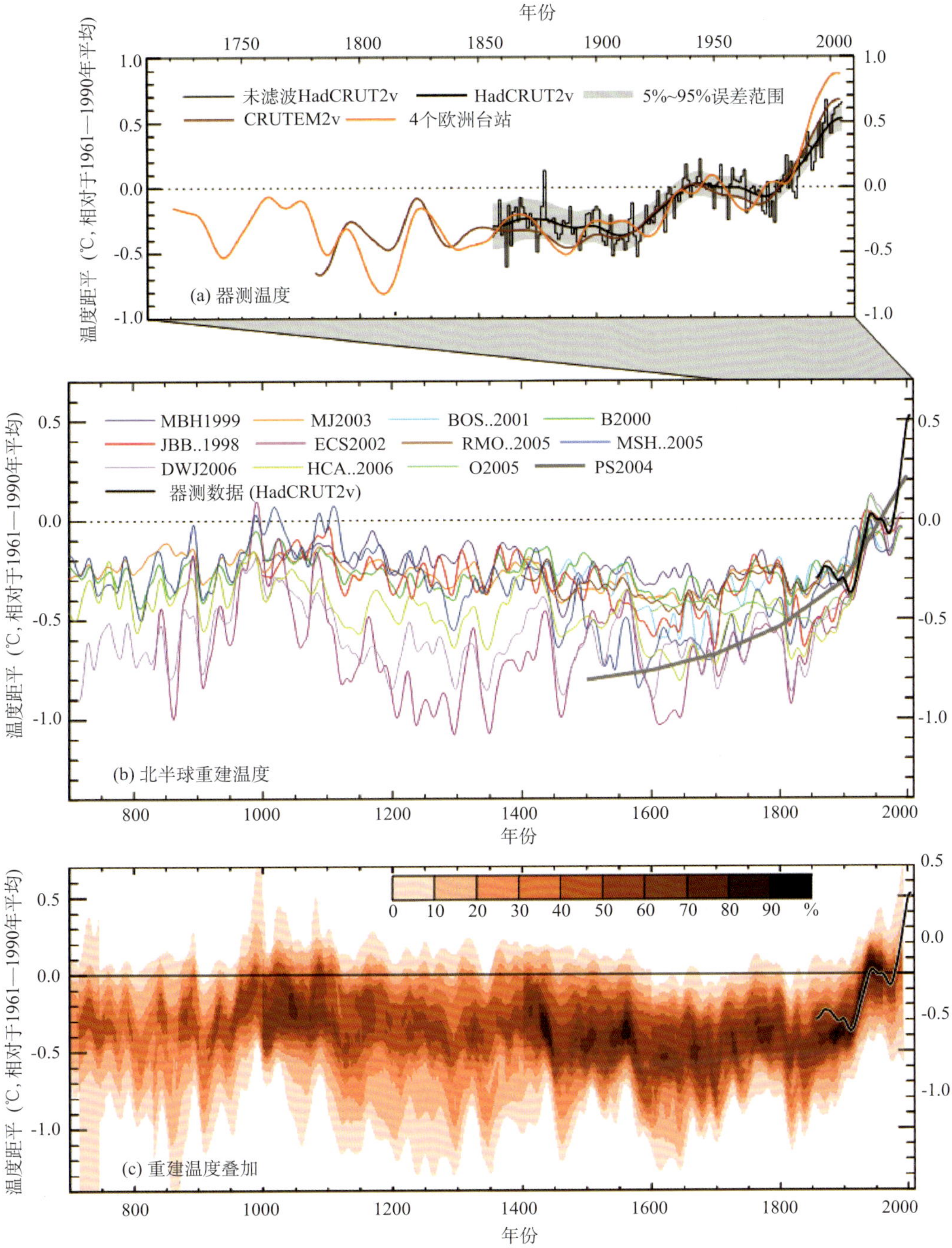

图 3.17　近 1.3 ka 北半球温度变化

[(a)观测的年平均温度距平；(b)根据代用资料重建的温度距平；(c)所有代用资料序列的 90%范围(5%～95%](Jansen，*et al.*，2007)

950—1200 年是近千年的最暖时期。因此,可以认为近千年的温度变化趋势先是缓慢下降,然后在 20 世纪急剧上升。(2)年代际到百年尺度变率仍然很大,例如 1100—1150 年温度明显下降,1400 年前后又明显高于 1350 年及 1450 年前后,尽管这些经过低频滤波的曲线已经在很大程度上削弱了年代到百年尺度的变率。(3)由于图 3.17 是所有曲线均对 1961—1990 年平均求距平,因此,可以认为中世纪暖期的温度达到 1961—1990 年温暖程度的可能性是较低的。所以,20 世纪后半叶确实是近千年来最暖的时期。

表 3.1 图 3.17 所用资料来源(Jansen, *et al.*, 2007)

序号	观测资料			
	序列	时段	内容	来源
1	HadCRUT2v	1856—2005 年	北半球陆面海洋	Jones, *et al.*, 1997, 2003a
2	CRUTEM2v	1781—2004 年	北半球陆面	Jones, *et al.*, 2003a, 2003b
3	4 个欧洲站	1721—2004 年	欧洲	Jones, *et al.*, 2003b

序号	代用资料								
	序列	时段	季节	区域*	覆盖面**				作者
					H	M	L	O	
1	JBB..1998	1000—1991 年	夏	20°～90°N L	V	V	0	0	Jones, *et al.*, 1998, 2001
2	MBH1999	1000—1980 年	年	0～90°N L+M	+	+	V	V	Mann, *et al.*, 1999
3	BOS..2001	1402—1960 年	夏	20°～90°N L	+	V	0	0	Briffa, *et al.*, 2001
4	ECS2002	831—1992 年	年	20°～90°N L	V	V	0	0	Esper, *et al.*, 2002; Cook, *et al.*, 2004a
5	B 2000	1—1993 年	夏	20°～90°N L	V	0	0	0	Briffa, 2000; Briffa, *et al.*, 2004
6	MJ2003	200—1980 年	年	0～90°N L+M	V	V	0	0	Mann, *et al.*, 2003
7	RMO.2005	1400—1960 年	年	0～90°N L+M	+	+	V	V	Rutherford, *et al.*, 2005
8	MSH.2005	1—1979 年	年	0～90°N L+M	V	V	V	V	Moberg, *et al.*, 2005
9	DWJ 2006	713—1995 年	年	20°～90°N L+M	+	V	0	0	D'Arrigo, *et al.*, 2006
10	HCA..2006	558—1960 年	年	20°～90°N L	V	V	0	0	Hegerl, *et al.*, 2006
11	PS2004	1500—2010 年	年	0～90°N L	V	+	0	0	Pollack, *et al.*, 2004 Moberg, *et al.*, 2005
12	O 2005	1600—1990 年	夏	全球 L	V	+	0	0	Oerlemans, 2005

* L 陆地,M 海洋

** H 高纬度陆地,M 中纬度陆地,L 低纬度陆地,O 海洋,+有资料,V 有一些资料,0 无资料

近千年温度变化的模拟

不同模式模拟的差异主要取决于采用什么样的自然强迫。与近百年的模拟不同,近千年的大部分时间是自然因素而不是人类活动起决定性的作用。所以,重点是如何给定不同自然因素的辐射强迫。

(1)太阳强迫。根据大约 30 a 的卫星观测,太阳辐照度的变化只有 0.1%左右,即大约辐射强迫变化 0.2 W/m^2,早期的变化幅度显然要大一些,但是也只有 0.36～1.55 W/m^2。

(2)火山强迫。对火山的辐射强迫估计也有很大的不确定性,因为只有间接的极冰酸度记

录。况且辐射强迫还决定于喷发是否进入平流层、火山气溶胶的性质及其在平流层的存留时间。即使给定了辐射强迫，不同模式考虑的方法也不同，例如有的模式考虑了气溶胶的地理分布，有的模式则没有考虑。

(3)格陵兰及中纬度冰芯资料表明，在工业发展时期 SO_2 的排放及对流层硫化物气溶胶迅速增加，但最近有所下降。

(4)大部分模式没有考虑地球轨道要素的影响，因为其时间尺度大，而太阳辐射变化小。但是也有个别模式把这个因素加入到模式中。一般认为对于千年尺度的气候模拟，这个因素确实可以忽略不计(Bertrand, *et al.*, 2002)。

图 3.18 给出了 12 个模拟结果，资料来源见表 3.2。从图 3.18 可以得到如下结论：(1)模拟结果 12—14 世纪偏暖，大体上与代用资料的分析接近；(2)15，17，19 世纪均有一段时间降温，与古气候记录一致；(3)20 世纪出现了千年来没有的变暖，证明这个变暖主要是温室效应加剧的结果；(4)1500—1900 年气温较低，各个模式模拟的结果差距也比较小，这是较为成功的一点；(5)一些未考虑对流层气溶胶的模式，给出的 20 世纪气温均明显偏高，说明气溶胶是必须要考虑的一个因素。

表 3.2　图 3.18 所用近千年模拟的气候模式(Jansen, *et al.*, 2007)

序号	代号	名称	类型	强迫*	作者
1	GSZ2003	EcHo-G	GCM	SV-G---	González-Rouco, *et al.*, 2003
2	ORB2006	EcHo-G/MAGICC	GCM	SV-G-A-Z	Osborn, *et al.*, 2006
3	TBC..2006	HadCM3	GCM	SVOG-ALZ	Tett, *et al.*, 2007
4	AJS..2006	NCAR CSM	GCM	SV-G-A-Z	Mann, *et al.*, 2005
5	BLC..2002	MoBiDiC	EMIC	SV-G-AL-	Bertrand, *et al.*, 2002
6	CBK..2003	—	EBM	SV-G-A-	Crowley, *et al.*, 2003
7	GRT..2005	ECBilt-CLIO	EMIC	SV-G-A-	Goosse, *et al.*, 2005
8	GJB..2003	Bern CC	EBM	SV-G-A-Z	Gerber, *et al.*, 2003
9	B..03-14C	Climber2	EMIC	SV-C-L-	Bauer, *et al.*, 2003
10	B..03-10Be	Climber2	EMIC	SV-C-L-	Bauer, *et al.*, 2003
11	GBZ..2006	ECHO-G	GCM	SV-G---	González-Rouco, *et al.*, 2006
12	SMC2006	ECHAM4/OPXC3	GCM	SV-G-A-Z	Stendel, *et al.*, 2006

* S 太阳，V 火山，O 轨道，G 温室气体，C CO_2，A 对流层硫化物气溶胶，L 土地利用变化，Z O_3 变化

IPCC AR4(IPCC，2007)发布后，科学家继续在温度重建及模拟方面努力工作。Mann 等(2008)把自己的序列扩展到公元 300 年，从而得到结论：过去 10 a 北半球的变暖是近 2 000 a 以来所未有的，中世纪可能气候温暖，但温暖程度不如现代。Neukom 等(2012)分析了南半球 174 个序列，至少改进了 1600 年以来的气候重建，有的序列延长到 2 ka。Wahl 等(2010)对 NOAA NCDC 的 92 个古气候序列重新做了标定。但是集其大成的还是 PAGES 2k Consortium(2013)，这在下一节专门介绍。

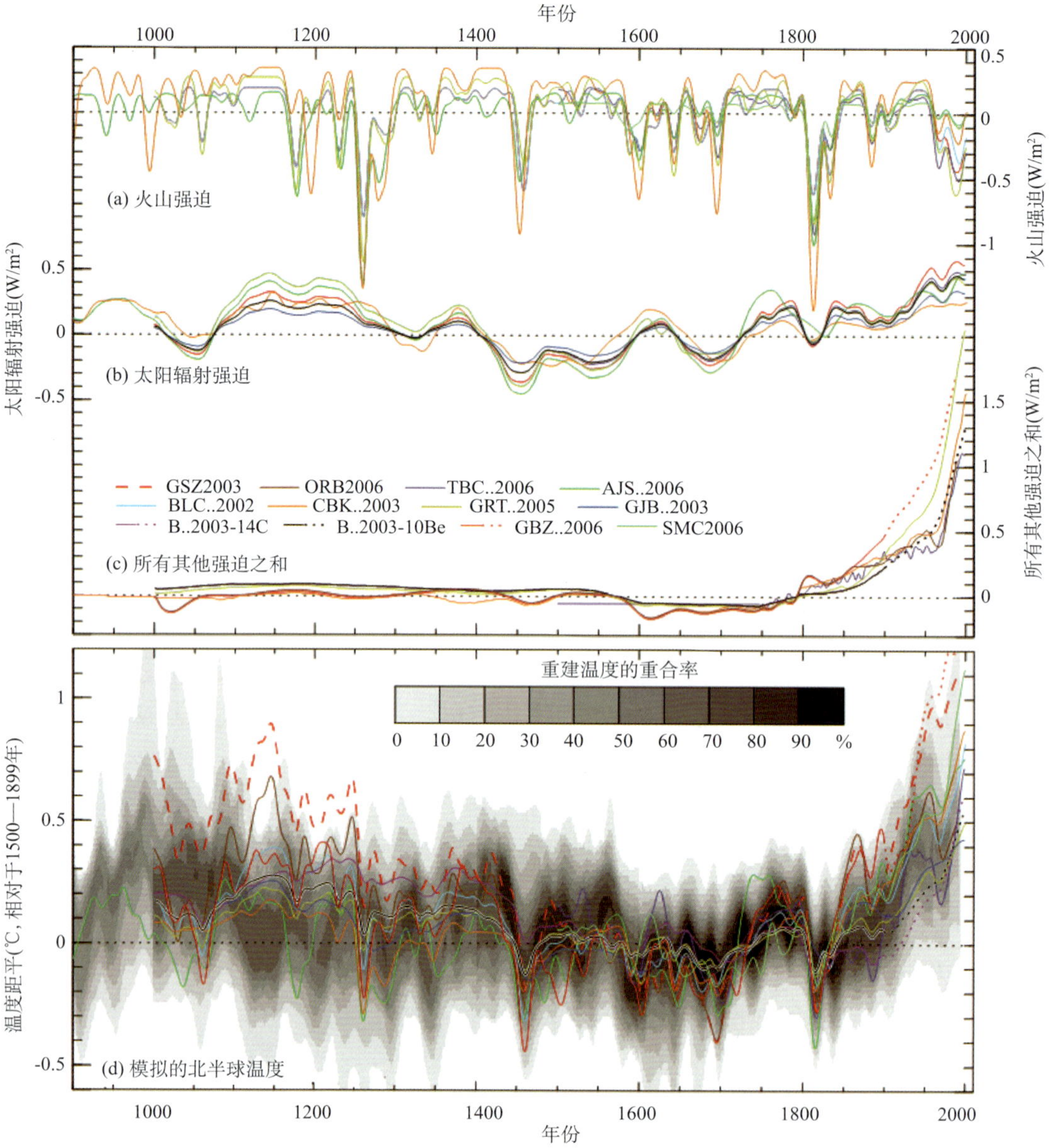

图 3.18 近 1.1 ka 辐射强迫及模拟的温度变化

(灰色区域为重合率的百分比范围)(Jansen, *et al.*, 2007)

值得注意的是,对重建中潜在不确定性的新认识,Smerdon(2012)利用千年的模拟作为现实气候的代替物,产生假的代用记录,检验用代用资料重建的温度序列。大量的工作表明,过去的重建往往低估了低频变化的振幅(Lee, *et al.*, 2008; Christiansen, *et al.*, 2009; Smerdon, *et al.*, 2010),这主要因为代用资料与温度观测之间的相关较弱,代用资料存在误差和标定误差。此外,用多元分析方法重建温度场及非气候因子对代用资料的影响也会造成误差。总之,对重建方法带来的误差也不容忽视。

在模拟方面 Schmidt 等(2011,2012)报导了在 PMIP3/CMIP5 框架下的对近千年辐射强迫变化的处理。但是,对千年尺度气候变化的模拟,依然是一个挑战。

3.7 PAGES 2k

了解过去的环境变化是预估未来环境变化的钥匙。只有了解了环境变化的区域特征，才能正确认识环境变化的形成机制。Wanner 等(2002)在 2002 年就提出了“长期再分析与动力学”问题，指出在欧洲已经有可能进行“古(气候)再分析”。2005 年 Wanner(2005)进一步提出研究“过去区域气候变率”的问题。在 CLIVAR 科学指导委员会的支持下，于 2009 年 7 月召开了 PAGES 2k 网络第一次会议，确定了要研究的 8 个区域。2011 年 7 月召开了第二次会议，并决定增加 1 个(全球)海洋区域(von Guntun, *et al.*, 2012)(图 3.19)。这样全球共确认了 9 个区域，收集整理近 2 ka 的资料，首要是温度资料，提供给 IPCC AR5。如上所述，CMIP5 和 PMIP3 均把近 2 ka 的模拟列为研究重点。因此，PAGES 2k 成为研究 2 ka 气候的重要支柱，不仅给 IPCC AR5 提供资料，而且计划于 2014 年发布综合报告。由于 2 ka 包括了人类活动占主导地位的现代暖期，也包括了罗马暖期、黑暗时代冷期、中世纪暖期及小冰期，这些气候时期应该主要是自然原因造成的。因此，研究 2 ka 的气候变化对认识气候变化形成机制有重要意义。目前，PAGES 2k 尚未完成，本节只扼要介绍一些初步成果，帮助读者了解研究 2 ka 气候变化的意义。

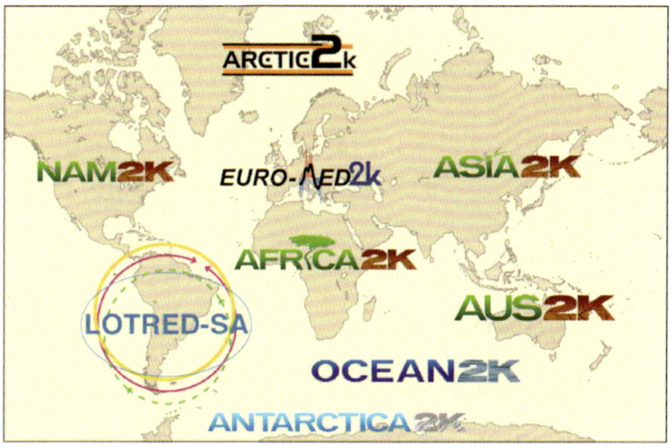

图 3.19 重建过去 2 ka 气候的 PAGES 2k 网络 9 个区的分布(von Gunten, *et al.*, 2012)

ARCTIC 2K

北极地区特别重要，因为可能对气候变化有增强作用。对于这个地区的古气候研究有 4 个标志：(1)研究北极地区气候时空变率，并与近期的观测资料同化；(2)抓住北极历史上的突变事件，特别注意其发生频率与前兆；(3)结合前两点确认北极长期气候变化的模态，并区别内部变率与外强迫影响；(4)改进气候模式，提高预测的精度(Hanhijärvi, 2011)。初步分析表明，近 2 ka 北极地区温度呈直线下降，到 19 世纪末、20 世纪初才陡然上升(Kaufman, *et al.*, 2009; Ljungqvist, 2010)。最近，收集了 41 个序列(Hanhijzärvi,2012)(图 3.20)。

NAM 2K

目标是重建北美气候及大尺度环流模态，如 AMO，PDO，ENSO 等(Diaz, *et al.*, 2011)。有 4 个要点：(1)至今北美气候重建，最成功的是用树木年轮重建降水量(Palmer 干旱指数 PDSI)，如 Cook 等(2004b)；(2)其他代用资料尚有大量的湖泊同位素、纹泥、摇蚊、孢粉、炭及石笋等可反映降水量变化，但时间分辨率较低，地理分布也不如树木年轮广泛；(3)收集不同来源资料，重建古气候场的序列；(4)同化不同来源资料，绘制分布图。2011 年 10 月工作组在美国图森开会，因为树木年轮资料最多，所以先从整合这方面的资料开始。由于已经做了干旱指数图，所以先用类似的方法做包括加拿大、美国及墨西哥的温度图。树木年轮选择的标准是，同温度的相关系数达到 95%以上的信度，序列至少向前延伸到 1650 年。用经验正交函数方法及贝叶斯两种方法重建温度场。开始做年分辨率，以后再做 10 a 分辨率，这样可以把 10 a

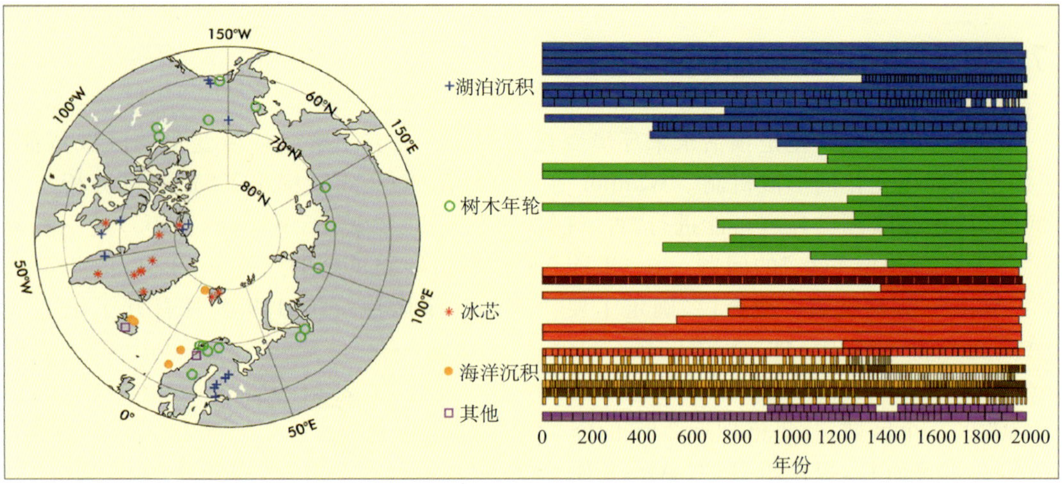

图 3.20 ARCTIC 2K 代用资料站点分布及覆盖时间(Hanhijzärvi,2012)

分辨率的资料如孢粉记录,也加进来(Trouet, *et al.*, 2012)。

EURO-MED 2K

欧洲—地中海地区已经有了近 500 a 逐年格点温度及降水量序列(Luterbacher, *et al.*, 2004; Pauling, *et al.*, 2006)。这给重建 2 ka 的序列打下了良好的基础。这些重建应用了史料、树木年轮、冰芯、珊瑚、石笋。作为例证,Luterbacher 等(2011)的报导引用了一些最新的结果。这是各区中资料最丰富的一个地区,至少是最丰富的地区之一(Luterbacher, *et al.*,2012)。

ASIA 2K

Nakatsuka 等(2011)综合了当前东亚地区对近 2 ka 气候的研究,举出 20 个序列,包括树木年轮、冰芯、石笋、湖泊沉积、近海沉积、珊瑚及史料等,其中有 10 个序列的长度已达到 2 ka,例如中国(Ge, *et al.*,2013)。2012 年 1 月 ASIA 2K 在泰国召开了第二次工作会,共收集了 467 个代用序列(图 3.21)。

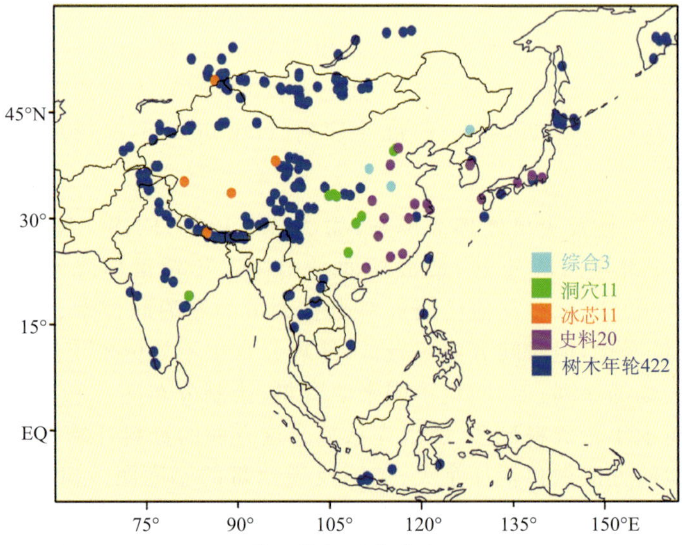

图 3.21 ASIA 2K 代用资料站点分布(Sano, *et al.*, 2012)

AFRICA 2K

非洲气候的地理分布十分复杂。从地理范围上讲，这个区还包括也门及阿拉伯半岛，以及撒哈拉。2 ka 气候重建分辨率只能达到 10～100 a，年分辨率的序列不超过 200 a。而且，更多的研究集中于降水量而不是温度(Umer，*et al.*，2010)。

LOTRED-SA

南美南部长期气候重建及动力学计划，已经在 *Palaeogeography*, *Palaeoclimatology*, *Palaeoecology* 上出版了一期专刊(Villalba，*et al.*，2009；Morales，*et al.*，2009)。下面的任务就是建立高分辨率的气候序列，并计划在 *Climate of the Past* 上出版一期专刊(Tonello，*et al.*，2011；Christie，*et al.*，2011)。

AUS 2K

澳大利亚是一个气候变化空间变率较小的地区。研究表明，大约 10%的测站就可能反映 80%的方差。代用资料主要是树木年轮及大堡礁珊瑚。南极 Low Dome 的冰芯也可能反映南半球大洋的变化，关系到澳大利亚西南部的降水，将来计划在 *Climate* 上出版一期专刊 Gergis，*et al.*，2011)。

ANTARCTICA 2K

南极的观测资料较少，只有 30～40 a。近来又稍向前延伸，这是十分可贵的，因为这样可以更好地对代用资料进行标定。现在的任务是类似于 200 a 把序列延长到 2 ka。南极温度序列的另一个问题是观测资料覆盖面不均匀，这也影响了标定。由于高分辨率资料几乎只有冰芯，所以也希望开发低分辨率的资料，如海洋沉积帮助研究 10 a 到 100 a 以上尺度的气候变化。计划的后期再考虑重建降水量问题(van Ommen，*et al.*，2012)

OCEAN 2K

鉴于上述 8 个区域计划未能包括全球广大的海洋，2011 年 7 月 PAGES 2k 召开第二次网络会议建议设立第 9 个区域计划(OCEAN 2K)(Evans，*et al.*，2012)。这个区域计划的目的是收集近 2 ka 的全球海洋资料，并与 CMIP3 及 CMIP5 的模拟结果比较，着重分析 AMO 的变化、环状模活动、季风环流及 ENSO。

PAGES 2k 团队(PAGES 2k Consortium，2013)，对近 2 ka 的温度变化进行了初步总结，主要分析了全球 7 个大陆，目前共采用 511 个时间序列，每个大陆所用的资料性质不同(图 3.22)。当然，这里并不是包括了所有资料，例如图 3.21 显示，亚洲有各种各样的代用资料，但是这次综合仅用了树木年轮(表 3.3)。所以，这个综合显然只是最初步的结果。但是，把 7 个大陆合在一起，也可以明显地看出近 2 ka 的温度变化趋势(图 3.23)。总的讲，前 1 200 a 温度偏高，1 200 a 之后各大陆先后出现 4 个冷期，13 世纪后半叶、15 世纪、17 世纪及 19 世纪，大体上与高火山活动及低太阳活动初期相对应(图 3.23 中虚线包围的时段)，不过 17 世纪可能包括两个冷期，这与过去的古气候研究大体一致。无论如何，这是第一次给出了统一时间分辨率的 7 个大陆的温度序列。当然，序列还要不断更新、补充，但是这无疑对近 2 ka 的气候模拟是一个挑战。特别是至今人们还很少对千年以上的区域温度变化进行系统的模拟研究。现在，代用资料已经初步提供了一个参照物，这是检验模式的基石。

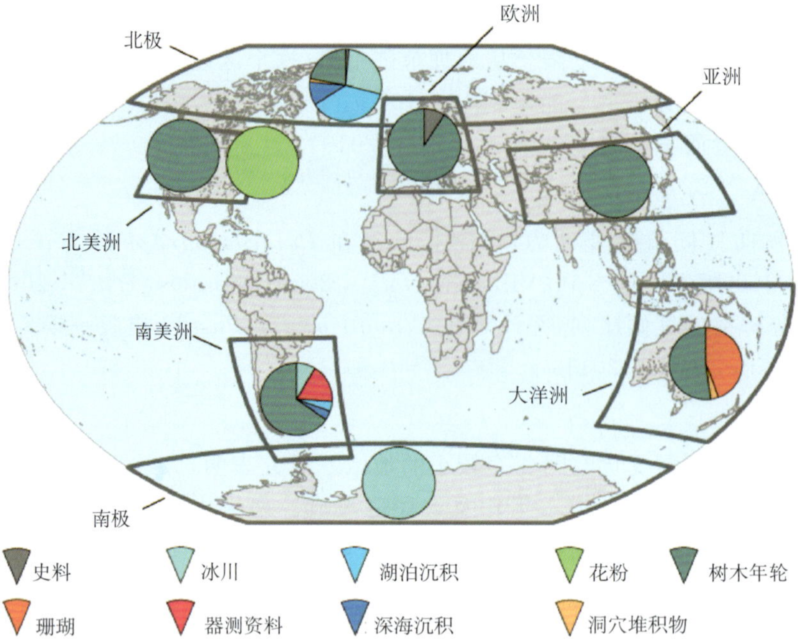

图 3.22 PAGES 2k 网的 7 个洲

（圆饼给出不同资料所占比重）（PAGES 2k Consortium，2013）

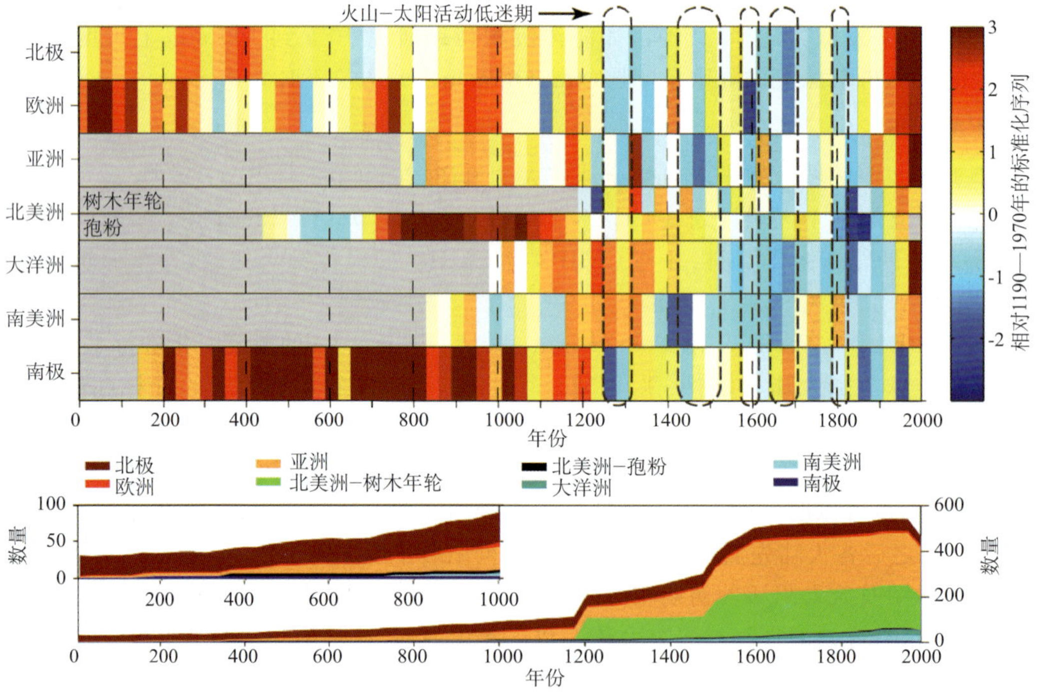

图 3.23 PAGES 2k 网 7 个洲 30 a 平均温度对 1190—1970 年标准化序列

（虚线表示 850 年之后高火山活动及低太阳活动时期；资料来源见表 3.3；图下部为资料数滑动平均）（PAGES 2k Consortium，2013）

表 3.3　7 个大陆温度重建所用资料(PAGES 2k Consortium, 2013)

序号	大陆	时段	代用资料（数目）	相关*	重建方法**	标定值***	来源
1	北极	1—2000 年	湖泊沉积(22) 冰芯(16) 树木年轮(13) 海洋沉积(6) 史料(1) 石笋(1)	0.79	PaiCo	0.56	Hanhijärvi, *et al.*, 2013 Kaufman, *et al.*, 2009
2	欧洲	1—2003 年	树木年轮(10) 史料(1)	0.66	CPS	0.85	Büntgen, *et al.*, 2011 Esper, *et al.*, 2012 Dobrovolny, *et al.*, 2010
3	亚洲	800—1989 年	树木年轮(229)	0.71	PPR	0.52	Cook, *et al.*,2012
4	北美洲	1204—1974 年 480—1950 年	树木年轮(146) 孢粉(4)	0.68	PCSR PCA	0.96 0.56	Wahl, *et al.*, 2012 Viau, *et al.*, 2012
5	南美洲	857—1995 年	树木年轮(15) 器测(4) 海洋沉积(1) 湖泊沉积(1)	0.82	PCR/CPS	0.82	Neukom, *et al.*, 2011
6	澳洲 东南亚	1001—2001 年	珊瑚(12) 树木年轮(14) 石笋(1)	0.82	PCR	0.80	Gergis, *et al.*, 2013
7	南极		冰芯(11)	0.62	CPS	0.60	Schneider, *et al.*, 2006b; Steig, *et al.*, 2013

* 相关指年平均温度与夏季平均温度的相关，序列 2,3,5,6 都是夏季温度

** PaiCo 一对一比较，PCA 主分量分析，PCR 主分量重建，PCSR 主分量空间回归，CPS 综合加权，PPR 点对点回归

*** 用来标定的相关系数

第 4 章　气候变暖的预估

对未来气候变化的预估是全球变暖研究的核心。这个问题包括三个方面:温室气体排放情景、气候模式和气候变暖的影响。气候模式已经在第 3 章做了介绍。气候变暖的影响将在第 6 章中讲述。所以,本章 4.1 和 4.2 节介绍温室气体排放情景;4.3 和 4.4 节讲述气候变化预估;4.5 节分析气候预估的不确定性;4.6 节介绍气候承诺,即已经排放的温室气体对气候的影响;4.7 节指出 21 世纪的变暖将超过过去 1 万 a。

4.1　新一代温室气体排放方案

温室气体排放方案是对未来气候变化进行预估的基础。过去应用的情景 SRES 设计是在 2000 年完成的,早就需要更新与补充了,IPCC AR4(IPCC,2007)的报告已经提出了这个要求。对于这种必要性 Moss 等(2010)做了深入的讨论。通过 2～3 a 的工作,新一代温室气体排放方案已经形成,综合评估模式团队(Integrated Assessment Modeling Consortium, IAMC)计划发挥了关键的作用。2011 年 *Climatic Change* 出版了专号(van Vuuren, *et al.*, 2011a,2011b),介绍了新一代方案的设计,并对 4 种方案分别做了详细的分析(Riahi, *et al.*, 2011; Masui, *et al.*, 2011; Thomson, *et al.*, 2011; van Vuuren, *et al.*, 2001c)。这新一代方案称为"典型排放路径"(Representative Concentration Pathways, RCPs)。这里 Representative 表示只是许多种可能性中的一种可能性,用 Concentration 而不用辐射强迫是要强调以浓度为目标, Pathways 则不仅仅指某一个量,而且包括达到这个量的过程(Moss, *et al.*, 2010)。4 种方案分别称为 RCP8.5,RCP6.0,RCP4.5 及 RCP2.6。其中前 3 个 RCPs 大体同 2000 方案中的 SRES A2,A1B 和 B1 相对应,而 RCP2.6 则类似于气候承诺情景。RCPs 的简单情况如表 4.1 所示。

表 4.1　典型排放路径(van Vuuren, *et al.*, 2011b)

情景	描述
RCP8.5	辐射强迫上升至 8.5 W/m²,2100 年 CO_2 相当浓度达到约 1 370 ppmv
RCP6.0	辐射强迫稳定在 6 W/m²,2100 年后 CO_2 相当浓度稳定在约 850 ppmv
RCP4.5	辐射强迫稳定在 4.5 W/m²,2100 年后 CO_2 相当浓度稳定在约 650 ppmv
RCP2.6	辐射强迫在 2100 年之前达到峰值,到 2100 年下降到 2.6 W/m²,CO_2 相当浓度峰值约 490 ppmv

RCP8.5　这是最高的温室气体排放方案(Riahi, *et al.*, 2011)。这个情景假定人口最多,技术革新率不高,能源改善缓慢,所以收入增长慢。这导致长时间高能源需求及高温室气体排放,而缺少应对气候变化的政策。这个方案是根据国际应用系统分析研究所(International Institute for Applied Systems Analysis, IIASA)的综合评估框架(Integrated Assessment Framework,IAF)和能量供应战略选择及其环境影响模式(Model for Energy Supply Strategy Alternatives and their General Environment impact,MESSAGE)建立的。与过去的SRES 情景相比,有两点重要改进:(1)建立了大气污染预估的空间分布图;(2)加强了土地利用和陆面变化的预估。

RCP6.0　这个方案反映了长生命期的全球温室气体和短生命期物质的排放,以及土地利用、陆面变化,导致到 2100 年把辐射强迫稳定在 6 W/m^2(Masui, *et al.*, 2011)。根据亚洲-太平洋综合模式(Asia-Pacific Integrated Model, APIM),温室气体排放的峰值大约出现在 2060 年,以后持续下降。2060 年前后能源改善强度约每年 0.9%~1.5%。通过全球排放权的交易,任何时候减少排放均物有所值。用生态系统模式估算地球生态系统之间通过光合作用和呼吸交换的 CO_2。

RCP4.5　这个方案是 2100 年辐射强迫稳定在 4.5 W/m^2(Thomson, *et al.*, 2011)。用全球变化评估模式(Global Change Assessment Model, GCAM)模拟,这个模式考虑了与全球经济框架相适应的长生命期的全球温室气体和短生命期物质的排放,以及土地利用、陆面变化。模式的改进包括历史排放及陆面覆盖信息,并遵循用最低代价达到辐射强迫目标的途径。为了限制温室气体排放,要改变能源体系,多用电能、低排放能源技术,开展碳捕获及地质储藏技术。通过降尺度得到模拟的排放及土地利用的区域信息。

RCP2.6　这是把全球平均温度上升限制在 2 ℃之内的方案(van Vuuren, *et al.*, 2011c)。无论从温室气体排放,还是从辐射强迫看,这都是最低端的方案。在 21 世纪后半叶能源应用为负排放。应用的是全球环境评估综合模式(Integrated Model to Assess the Global Environment, IMAGE),采用中等排放基准,假定所有国家均参加。从 2010 年到 2100 年累计温室气体排放比基准减少 70%,为此要彻底改变能源结构及 CO_2 外的温室气体的排放。特别提倡应用生物能、恢复森林。但是,仍有许多工作要做,例如研究气候系统对辐射强迫峰值的反映,社会对削减排放率的能力,以及进一步减排非 CO_2 温室气体的能力等。

温室气体　为了对以上 4 种方案的温室气体排放有一个概括的认识,图 4.1 给出 21 世纪 CO_2,CH_4 和 N_2O 浓度的预估(van Vuuren, *et al.*, 2011b)。CO_2 浓度自然是 RCP8.5 最高,RCP2.6 最低,后者在 2050 年前后达到峰值以后有下降趋势,浓度在 400 ppmv 左右。CH_4 由于生命期短,趋势变化更显著,峰值出现时间比 CO_2 早。N_2O 则更接近常数,因为其生命期较长。为了有一个明确的数字概念,表 4.2 给出到 2300 年的温室气体浓度预估值(Meinshausen, *et al.*, 2011c)。

能源结构　到 2100 年的能源结构也是一个很令人感兴趣的问题。图 4.2 给出了 RCP8.5 及其他 3 种方案能源结构的预估(van Vuuren, *et al.*, 2011b)。由于 RCP8.5 方案人口与经济增长快,但是能源效率增长缓慢,能源需求增长了 3 倍,这里有两个主要原因:(1)非化石燃料开发得慢;(2)有大量的非常规化石能源。煤的增长几乎达到 10 倍。核电与生物能源在 2050 年之后的非化石能源中逐渐占主导地位。图 4.2 右侧给出另外 3 种方案 2100 年能源结构,可以作为比较。

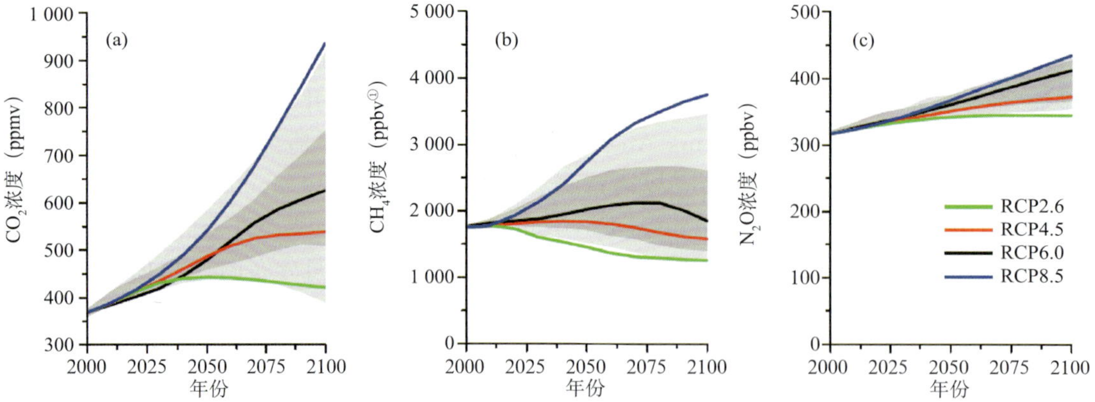

图 4.1 21 世纪 CO_2，CH_4 和 N_2O 浓度预估（van Vuuren, *et al.*, 2011b）

表 4.2 温室气体浓度观测值（1765—2005 年）及预估值（2050—2300 年，RCP2.6/RCP8.5）（Meinshausen, *et al.*, 2011c）

温室气体	年份											
	1765	1800	1850	1900	1950	2000	2005	2050	2100	2150	2250	2300
CO_2(ppmv)	278	283	285	296	311	369	379	443/541	421/936	399/1 429	371/1 962	361/1 962
CH_4(ppbv)	722	742	791	880	1 147	1 751	1 754	1 452/2 740	1 254/3 751	1 245/3 648	1 253/3 481	1 256/3 481
N_2O(ppbv)	273	274	275	280	289	316	319	342/367	344/435	342/490	340/527	340/527
HFCs* (pptv②)	0	0	0	0	4	81	127	599/839	862/1 402	874/1 614	886/1 702	888/1 702
ODS** (pptv)	0	0	0	2	22	999	1004	567/652	267/229	147/94	53/20	34/20

* HFCs 中还包括 PFCs 及 SF6（HFC-134a 相当浓度）

** ODS 指 CFC-12 相当浓度

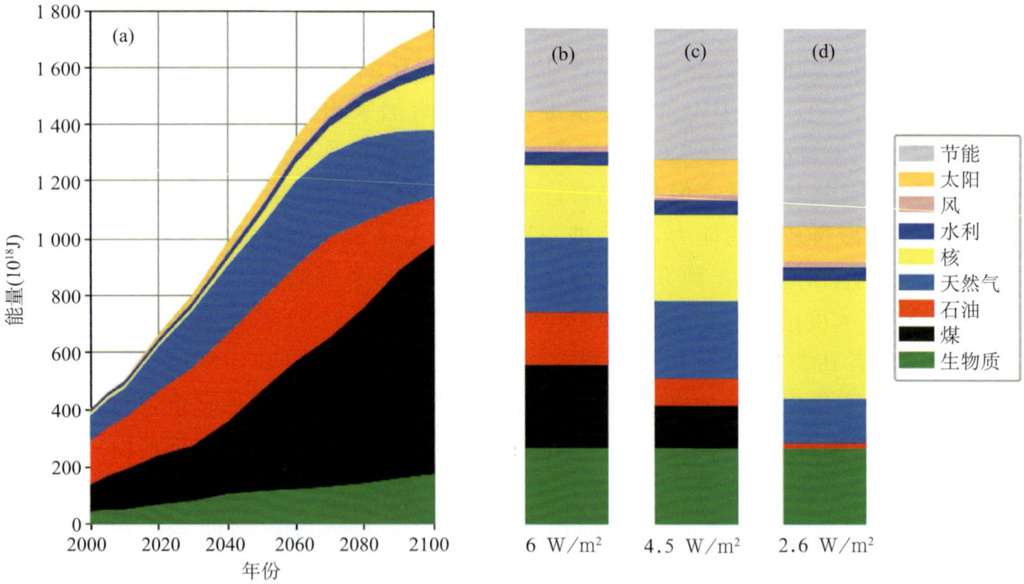

图 4.2 2000—2100 年 RCP8.5 方案的能源结构(a)及 RCP6.0(b)、RCP4.5(c)和 RCP2.6(d)情景下 2100 年的能源结构（van Vuuren, *et al.*, 2011b）

① 1 ppbv＝10^{-9}（体积比），下同。

② 1 pptv＝10^{-12}（体积比），下同。

4.2　新旧排放方案的比较

IPCC AR4 应用第三代模式 CMIP3，根据排放情景专门报告（SRES）（Nakicenovic，*et al.*，2000）对未来气候变暖进行了预估。现在人们已经设计出新的方案即 RCPs（van Vuuren，2011a）。这在 4.1 节已有介绍，即将提供给 IPCC AR5 的预估是用第五代模式 CMIP5 所做的模拟，关于气候模式可参看 3.3 节。为了能与过去的研究衔接，最好用同样的模式对旧的排放情景及新的典型排放路径积分。但是，过去用的模式有的已经过时了，有的不再维持了。所以，Rogelj 等（2012a）用降低复杂程度的碳循环及气候模式 MAGICC（Meinshausen，*et al.*，2011a，2011b），对 6 种旧情景及 4 种新方案统一做积分。模式的不确定性主要在 3 个方面：辐射强迫、碳循环及气候敏感度。

气候敏感度

气候敏感度在 3.2 节已有讨论，这里是从预估的角度进一步分析。表 4.3 给出一些学者的结果，特别是 Rogelj 等（2012a）的最新估算。过去缺少严格的概率密度分布分析，现在用 1 万个分布计算概率密度分布（表 4.3 最下面两行）。这个计算表明平衡气候敏感度>1.5 ℃的概率比过去估计的要高，最可能的值为 3.0 ℃。虽然大体上 20 a 来人们已经对平衡气候敏感度做出了类似的估计，但是现在才有了较为严格的概率密度分布估算。为了评估不确定性，又从 1 万个分布中选出 4 种平衡气候敏感度分布，即<1.5 ℃的最高累计概率、>4.5 ℃的最高累计概率及 17%与 83%的累计概率之间的最高温度和最低温度差，列在表 4.3 的最后一行。由此可以对平衡气候敏感度的概率密度分布有一个更全面的认识。

表 4.3　平衡气候敏感度的概率分布（Rogelj，*et al.*，2012a）

来源	>1.5 ℃	2.0～4.5 ℃	>4.5 ℃	最可能的值（℃）
Hegerl 等（2006）	87%	44%	34%	2.0
Forster 等（2006）	82%	46%	20%	1.6
Annan 等（2006）	98%	88%	5%	2.9
Forest 等（2006）	100%	90%	6%	2.8
Knutti 等（2006）	95%	71%	20%	3.2
Murphy 等（2004）	100%	86%	14%	3.2
Piani 等（2005）	99%	72%	24%	3.2
Frame 等（2006）	100%	85%	12%	2.8
IPCC FAR(1990)，SAR(1996)，TAR(2001)	—	1.5～4.5 ℃	—	—
IPCC AR4(2007)	>90%	>66%	—	～3
Rogelj 等（2012a）*	95%	76%	14%	3.0
Rogelj 等（2012a）**	90%～>99%	66%～96%	<1%～33%	2.6～3.6

* 典型气候敏感度分布

** 1 万个平衡气候敏感度集合的最低到最高值

把计算的平衡气候敏感度分布与大气温室气体浓度联系起来，是一个很重要的思想。图 4.3 表明 450 ppmv 的相当 CO_2 浓度与升温在 2 ℃以上的概率超过 60%的一致。如果把升温限制在不超过工业化前 2 ℃的概率定为在 66％以上，相当 CO_2 浓度应该低于 415 ppmv；如果不超过 1.5 ℃，则应低于 370 ppmv。在上述 4 种平衡气候敏感度情景下，2 ℃阈值相当380～420 ppmv CO_2 当量，1.5 ℃阈值为 350～375 ppmv。

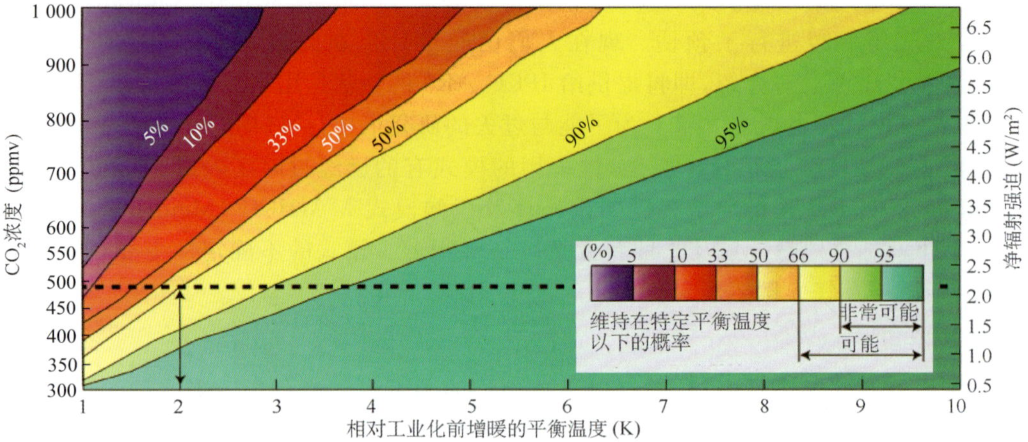

图 4.3 作为相当大气 CO_2 浓度函数相对于工业化之前温度升高值的概率

（箭头表示限制升温在 2 ℃以下的概率为 66％时，相当 CO_2 浓度应低于 415 ppmv，或者净辐射强迫在 2.1 W/m^2 以下）(Rogelj, *et al.*, 2012a)

SRES 与 RCPs

有了典型平衡气候敏感度，首先按 6 种 SRES 温度变化的预估，选用绝对值平均做最佳预估，变化范围取－40％～60％。然后，对 4 种 RCPs 方案做预估，结果如表 4.4 及图 4.4。

表 4.4 不同排放情景下相当于工业化之前升温的概率分布(Rogelj, *et al.*, 2012a)

单位：℃

情景	2090—2099 年		2100 年		2300 年	
IPCC AR4	最佳估计	可能范围	中值	66％范围	中值	66％范围
SRES B1	2.3	1.6～3.4	—	—	—	—
SRES A1T	2.9	1.9～4.3	—	—	—	—
SRES B2	2.9	1.9～4.3	—	—	—	—
SRES A1B	3.2	2.2～4.9	—	—	—	—
SRES A2	3.9	2.5～5.9	—	—	—	—
SRES A1FI	4.5	2.9～6.9	—	—	—	—
MAGICC	中值	66％范围	中值	66％范围	中值	66％范围
SRES B1	2.4	2.0～3.1	2.5	2.0～3.2	—	—
SRES A1T	2.9	2.5～3.7	3.0	2.5～3.8	—	—
SRES B2	2.9	2.4～3.5	3.0	2.6～3.7	—	—
SRES A1B	3.4	2.8～4.2	3.5	2.9～4.4	—	—
SRES A2	3.9	3.2～4.8	4.2	3.5～5.2	—	—

续表

情景	2090—2099 年		2100 年		2300 年	
MAGICC	中值	66%范围	中值	66%范围	中值	66%范围
SRES A1FI	4.7	3.9～5.8	5.0	4.1～6.2	—	—
RCP3-PD	1.5	1.3～1.9	1.5	1.3～1.9	1.1	0.9～1.5
RCP4.5	2.4	2.0～2.9	2.4	2.0～3.0	2.8	2.3～3.5
RCP6.0	2.9	2.5～3.6	3.0	2.6～3.7	4.1	3.4～5.3
RCP8.5	4.6	3.8～5.7	4.9	4.0～6.1	10.0	7.9～14.1

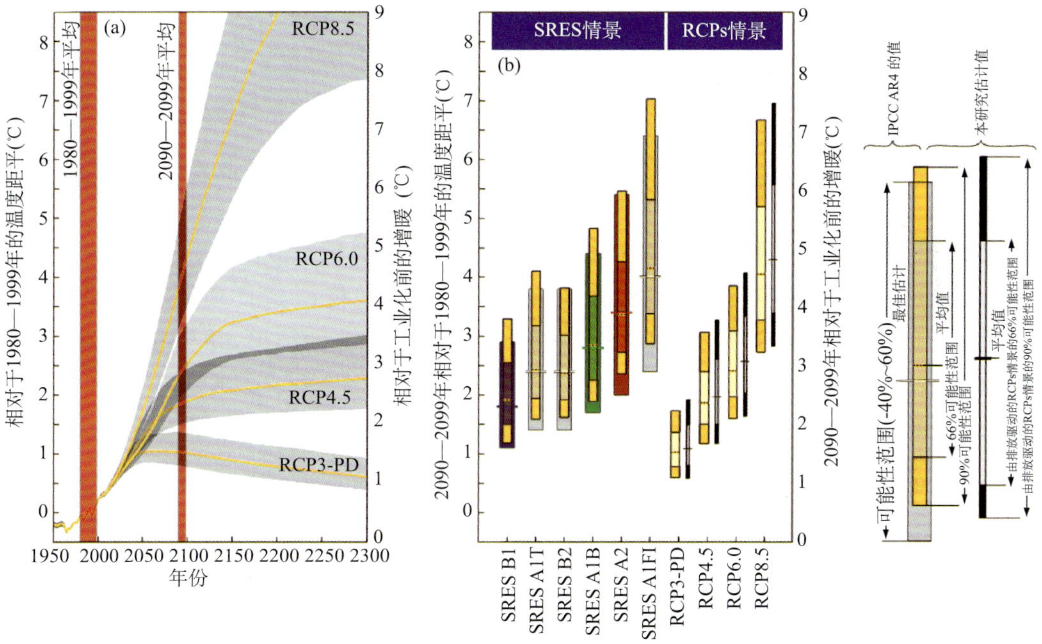

图 4.4　SRES 情景下及 RCPs 温度预估

[(a)4 种 RCPs 情景下 66%的温度分布，黄线为中值，红色阴影为(b)中计算差值的时间；(b)不同情景下 2090—2099 年相当于 1980—1999 年的温度差，以及相对于工业化前的增暖，黄色及细黑色为 Rogeli 等(2012a)，其他颜色为 IPCC AR4，对于 RCPs 黄色为从浓度得到的结果，细黑色为从排放得到的结果](Rogelj, *et al.*, 2012a)

RCPs 包括了稳定、减缓、不减缓各种方案，所以这 4 种方案的温度变化范围比 SRES 6 种情景要大。RCP8.5 表示高排放、无减缓，到 2100 年 66%的温度变化为 4.0～6.1 ℃。最低的 RCP2.6 假定有强有力的国际行动，使限制升温在 2 ℃之内的概率达到 66%。结果，最高的 RCP8.5 接近 SRES 的 A1FI 情景，RCP6.0 与 SRES B2 接近，RCP4.5 与 SRES B1 类似。但是时间变化则有一定分歧(表 4.5)。

所有 SRES 情景是没有干预的，21 世纪辐射强迫单调增加。而新的 RCPs 最低的方案则明显不同，21 世纪辐射强迫的峰值约为 3 W/m^2，达到峰值之后下降，这就是 RCP3-PD 的特征。也许对于所有辐射强迫单调增加的情景都一样，到 2100 年的升温值与辐射强迫的比值变化不大，即0.62 ℃/(W·m^{-2})。但是，对于RCP3-PD比值达到0.88 ℃/(W·m^{-2})。这说明2100年，RCP3-PD接近或超过了与2100年强迫相对应的变暖。

表4.5 SRES情景与RCPs温度预估的比较(Rogelj, *et al.*, 2012a)

RCP	SRES到2100年升温中值	差异
RCP3-PD	无	2100年升温与净辐射强迫的比值为0.88 ℃/(W·m^{-2})，2100年比其他情景更接近平衡
RCP4.5	SRES B1	RCP4.5的温度中叶值直到21世纪中叶比SRES B1上升得快，以后减慢
RCP6.0	SRES B2	2060—2090年RCP6.0的温度中值比SRES B2上升得快，21世纪其他时间不如SRES B2上升得快
RCP8.5	SRES A1FI	2035—2080年RCP8.5的温度中值比SRES A1FI上升得慢，21世纪其他时间比SRES A1FI上升得快

4.3 CCSM4的气候变化预估

CMIP5设计的试验包括20世纪气候的模拟，以及4种典型排放路径(RCPs)下21世纪气候的预估。但是气候变化不可能在2100年停止，所以又把模拟延长到2300年。Meehl等(2012)报告用了CCSM4(通用气候系统模式第4版)模式积分的结果，并与过去用CCSM3的模拟做了比较。

模式与试验

CCSM4的大气部分包括26层，分辨率为1°左右；海洋包括60层，分辨率也在1°左右，在赤道达到0.25°。试验包括1850—2005年，同时考虑人类活动与自然强迫，温室气体有时、空变化，还包括对流层与平流层O_3及硫化物气溶胶的直接影响，以及黑碳与有机碳气溶胶，也包括土地利用及陆面覆盖变化。不同强迫及典型排放路径用来作集合的模拟数目不一，对典型排放路径用6个模拟作集合，个别辐射强迫用3个模拟作集合。

未来的气候强迫开始于2006年1月1日。但是CCSM4的积分开始于2005年，以便有一段重叠时期。CO_2排放用4个典型排放路径方案，其他温室气体、O_3、气溶胶、土地利用/陆面覆盖根据通用大气模式(CAM4)计算(Lamarque, *et al.*, 2011)。

4个典型排放路径方案从2100年外延到2300年，RCP4.5及RCP6.0的CO_2浓度在2100年之后很快就稳定下来，但是RCP8.5则一直到2240年才开始稳定。RCP2.6情景则CO_2缓慢减少，到23世纪末变化就很小了。其他成分如气溶胶、O_3均保持2100年的值不变。但是包括太阳辐射11 a周期，用第20～23周(1965—2008年)的太阳辐射，每44 a重复1次，即从2009—2404年共重复9次。

CCSM4的平衡气候敏感度为3.20 ℃，CCSM3为2.86 ℃。CCSM4及CCSM3 CO_2加倍时的辐射强迫为3.5 W/m^2。瞬变气候响应，即CO_2每年增加1%，直到大约70 a时加倍，CCSM4为1.73 ℃，而CCSM3为1.5 ℃。因此，CCSM4比过去的模式对CO_2的增加敏感度稍高。

20 世纪气候的模拟

为了说明 CCSM4 的性能，这里扼要地讲述一下对 20 世纪温度变化的模拟。(1)直到 20 世纪中期，用所有辐射强迫以及仅用自然辐射强迫所做的模拟相差不大，1900—1940 年观测温度(HadCRUT3)上升(0.37±0.13)℃，只用自然辐射强迫温度上升(0.20±0.12)℃，用所有辐射强迫则达到(0.40±0.10)℃，更接近实际。(2)1940—1970 年温度变化不大。这段时间温室效应造成变暖，自然强迫造成冷却，两者大体互相抵消。(3)1975—2005 年观测到的变暖为(0.40±0.12)℃，用所有辐射强迫得到(0.73±0.14)℃，高于观测，但是只用自然辐射强迫，则温度变化趋势很小。(4)与 CCSM3 比较，CCSM4 模拟的全球平均温度大体上在 1940—1970 年低，而在 1970 年之后要高。1970 年之后 CCSM3 的温度就比观测的高，因此，CCSM4 的温度就比观测的值高得更多。这可能是平衡气候敏感度高及硫化物气溶胶辐射强迫小的缘故。可以推测如果加上硫化物气溶胶的间接影响，则温度可能会降下来。

21 世纪的温度预估

图 4.5 给出了 CCSM4 在 4 种 RCPs 方案下模拟的全球平均温度变化，2006—2100 年每一种 RCPs 方案用 6 个积分作集合，但 2100 年之后每种 RCPs 方案只有 1 个积分。21 世纪最后 20 a 平均温度距平分别是：RCP2.6 为＋0.85 ℃，RCP4.5 为＋1.64 ℃，RCP6.0 为＋2.09 ℃，PCP8.5 为＋3.53 ℃。有必要看一看，哪一种方案能把升温限制在 2 ℃阈值之内(参看本书第 5 章)。只有 RCP2.6 能够满足这个条件，2081—2100 年相对于 1850—1900 年温度高 1.83 ℃。但是为了达到这个目标，大约从 2070 年开始 CO_2 就要实现负排放。

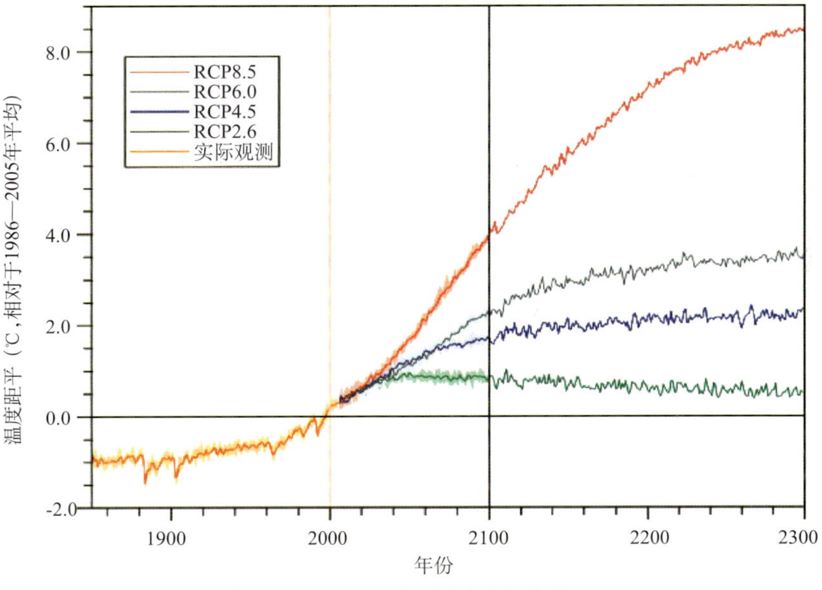

图 4.5　CCSM4 对 1865—2300 年温度距平的模拟(Meehl, *et al.*, 2012)

图 4.6 给出 21 世纪初(2016—2035 年)及 21 世纪末(2081—2100 年)不同 RCPs 方案下，相对于 1986—2005 年平均温度的变化。一般陆地升温要比海洋上快，低排放方案升温低于高排放方案。北半球高纬度地区的升温值最高，但是北大西洋是全球变暖最弱的地区。

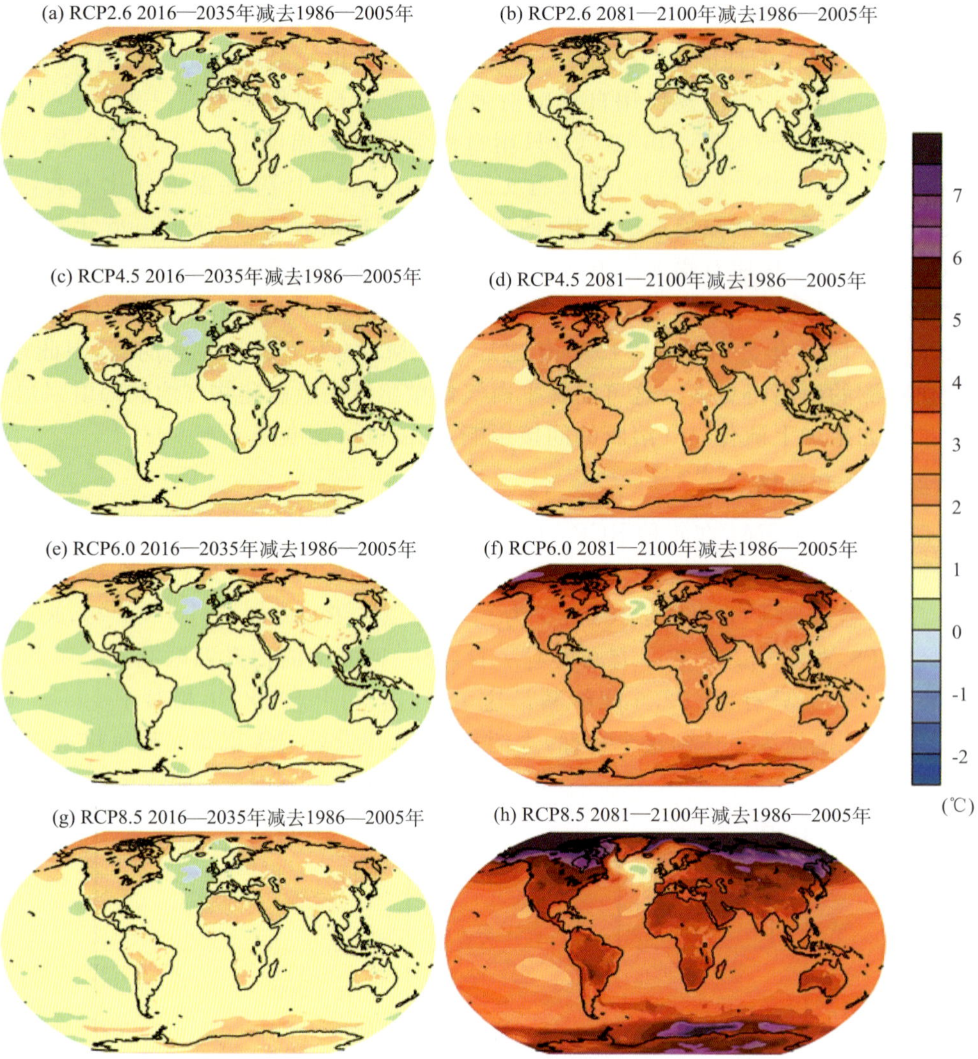

图 4.6　21 世纪地面温度变化(Meehl, *et al.*, 2012)

22—23 世纪温度预估

从图 4.5 可见,21 世纪之后,在 RCP6.0 及 RCP8.5 方案中由于大气 CO_2浓度仍在增加,因而气候继续变暖,到 23 世纪末(2281—2300 年),温度分别上升 3.56 及 8.40 ℃。RCP4.5 在 2100 年之后 CO_2浓度稳定下来,由于气候变化承诺(参看 4.6 节),气候继续变暖,2281—2300 年温度距平为 2.21 ℃。然而,RCP2.6 方案下 CO_2浓度缓慢下降,气温也略有下降,2281—2300 年的温度距平为+0.52 ℃,低于 21 世纪末(2081—2100 年)。23 世纪末(2281—2300 年)相对于 21 世纪末(2081—2100 年)的温度变化:RCP2.6 为−0.31 ℃,RCP4.5 为+0.59 ℃,RCP6.0 为+1.42 ℃,RCP8.5 为+4.81 ℃。

图 4.7 给出 3 种 RCPs 方案 22 世纪末及 23 世纪末相对于 21 世纪末的温度变化。注意 RCP2.6 方案温度是下降的,高纬度及大陆下降最多,局地可达−1～−2 ℃。RCP4.5 可能接近气候承诺的情景,温度仅有微弱的上升。但是在 RCP8.5 方案下,温度上升依然很强,两个

半球高纬度地区升温可达＋7～＋8 ℃。

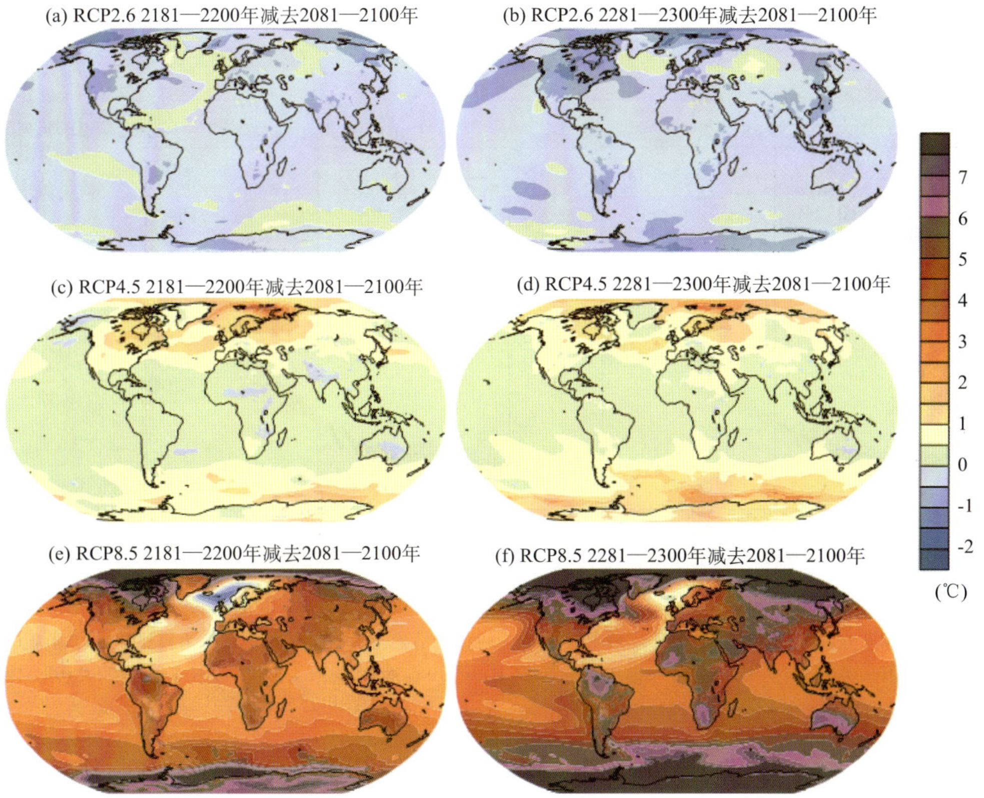

图 4.7　22 世纪末(2181—2200 年)及 23 世纪末(2281—2300 年)相对于 21 世纪末(2081—2100 年)的温度变化(Meehl, *et al.*, 2012)

4.4　CMIP5 与 CMIP3 的比较

本书第 3.3 节已经介绍，在 2011 年于美国旧金山召开的 CMIP5 工作会议上已经有人指出 CMIP5 的模拟结果与 CMIP3 并没有任何显著不同。但是，这并不意味着 CMIP5 就没有什么实际意义。Knutti 等(2013)对此做了进一步的讨论。他们指出，不能天真地希望新一代模式能提供更精确的预估。CMIP5 包括了更多的物理过程，因此预估结果的分散度或者称为不确定性，相比 CMIP3 不但没有减小，反而略有增加是不可避免的。

用多模式集合，考虑模式的不确定性(参看 4.5 节)及初始场的不确定性，估计预估的不确定性已经成为预估研究的一个重要环节。WCRP 协调组织了 CMIP3，现在又组织 CMIP5，是为了支持 IPCC AR5。CMIP5 包括大量的复杂模式，提高了分辨率，对外强迫的表征更完善，并根据新一代排放方案 RCPs 进行模拟。下面对 CMIP5 与 CMIP3 的结果进行比较。

图 4.8 给出 CMIP5 与 CMIP3 对 20 世纪温度变化的模拟及对 21 世纪温度变化的预估。CMIP5 对 20 世纪的模拟波动更大一些，这是由于模式中的辐射强迫更完善，但 CMIP3 没有包括太阳及火山的辐射强迫及间接气溶胶影响。单个模式模拟的年际变化较大，多模式平均之后，年际变化削弱了。对 21 世纪不好直接比较，因为 CMIP3 用的是 SRES 情景 B1，A1B 及 A2，而 CMIP5 用的是 RCP2.6，RCP4.5，RCP6.0 及 RCP8.5。总的讲 CMIP5 给出的变化范

围大，因为包括了低排放方案 RCP2.6。但是，这不意味着预估的不确定性更大，只是经济上的情景考虑得更宽了。CMIP5 每一种排放情景的分散度与 CMIP3 大体相当，有的略微扩大了一点，这说明模拟结果并未更趋向一致。

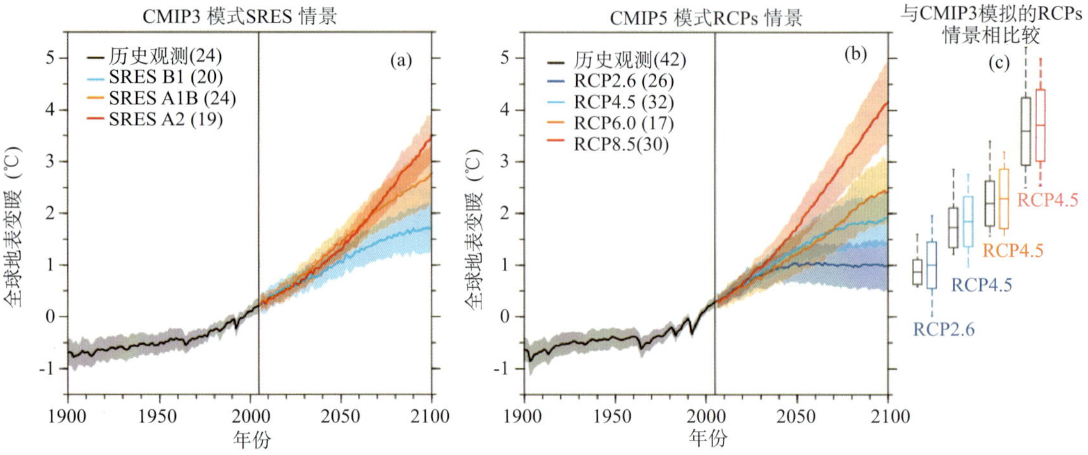

图 4.8 CMIP3 及 CMIP5 对 20 世纪温度变化的模拟及对 21 世纪温度变化的预估

［阴影为 1 个标准差，CMIP3 的排放情景为 SRES，CMIP5 的排放情景为 RCPs，括弧中数字为模式数目，(c)为 CMIP5（彩色）及 CMIP3（灰色）对 2080—2099 年温度的预估，方框为 1 个标准差，虚线为最大、最小变化范围，其中 CMIP3 对 RCPs 的预估是 19 个能量平衡模式计算的结果］(Knutti, *et al.*, 2013)

由于无法对 CMIP3 与 CMIP5 直接进行比较，所以用能量平衡模式 MAGICCC (Meinshausen, *et al.*, 2011a, 2011b)，考虑 CMIP3 采用的模式参数，对不同 RCPs 方案进行了模拟，结果见图 4.8(c)。可以看出，CMIP5 各种方案预估的 21 世纪末的温度，均略高于 CMIP3。CMIP5 低排放方案的分散度比 CMIP3 大。需要再次说明，模式之间的分散度大，并不一定表示不确定性更大。但是，这也说明 CMIP5 对大尺度气候反馈的表征并没有显著的改进。

图 4.9 及图 4.10 分别给出 CMIP5 及 CMIP3 最高排放方案 RCP8.5 及 SRES A2 预估的 21 世纪地表温度与降水量变化，这相当于最坏的情景。但是，依然反映出新旧模式的一致性。需要指出的是，这种一致性并不是坏事。图中的点表示信噪比高，置信度高，小点与大点分别表示一致及非常一致。斜线区表示 80％的模式无显著变化，空白区表示不同模式反映不一致。图 4.9 表明 21 世纪初（2016—2035 年）升温很少可能超过 3 ℃，大部分地区在 0.5～1.0 ℃，只有欧亚大陆及北美大陆北部与北极地区可能升温较高。图 4.10 说明 21 世纪高纬度地区降水量将增加，北极地区尤为明显，但是两个半球热带、副热带地区降水量将减少，21 世纪末（2081—2100 年）可能减少 20％～40％。中国似乎处于北多南少的范围。当然，这是排放最高的方案，但是这种趋势值得注意。

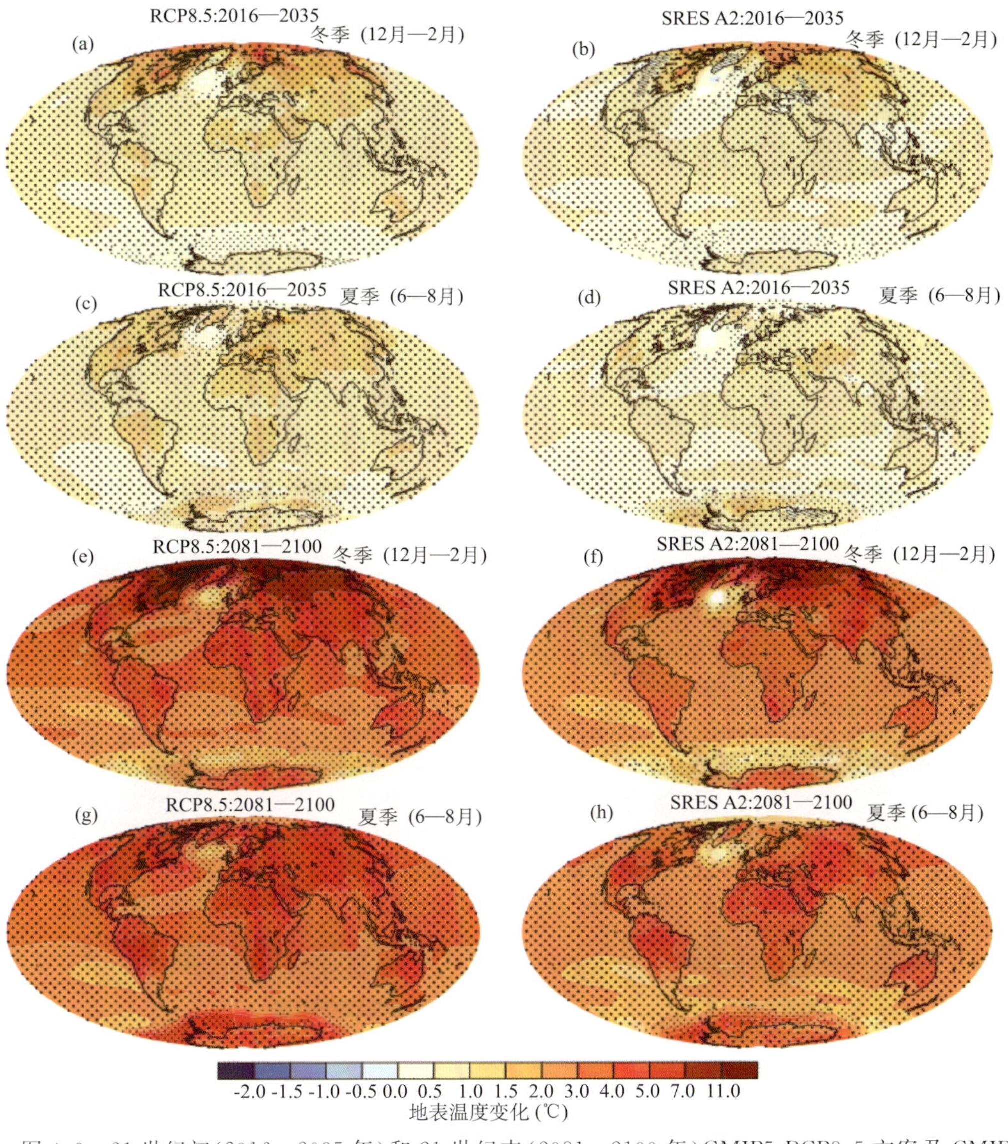

图 4.9　21 世纪初(2016—2035 年)和 21 世纪末(2081—2100 年)CMIP5 RCP8.5 方案及 CMIP3 SRES A2 情景下北半球冬季和夏季地表温度变化(相对于 1986—2005 年平均)

(有点的地区表示置信度高)(Knutti, *et al.*, 2013)

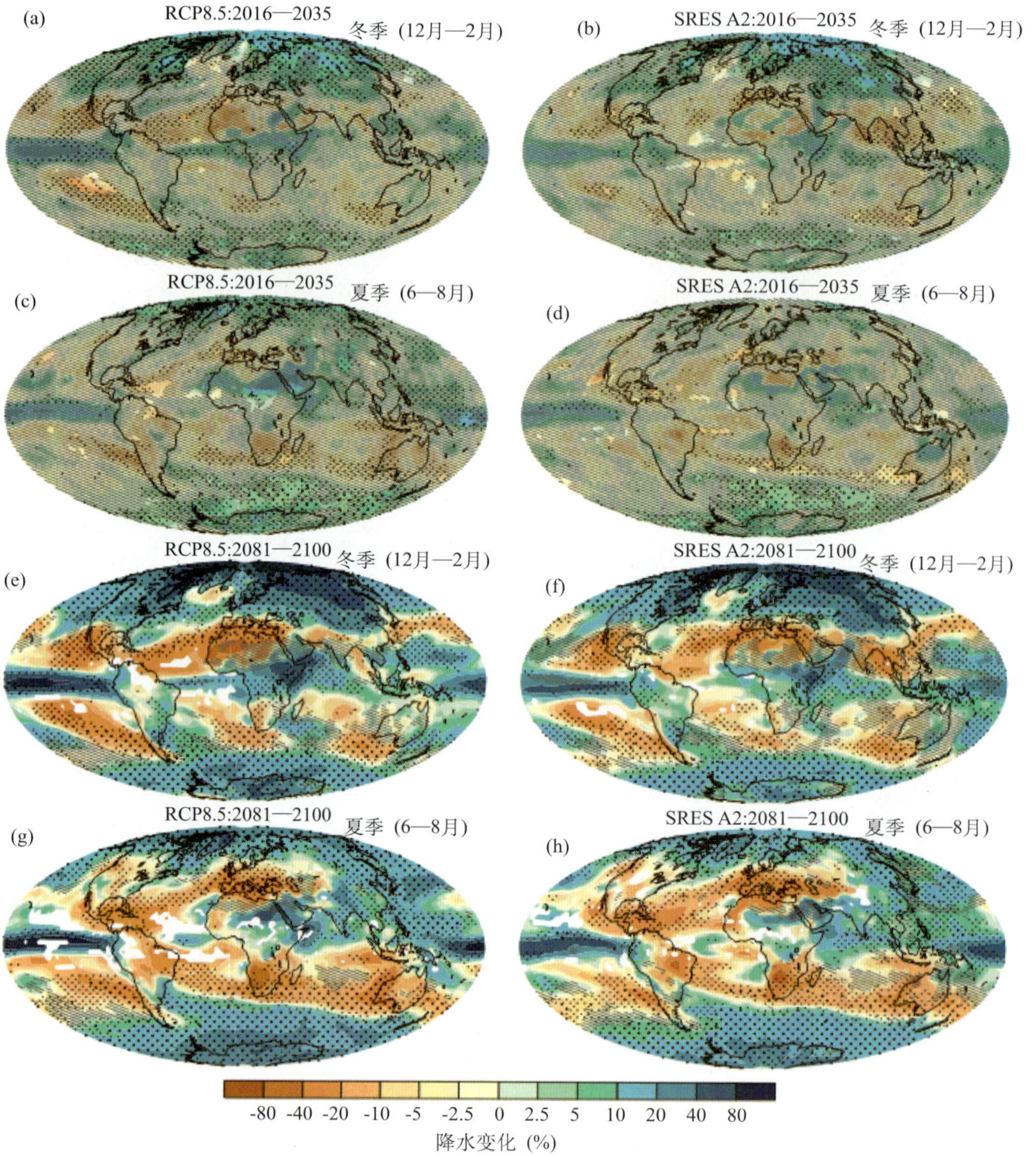

图 4.10 21 世纪初(2016—2035 年)和 21 世纪末(2081—2100 年)CMIP5 RCP8.5 方案及 CMIP3 SRES A2 情景下北半球冬季和夏季降水变化(相对于 1986—2005 年平均)

(有点的地区表示置信度高)(Knutti, *et al.*, 2013)

4.5 全球变暖预估的不确定性

IPCC AR4 第 10 章(Meehl, *et al.*, 2007b)认为,到 2100 年全球平均温度相对于 1980—1999 年平均,有可能上升 1.1～6.4 ℃,最佳估计为 1.8～4.0 ℃。看起来是给出来了一个变化范围,但是,这并不是预估的不确定性。1.1 ℃是最低排放情景 B1 的下限,6.4 ℃是最高排放情景 A1FI 的上限。1.8 ℃是 B1 的最佳估计值,4.0 ℃是 A1FI 的最佳估计值。所以,AR4

给出来的预估范围只反映了温室气体的不同排放情景。每个情景下的预估是多模式集合平均的结果。虽然有 23 个模式参加集合，但是不同时段及不同方案参加集合的模式数目并不相同，有时只有 16～17 个模式有结果。对所有参加集合的模式结果求平均就得到 AR4 最后给出的预估，也包括根据所有模式结果计算的标准差。标准差反映的是不同模式之间的总体差异。

所以，这个模拟结果的变化范围实际上并不代表气候模式预估的不确定性。正如 AR4 报告指出，除了温室气体排放的预估之外，给定了温室气体排放量的情况下，大气中温室气体浓度、这个浓度下温室气体的辐射强迫及这个辐射强迫可能造成的气候变化都有误差，这些误差就构成气候预估的不确定性。根据 IPCC AR4（IPCC，2007）的定义，气候预估的不确定性是："标志对未来气候状态不了解程度的量。不确定性可能产生于缺少信息或认知的不一致。不确定性有许多种来源，从资料定量误差到概念的模糊，以至对人类活动预估的不准确。不确定性可以定量地表征，例如不同模式计算的某个值的变化范围，或定性地说明，例如一组专家的判断。"最早由 Charney(1979）提出来，大气中温室气体浓度加倍，全球平均温度可能上升（3±1.5）℃，这个±1.5 ℃就是不确定性。由于当时没有严格的计算，所以大家把这个估计称为专家判断，并被 IPCC FAR（IPCC，1990）、IPCC SAR（IPCC，1996）及 IPCC TAR（IPCC，2001）采用。这是最早的也是相当"准确"的判断，一直到今天人们所给出的不确定性，仍然没有脱离这个范畴。当然，用大量的资料及模式，更严格地"计算"而不是"判断"这个不确定性还是十分必要的。

根据 Meehl 等（2007b），气候预估的不确定性来自两个方面：(1）模式中气候系统过程表达的误差；(2）内部气候变率，可以用模式来计算，例如从不同初场积分带来的误差。实际观测的气候变率并不能直接用来作为内部变率，因为观测到的气候变率包括了自然的与人为的外强迫的影响。只有在没有外强迫变化下产生的变率才是真正的内部变率。而对模式中气候系统过程描述的误差，主要来自三个方面（Forest，*et al.*，2002；Knutti，*et al.*，2002）：(1）气候敏感度（Kiehl，2007；Knutti，*et al.*，2008）；(2）海洋热吸收（Forest，*et al.*，2008；Boé，*et al.*，2009）；(3）人类活动产生的气溶胶（Kiehl，2007；Wigley，*et al.*，2001）。如何具体地计算不确定性，IPCC AR4（IPCC，2007）采取了多模式比较的方法。29 个模式，有的只有 1 个积分，有的有 2～3 个积分，不过总的加起来积分数也只有几十个，但是在当时 AR4 所用的 CMIP3 已经算是多模式（多积分）的集合了。IPCC AR4 把平均值的－40％～＋60％定义为 2100 年温度预估的不确定性范围，认为从出现概率讲这相当于"可能"，即＞66％。CMIP3 虽然提供了有益的信息，但是却未能真正反映全部的不确定性。因此，Rowlands 等（2012）的工作应该说是一个很大的进步，他们采用扰动物理集合方法估算了温度预估的不确定性。

实际上，在 IPCC AR4（IPCC，2007）发布之前，就已经提出了扰动物理集合的概念（Wigley，*et al.*，2001），Meehl 等（2007b）还介绍了用简单模式（Wigley，*et al.*，2001）、中等复杂程度模式（Knutti，*et al.*，2002）和简化海-气耦合模式（Murphy，*et al.*，2004；Stainforth，*et al.*，2005）研究的结果。后来的工作证明这是一种有效的能提供真实模式不确定性的方法（Jackson，*et al.*，2008；Collins，*et al.*，2011），当然扰动物理集合本身也仍然在改进中。

Rowlands 等（2012）用 HadCM3L 模式，对 1920—2080 年全球平均温度随时间变化进行了模拟。模拟中使用大气、海洋、硫化物扰动，对 2000 年之后温室气体变化采用 A1B 情景，同时采用过去不同时间的火山强迫、硫化物气溶胶强迫及太阳活动强迫。这样 2000 年之后就不

接受零排放的概念。而“共同但有区别的责任”已成为联合国应对气候变化的基本观点。因此，这里我们只是介绍“气候变化承诺”的科学结论。不过，为了避免引起混乱，仍直接应用“气候变化承诺”这个名词。

1988 年 Ramanathan 就提出了气候承诺的概念。2005 年 Wigley 分析了两种设想：一种称为“定常成分”(constant composition, CC)承诺，即如果大气中温室气体固定在 2000 年的浓度，则计算出来的温度变化的数值与模式的气候敏感度有很大关系，同时气溶胶浓度也有明显的影响。在高气候敏感度、低气溶胶浓度的情况下，到 2400 年全球平均温度变化可能达到 1 ℃。在低气候敏感度、高气溶胶浓度情况下，温度变化可能不到 0.2 ℃。另一种设想称为“定常排放”(constant emissions, CE)承诺，例如温室气体排放固定在 2000 年的强度，这样计算出来的温度变化主要取决于模式的敏感度，气溶胶浓度的影响不大。在高气候敏感度的情况下，2400 年温度相对于 2000 年的上升可能超过 5 ℃，气候敏感度最低时也在 2 ℃左右。

IPCC AR4(IPCC,2007)继承了 Wigley 的思想，采用了 3 种方案：(1)固定采用 2000 年的大气成分，再多积分 100 a；(2)稳定 2000 年温室气体浓度到 2100 年，以后采用 B1 情景(CO_2接近 550 ppmv)再积分 100 a；(3)稳定 2000 年温室气体浓度到 2100 年，以后采用 A1B 情景(CO_2接近 700 ppmv)再积分 100 a。到 2090—2099 年，所有的模式结果增温均在 0.6 ℃左右。(2)与(3)在 2100 年之后又有 0.5 ℃的增温。并增加了零排放方案，即 2100 年大气中 CO_2 排放为零。当然这是不现实的，但是可以分析在这种情况下的温度变化。假定 2100 年不再排放 CO_2，但是可能还要 100～400 a，CO_2 才能从 650～700 ppmv 回落到比工业化之前加倍的水平(560 ppmv)。直到 3000 年，温度还要显著高于工业化之前的水平。因此，尽管立即停止排放 CO_2，海洋热容量及冰冻圈的变化也还要继续几百年。

为了对未来气候承诺有一个具体的认识，我们介绍 Hare 等(2006)的研究。他们给出到 2150 年可能发生的温度变化，共有 4 种情况(图 4.13)。图 4.13 右部给出 4 种情况相对于工业化之前温度可能上升的幅度。图 4.13 中，①为零排放，从 2005 年开始停止一切排放，由于也停止气溶胶的排放，所以，在零排放开始后的一段时间内，温度将继续上升，但是到 2150 年可能只上升 0.6 ℃。②为“现代强迫”，即把辐射强迫固定在 2005 年的值。2005 年之前为已经实现的变暖，相对于工业化之前温度已上升了 0.8 ℃左右，2005 年之后为未实现的变暖，可能只有 0.2～0.3 ℃。③可行情景，这里指的是 B2-400-MES-WBGU 情景 2050 年之后温度达到峰值，但是总的增温不到 2 ℃。④固定排放，也就是不减排，大概人们不会允许这样。不过，如果是这样，显然温度将继续上升，到 2150 年变暖会超过 2.5 ℃。需要说明 Hare 等(2006)用的是低气候敏感度(2.8 ℃)的模式，如果用更高气候敏感度的模式，则模拟出来的变暖幅度还要更高。另外，这里把 1861—1890 年平均作为工业化之前的平均温度是受资料限制，真正的工业化之前的代表时期应该是 18 世纪中期，而不是 19 世纪后期。

Mathews 等(2012)专门研究了 2010 年零排放的情景。在这种情况下，模式得到的未来的变暖完全是 2010 年之前排放的结果。过去常假定只是 CO_2 为零排放，那时全球平均温度可在数百年间稳定并维持几乎不变。但是如果同时使其他温室气体与气溶胶也达到零排放，则温度可在 10 a 之内上升十分之几度，这主要是除去现代气溶胶影响的结果。以后温度将持续下降，几百年之后恢复到现代温度水平。这时温度峰值出现的时间依赖于当前气溶胶的浓度。这样变暖不会超过 2 ℃。但是温度高于工业化之前的情况，可能还要维持几千年(Eby, *et al.*, 2009)。

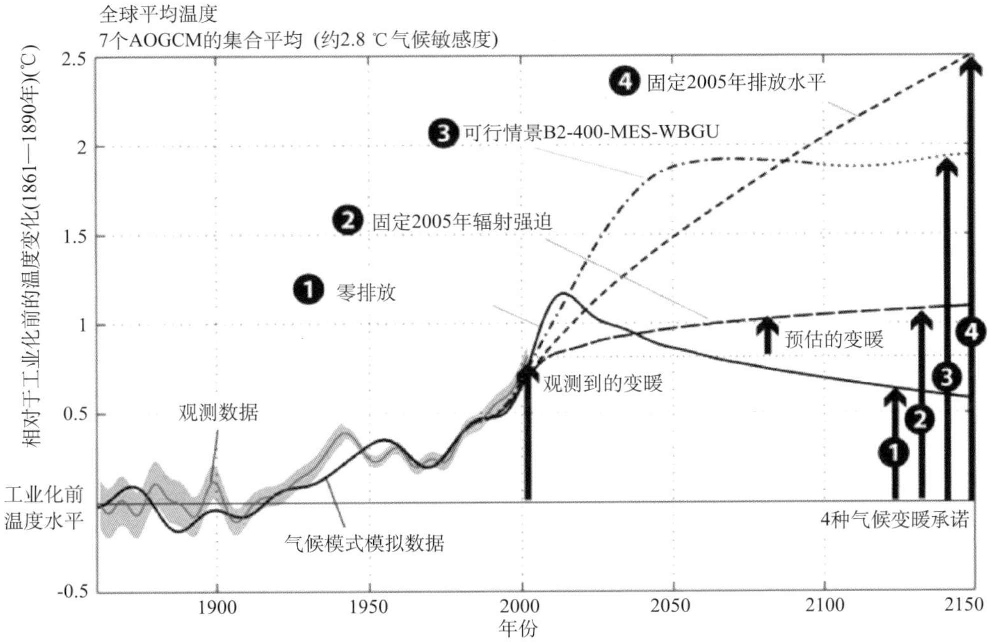

图 4.13 4 种不同类型的气候承诺所给出的到 2150 年的温度变化(Hare,*et al.*,2006)

4.7 2100 年全球平均温度将超过过去 1 万年

全新世温度变化

全新世(11.5 ka)以来，全球平均温度究竟如何变化，长期以来没有统一的研究。IPCC AR4(IPCC,2007)也仅给出一个示意图，指出全新世温度变化有几个地区特征：(1)北半球中、高纬度早全新世(7 ka 之前)温度可能比工业化前高 2 ℃；(2)北半球中国及欧洲东北可能在 7～5 ka 期间最暖，温度比工业化前高 0.5～2 ℃；(3)热带大洋在 5 ka 之前比工业化前低 0.5～2 ℃；(4)南极在早全新世比工业化前高 0.5～2 ℃。但是未能明确指出北半球或全球平均温度如何变化。

Marcott 等(2013)第一次给出全新世 11.3 ka 以来全球平均温度曲线。论文共应用了 73 个点的代用资料(图 4.14)。其中 31 个烯烃，19 个镁/钙比，5 个冰芯，4 个孢粉，4 个摇蚊，4 个 TEX-86(这是一种有机物古海温代用资料)，6 个其他资料。这 73 个点在全球分布相对均匀，北半球(30°～90°N)29 个，低纬度(30°N～30°S)33 个，南半球(30°～90°S)11 个。各序列时间分辨率在 20～500 a，中值为 120 a。因此平均序列保留了 1 000 a 以上的 50%变率，300 a 以下的变率则基本上平滑掉了，但是 2 000 a 以上的变率基本上保留。所以，这个温度重建反映的是低频(千年以上)的温度变化。因此，最适宜用来研究全新世温度变化趋势。

图 4.15 给出根据 Marcott 等(2013)的资料绘制的全球和 3 个分区的温度变化曲线。时间分辨率取 100 a，终止于 1900 年。这里时间坐标用距 2000 年(B2k)，而未采用过去经常用的距 1950 年(kaBP)，计算起来更方便一些，一些欧洲的研究率先采用了这种表示方法。例如，过去用 kaBP 1 ka 是指 950 年，现在用 B2k 则 1 ka 指 1000 年。我们把序列截止到 1900 年，因为这是一个反映低频变化的序列，序列尾部无法进行平滑，如果直接用 2000 年的记录，则可能

包括了年际及年代际变化的影响。

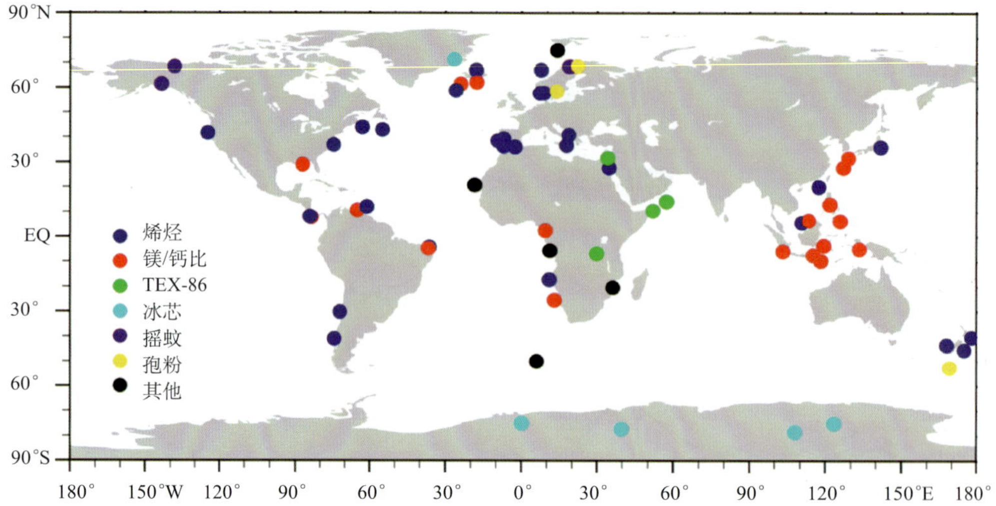

图 4.14　全新世温度重建所用资料点的地理分布，不同颜色表示不同的资料性质
（Marcott, *et al.*, 2013）

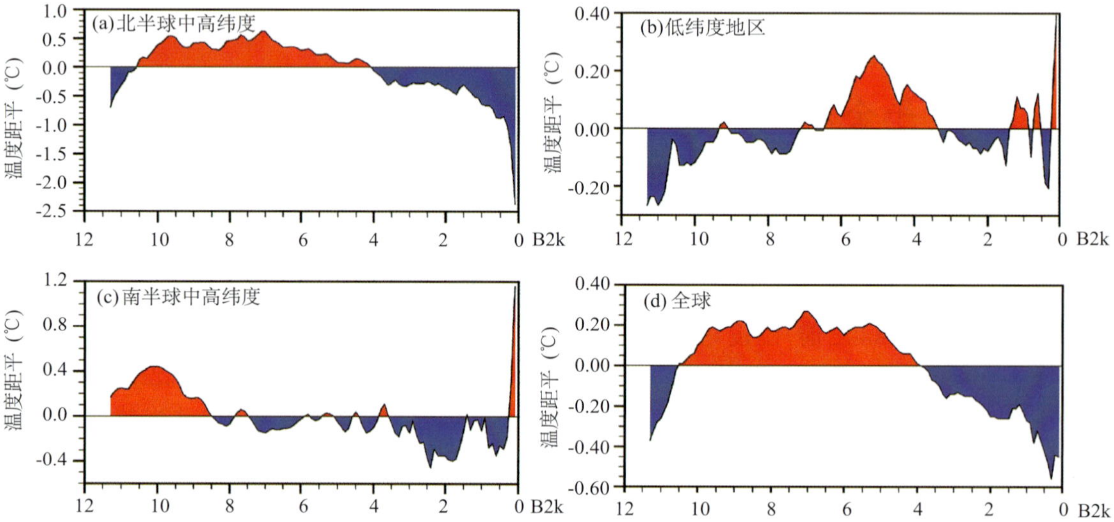

图 4.15　全新世 11.3 ka 以来，北半球中高纬度（30°～90°N）、低纬度（30°N～30°S）、南半球中高纬度（30°～90°S）和全球温度距平变化（时间指从 2000 年向后）（Marcott, *et al.*, 2013）

先看全球平均温度变化，高温期在 9.5～5.5 ka，从全新世开始到 7 ka，温度上升 0.6 ℃。但是，从 5.5 ka 到 0.1 ka 温度又下降了 0.7 ℃。20 世纪温度再次上升，但是没有表现在图 4.15 中。北半球中高纬度的温度变化与全球温度变化最相似，这说明北半球中高纬度的温度变化对全球平均温度变化的贡献最大。低纬度地区从 11.0 ka 到 5.0 ka 温度仅上升 0.5 ℃，而后又有所下降，最后 1.5 ka 温度变化幅度大，并继之以激烈上升，原因还不清楚。南半球中高纬度从 11.0 ka 到 7.0 ka 温度下降 0.4 ℃，以后变化趋势也不明显，但是，近 2.5 ka 数百年尺度变化振幅很大，这也可能同南半球中、高纬度资料点数较少有关。

地球轨道要素

北半球中、高纬度温度的下降表明，夏季太阳辐射变化有重要的影响，其影响机制可能是冰雪反照率及植被反馈(Ganopolski, *et al.*, 1998; Renssen, *et al.*, 2005)。为什么在北半球高纬度影响最明显，可能是那里陆地面积相对较大，30°～90°N 陆地面积约占 50%，而 30°N～30°S 及 30°～90°S 则分别仅占 25%及 15%。这个结论与轨道要素的模拟研究一致(Tzedakis, *et al.*, 2012)。

全新世平均温度的下降是对地轴倾角减少的响应(Mantsis, *et al.*, 2011)。倾角减小增加了经向的温度梯度，增强了大气与海洋环流，所以全新世低纬度温度上升、高纬度温度下降(图 4.15)。这种影响从太阳辐射的变化也可以看出来(图 4.16)。除了地球轨道要素造成的太阳辐射变化之外，北半球冰盖的消融也有影响。冰盖消融减弱了早全新世的变暖，并推迟了温度峰值的出现时间(Kaufman, *et al.*, 2004)。比较图 4.15 及图 4.16 就可以看出，尽管北半球夏季太阳辐射的变化决定了全新世温度变化的总趋势，但是温度峰值出现在 7.0 ka 左右，而夏季太阳辐射的峰值出现在刚刚进入全新世的时候。中全新世，大约 7.0 ka 之后温室气体的总辐射强迫可能增加 0.5 W/m^2，这大约相当于升温 0.4 ℃(Marcott, *et al.*, 2013)，这是与轨道要素的作用相反的，使中全新世之后的降温幅度变小，但是轨道要素的影响约比温室气体变化的影响大 1～2 个数量级，因此，很难单独看出温室效应变化的影响。

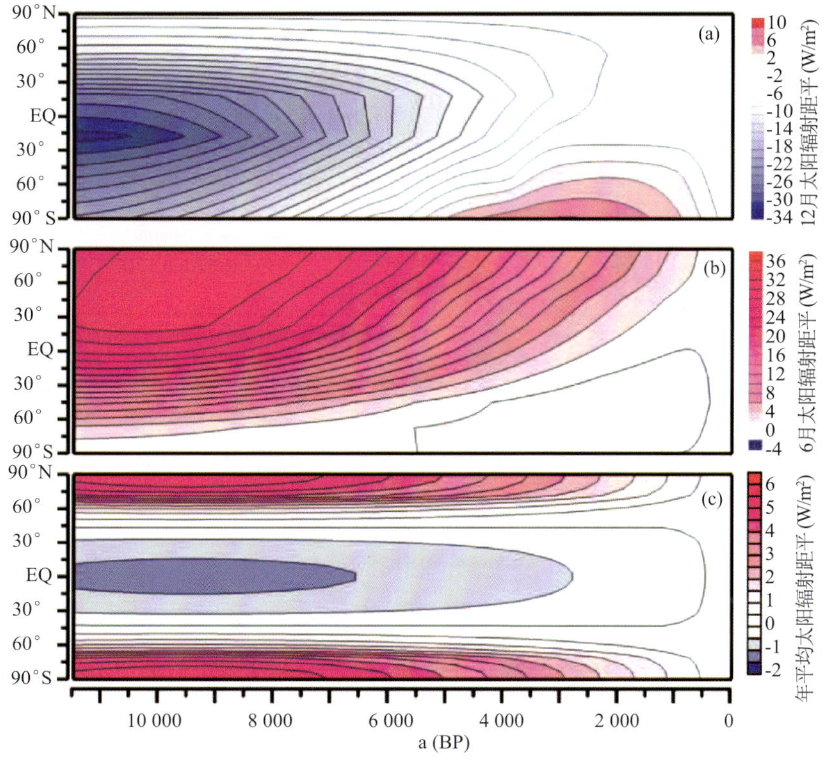

图 4.16　全新世的太阳辐射变化(Marcott, *et al.*, 2013)

大西洋经向翻转环流

大西洋经向翻转环流(AMOC)也有重要影响，特别是在形成两个半球温度变化趋势的差异中作用显著(Hoogakker, *et al.*, 2011)。全新世中期以后大西洋翻转流的减弱可能部分缓解南半球中高纬度的降温(图 4.15)。北半球冬季太阳辐射的增加也会影响北大西洋深水形成,从而使大西洋翻转流减弱(Broecker,1998)。全新世大西洋翻转流的研究(Hoogakker, *et al.*, 2011; McManus, *et al.*, 2004)表明,不仅从早全新世开始大西洋经向翻转环流有减弱的趋势,还有若干突变事件,如 9.5,8.2,5.5,4.0 及 2.0 ka 大西洋经向翻转环流突然减弱,这些事件大部分与北大西洋冷事件的发生一致,说明大西洋经向翻转环流减弱是发生冷事件的原因。因此,大西洋翻转流减弱事件必然影响到两个半球的温度。只不过 Marcott 等(2013)的温度序列主要反映了 2 ka 以上的变化趋势,因此,无法直接比较。将来一旦建立分辨率更高的温度序列,有可能证明大西洋翻转流的千年尺度变率是影响全球和南北半球温度的一个重要因子。

对气候变暖的启示

最后,再看一下温度序列的建立对未来气候变暖的启示。有两点可以注意:(1)全新世温度变化表明,全新世的温度下降趋势明显,因此,20 世纪的急剧升温不可能是轨道要素的影响,2000—2009 年的温度尚未超过早全新世的暖期,但却比全新世 82%的年份要暖,而 1900—1909 年则是全新世最冷的时期之一,至少比 95%的年份要冷。在 100 a 时间内就发生如此大的变化,并且变化趋势与轨道要素的影响相反。因此,可以推论这不是自然变化,而是人类活动的影响。(2)根据未来不同的温室气体排放方案,到 2100 年全球平均温度可能上升 1.8~4.2 ℃。显然无论将来实现哪一种方案,21 世纪的升温均会超过全新世的最暖时期(图 4.17)。这就意味着,由人类活动造成的 2100 年全球年平均温度将超过过去 1 万年。当然,这只是考虑人类活动影响的结果,自然气候变化会在多大程度上改变这个预估还是一个未知数。

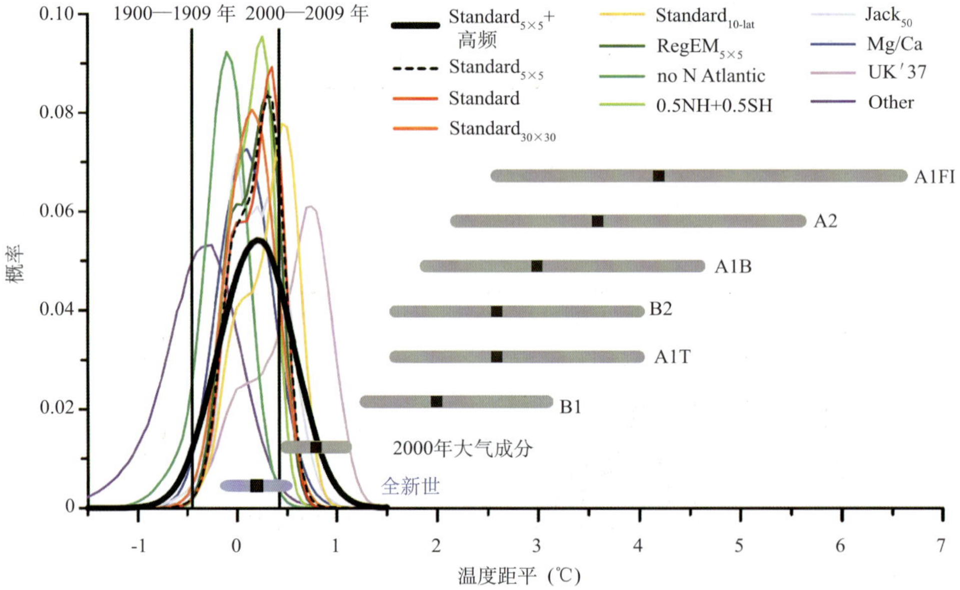

图 4.17 不同时间及不同排放情景的温度概率分布

(左为模拟和代用资料给出的全新世温度分布,包括不同组合和代用资料,竖黑线表示 1900—1909 年及 2000—2009 年温度观测;右为 2100 年温度距平的预估,黑色方块为 2100 年温度的最优估计,灰色水平线为 66%变化范围,自上而下为不同情景,所有温度距平为相对于 1961—1990 年平均)(Marcott, *et al.*, 2013)

第 5 章　2 ℃阈值

2 ℃阈值是 2009 年 12 月在丹麦哥本哈根召开的《联合国气候变化框架公约》(UNFCCC,2010)第 15 届缔约方会议(COP15)通过的《哥本哈根协议》中正式提出的。2 ℃阈值本来是本书第 4 章中的一个小节。但是,在 2012—2013 年冬季,欧洲的科学家们似乎发起了新一轮冲击,对这个问题的方方面面进行了较为详细的研究,这就使我们有机会把 2 ℃阈值的问题认识得深入一点。特别是 Rogelj 等(2011,2012a,2012b,2013)在 1 年多一点的时间里,在 *Nature Climate Change* 上发表了 4 篇论文,这就是 5.3 节到 5.6 节的主要材料来源。此外 5.1 节讲述提出 2 ℃阈值目标的历史,主要材料来自发表在一个电子图书馆上的论文(Randalls,2010)。欧洲以外的人,很少能对这个问题有这样清楚与系统的阐述。工业化前一节(5.2 节)是为了认识 2 ℃阈值而加写的。人们几乎到处都在讲 2 ℃阈值,这就是相对工业化前升温的上限。但是,却很少讨论到工业化前的温度是如何确定的。有了 Anderson 等(2012)的 173 个代用温度序列,这个问题在一定程度上得到了解决。5.7 节主要根据 Arnell 等(2013)在 *Nature Climate Change* 网上的文章写成。5.8 节专门介绍碳捕获与碳储藏。所以,这一章介绍的几乎都是欧洲科学家的工作,可见欧洲不仅提出了 2 ℃阈值,并对其进行了系统的研究。现在 2 ℃阈值已经被《联合国气候变化框架公约》(UNFCCC,2010)缔约国接受,必然成为今后若干年国际气候变化谈判的基石,因此,将这个问题专门列为一章看起来还是必要的,也是及时的。但是,2 ℃阈值涉及的经济和社会问题很多,本书的目标是讨论全球变暖的科学问题,主要是气候学问题,所以并没有在社会与经济问题上深入下去,而且主要介绍的是国际上流行的观点。对这些观点应该持一种审慎的态度。

5.1　2 ℃阈值的提出

当今社会,减少温室气体的排放(减排)已经成为大多数公众、科学家及政府机构的共识。但是究竟选择一个什么样的目标,并不是一个简单的问题。这不仅关系到温室效应加剧的气候影响,也包括对气候变化的适应、成本、效率,乃至道德层面的问题。Randalls(2010)对此做了详细的分析。特别要注意到,减缓行动的成本应该与避免相应灾害所需成本相当。可以考虑成本与温度升高造成的生态后果，确定一个可以接受的气候变化目标，以避免造成“危险的人类干预”。由欧洲共同体（以下简称“欧共体”）提出，并且被哥本哈根大会接受的 2 ℃阈值，就是一个目标。了解这个目标是如何建立的过程，对认知、支持、实现这个目标有重要的意义。

究竟要选定一个什么样的减排目标，20 世纪 80—90 年代在科学界展开了激烈的辩论。虽然防止气候变化行动的讨论进展缓慢，但是人们已经认识到拖延减排行动可能造成的潜在后果。Seidel 等（1983）对政策做了分析得出结论，能源政策的改变不会显著地影响地球温度上升 2 ℃的日期。但是，欧共体的报告（Holdgate, *et al.*, 1989）则认为能源政策会影响未来气候变化的时间和强度，这种观点后来被 IPCC FAR（IPCC，1990）所接受，在这份报告中指出，立即减少 60％人类活动排放 CO_2，是把 CO_2 浓度保持在今天水平所必需的。报告研究了减排的未来情景及其气候影响，考虑了气候敏感度和经济变化的不确定性，但是没有明确指出应该把变暖的最高值限制在什么水平。

1987 年在欧洲提出来两个目标：相对工业化之前温度上升不超过 2 ℃，以及每 10 a 升温 0.1 ℃，认为这是可以容忍的上限（Agrawala，1999；Tol，2007）。这是最早提出来的，且对后续研究有重要影响的建议。Rijsberman 等（1990）提出一个管理气候危机的“红绿灯系统”，这个系统包括 3 种颜色的灯——绿、橙（琥珀色）、红。绿灯表示损失及危险有限，即每 10 a 温度上升＜0.1 ℃，海平面上升＜0.02 m；橙灯表示每 10 a 温度上升 0.1～0.2 ℃，海平面上升 0.02～0.05 m；红灯表示对社会有严重干扰，而且响应可能是非线性的，每 10 a 温度上升＞0.2 ℃，海平面上升＞0.05 m。这样在 21 世纪中叶绿灯与橙灯之间的界限是升温 1 ℃，橙灯与红灯之间的界限是 2 ℃，所以 2 ℃是国际社会能够接受的底线。考虑温度升高的速率有一个好处，那就是可以研究生态系统对变暖的适应能力及承受能力，而升温上限是不花费过高成本而控制的情景，考虑这个上限有利于研究翻转点和生物物理系统的非线性响应。

几乎同时“可持续能源路线国际计划”（IPSEP）在 1988 年完成，并于 1989 年发布的报告（Krause，1988）上，也提出来两个目标：每 10 a 升温 0.1 ℃，以及 CO_2 浓度峰值 400 ppmv，这就相当于相对工业化之前升温 1～3 ℃，以此来代替 CO_2 加倍的提法。稍后，1988 年多伦多会议（World Meteorological Organization，1989）及 1989 年诺维克会议（Noordwijk Ministerial Conference，1989）都讨论到稳定排放的长期目标，以及气候变化应该限制在植物适应能力范围的问题。经济合作与发展组织（OECD）在 1992 年的报告中也建议减少排放 60％，以稳定大气中温室气体的浓度（Barrett, 1992）。但是，所有这些目标都是昂贵的。因此，经济上是不是合理是不清楚的，例如考虑成本削减多少排放合适？无论是浓度目标或者是温度目标都有不确定性，并且这个问题不可能很快解决。据研究，全球平均温度变化应该不超过现代地质时期的变化范围，即 9.9～16.6 ℃。然而，目前温度已经从14.5 ℃上升了 0.8 ℃，达到了 15.3 ℃，这样对于上限就只有 1.2 ℃的上升余地了（German Advisory Council on Global Change，1995）。这个分析很接近 2 ℃目标，也同成本估计一致，5％ GDP 与每 10 a 升温 0.2 ℃对应。

20 世纪 90 年代初期到中期，人们从科学及政治上开始接受温度目标。1992 年 UNFCCC（1992）就指出大会的最终目标就是“保持……稳定大气中温室气体浓度，防止人类活动危险地干预气候系统”，支持了上面谈到的两个目标。但是 1996 年欧洲联盟（以下简称“欧盟”）强烈地支持 2 ℃的目标，因为人们发现自然变率相当大，所以用变率目标有一定问题（Tol，2007）。

1996 年欧盟不只想把 2000 年的排放限制在 1990 年水平，同样也支持 2 ℃的目标（European Environmenr Agency，1996）。这个目标接近 IPCC SAR（IPCC，1996）情景的下限，即到

2100 年温度上升不超过 2 ℃，如果超出了这个界限，则气候灾害将更明显。IPCC TAR（IPCC，2001）继承了这个观点，认为 2 ℃是一个上限，超过了这个界限，对许多受威胁的生态系统将是危险的，并且极端天气事件的频率将大为增加。如果增温达到 4 ℃，则危险会更大，并且历数了 2 ℃，2～3 ℃及＞3 ℃升温的可能影响，但是并没有说明为什么 2 ℃目标是最适合的。

虽然在科学上还有争议，但 2 ℃目标逐渐成为减缓政策的一个基础。2005 年欧盟理事会（CEU）重申了 2 ℃的目标，认为在科学上是合理的，并且对推动有利可图的行动以保持不超过这个界限是非常重要的（Council of the European Union，2005）。同样 2005 年英国人作为主席的 G8 会议也重新确认了 2 ℃的目标（Maslin，2009），但是这还不是合法的必须执行的决定。最终《哥本哈根协议》接受了这个目标（UNFCCC，2010）。此后，在国际协议中 2 ℃阈值成为一个合法的目标。一旦明确了目标，政治家、环境学家、经济学家就开始研究如何达到这个目标。

虽然 2 ℃目标得到了广泛的承认，但是也还有不少批评意见。有的经济学家认为从成本效益角度看不合理，用中等的折扣率，稳定温度的代价太高（Stern，2007）。有的科学家也怀疑 2 ℃阈值，Hansen（2005）就指出，这不是一个负责任的目标，它已经给世界带来了显著的气候变化。同样，任何温度目标都要考虑气候敏感度的不确定性。所以，欧盟部长理事会 1996 年采用 550 ppmv 为阈值（European Environment Agency，1996），2005 年则认为应该远低于 550 ppmv（Council of the European Union，2005）。按照 Meinshausen（2006）的研究，550 ppmv 阈值相当于超过 2 ℃的概率为 63%～99%，均值 82%，甚至450 ppmv也有 26%～78%的可能超过 2 ℃，均值为 54%。这说明如果以 CO_2 浓度为目标，则相对应的温度还有很大的不确定性。Clarke 等（2009）研究比较了多个综合评估模式，在制定减缓政策时采用什么样的长期温度或浓度目标的实际问题。结果表明，如果以 450 ppmv 为目标，则需要尽快在国际范围内大力减排，减排的力度要很大。由此也可以看出确定了一个温度目标，科学家、经济学家及政治家就必须全力以赴地实现这个目标。采用 2 ℃目标并不是没有问题。首先，科学家认为这里有很大的不确定性；其次，经济学家批评这需要太高的成本；第三，研究科学与政策相互影响的专家则批评政策的无力。不过，无论如何《哥本哈根协议》已经接受了这个目标，2 ℃ 阈值将成为今后气候谈判的基础，虽然还是有人怀疑其合理性与现实性。

5.2　工业化前

2009 年底于哥本哈根召开的《联合国气候变化框架公约》（UNFCCC，2010）第 15 届缔约方会议（COP15），在《哥本哈根协议》中接受了 2 ℃阈值的目标，这就是要把全球平均升温限制在不超过工业化前 2 ℃。2010 年底于坎昆召开的第 16 届缔约方会议（COP16）再次确认了 2 ℃的目标（联合国政府间谈判委员会，2010）。但是，文本中并没有说明什么时候是工业化前。

在 IPCC AR4（IPCC，2007）报告的术语表中把 1750 年作为工业化前。1756 年瓦特发明蒸汽机，18 世纪 60 年代开始大量使用机器，工业革命从英国推向欧洲，后来扩展到其他国家，包括美洲。这时开始大量使用煤，后来再加上砍伐森林，燃烧石油、天然气等化石燃料使大气中 CO_2 逐渐增加。所以把 1750 年作为工业化前是有道理的。图 5.1 给出了近 2 ka 温室气体浓度变化曲线。可见 CO_2 浓度在 1750 年仍处在一个相对低的时期，此后才逐渐上升，其他两种主要温室气体浓度也大体上保持同样的变化趋势(IPCC,2007)。直到 1800 年 CO_2 浓度大体上不超过 280 ppmv,这就是为什么把工业化前 CO_2 浓度取为 280 ppmv 的原因。因此,从 CO_2 等温室气体浓度的记录来看,把 1750 年作为工业化前是合理的。

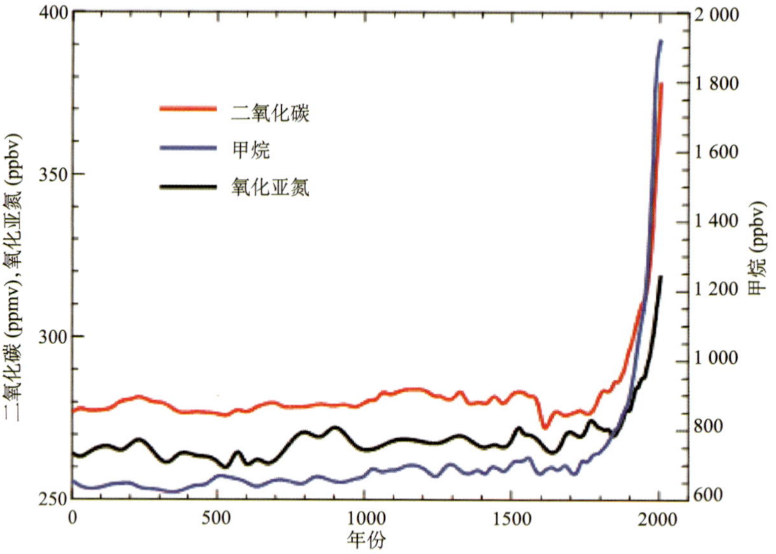

图 5.1 近 2 ka 3 种长生命温室气体浓度的变化曲线(IPCC,2007)

但是,当我们把这个概念应用到温度变化上就出现了问题。首先,就是缺少温度观测资料。目前世界上 3 个全球平均温度序列中最长的是 HadCRUT3,也仅向前延伸到 1856 年。所以,IPCC 报告中所说的工业化前的温度指的是 1856 年之后。图 5.2 给出 IPCC AR4(IPCC,2007)公布的近 280 a 温度观测变化曲线,图 5.2 中黑色曲线是北半球表面温度序列(HadCRUT2v);棕色曲线是北半球陆面气温序列(CRUTEM2v),与黑色曲线的差别是不包括海洋,这个序列向前延伸到 1781 年;深黄色曲线是 4 个欧洲站的序列。建立序列用的站数愈少,温度变化的幅度也就愈大。例如:到 2000 年,北半球平均温度距平(相对于 1961—1990 年平均)在 0.5 ℃左右,陆地测站则可能达到 0.7 ℃,而 4 个欧洲站平均接近 0.9 ℃。所以,不可能用陆地测站甚至 4 个欧洲站与后期的北半球平均直接比较,但用于分析温度变化趋势还是可以的。从北半球平均温度来看,1910 年前后是一个低点,1850 年前后温度可能还

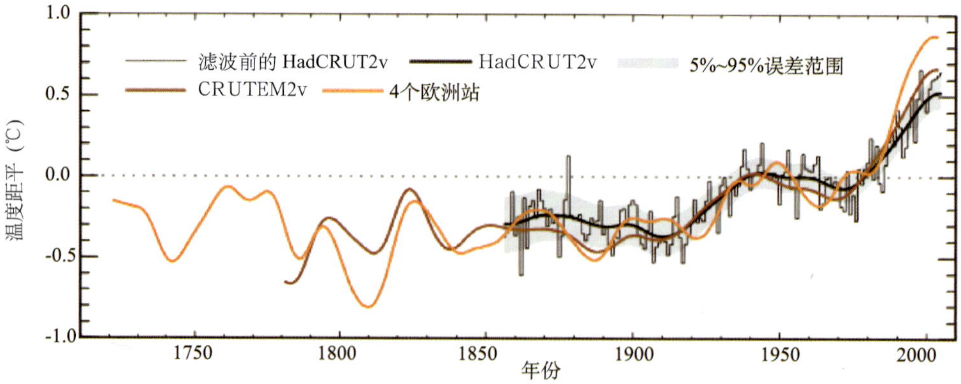

图 5.2 近 280 a 温度距平(相对于 1961—1990 年平均)(IPCC,2007)

要略高于1910年。所以，从全球温度变化的角度看，用1850年代替工业化前的1750年是有问题的。

不过，究竟1750年前后和1850年前后温度有什么差别？如图5.1所示，1800年之前CO_2浓度是相当稳定的。但是，温度变化则不同，图5.3给出用各种代用资料重建的近1.3 ka温度变化。尽管各个序列之间的差异相当大，但是对每个序列而言，年代到百年尺度的变化都是十分显著的，没有任何一条曲线，包括被称为"曲棍球杆"的Mann等曲线（图5.3 MJ2003）类似于图5.1中的CO_2变化。这就说明，1800年之前CO_2浓度相对稳定，但是温度却有明显的波动，因此，这些波动很可能是自然因素造成的，如火山活动、太阳活动等。不过，图5.3的各种序列的时间分辨率不高，序列的地理覆盖面也不够广，所以很难肯定判断1750年前后和1850年前后的温度究竟有多大差异。从图5.3的观测序列（图中黑线）来看，1856年有观测资料以来温度大约上升了0.8 ℃，这就是人们经常说的自工业化至今温度已上升了0.8 ℃的根据。

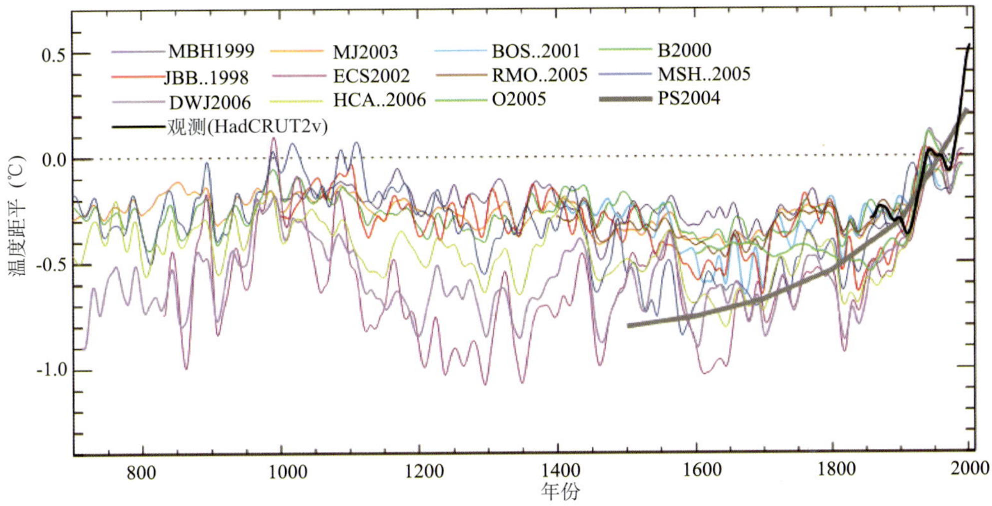

图5.3 用代用资料重建的近1.3 ka温度距平（相对于1961—1990年平均）(IPCC，2007)

Anderson等(2012)利用分布于全球的173个对温度敏感的代用资料序列，建立了1730年以来分辨率为年(a)的古气候指数序列(PI)。主要资料为珊瑚、冰芯、石笋、湖泊与海洋沉积。由于树木年轮未能充分反映低频变化，所以未采用年轮资料。所有的序列并未用温度记录进行标定，而是各自对1901—2000年标准化，然后对所有序列求代数平均。Anderson等(2012)的目的是给出独立的证据，证明气候确实变暖了。把古气候指数序列与NCDC的温度序列比较，1880—1995年，相关系数达到0.76。但是古气候指数序列与HadCRUT4(Morice, *et al.*, 2012)的相关系数达到0.77。况且后者又是最新建立的序列，所以我们用这个序列对古气候指数序列进行标定。由于古气候指数序列仅到1995年，所以先把古气候指数序列对1901—1995年标准化，然后乘以HadCRUT4的1901—1995年标准差，这样得到的序列在图5.4中用黑色线表示，图中同时给出HadCRUT4的序列（红色线）。HadCRUT4 1850—2010年的趋势为0.05 ℃/10a，160 a升温0.8 ℃，与过去的估计一致。然而，从图5.4也可以看出，1750—1850年气温仍然有小幅度上升，这100 a上升0.2 ℃。既然IPCC AR4(IPCC，2007)把工业化前定为1750年。所以，可以认为自工业化以来温度已经上升了1 ℃，而不是0.8 ℃。

这就是有了这两个新的序列之后，可以得到的气候变暖的最新结论。这个结论非常重要，因为将未来升温限制于 2 ℃之内，已经成为国际共识。如果已经升温 0.8 ℃，则是尚有 1.2 ℃的上升空间；如果已经上升了 1 ℃，则上升空间更小，对减排的要求就更高了。

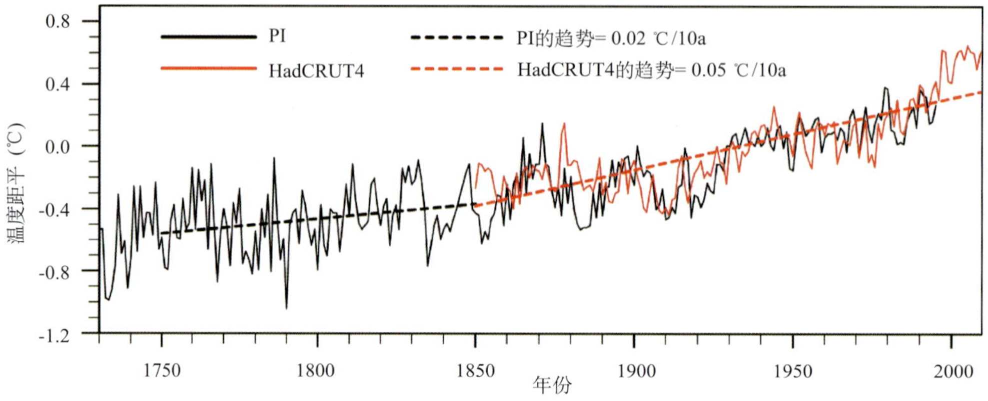

图 5.4　1730—1995 年用代用资料建立的温度序列（黑线）及 1850—2010 年 HadCRUT4 温度序列（红线）（均相对于 1901—1995 年平均）

5.3　2 ℃阈值的意义

欧盟在温室气体长期减排方面一向宣传 3 个目标：全球平均升温幅度不超过工业化前 2 ℃；大气中温室气体浓度控制在 450 ppmv CO_2 当量；2050 年全球温室气体排放至少比 1990 年减少 50%。2009 年底于哥本哈根召开的《联合国气候变化框架公约》（UNFCCC）第 15 届缔约方会议（COP15），在《哥本哈根协议》中接受了 2 ℃这个目标。2010 年底于坎昆召开的第 16 届缔约方会议（COP16）再次确认了 2 ℃的目标（联合国政府间谈判委员会，2010）："我们同意，从科学角度出发，大幅度减少全球碳排放是必须的，并应当依照 IPCC 第四次评估报告所述情景，将全球气温升幅控制在 2 ℃以下，并在公平的基础上行动起来以达成上述基于科学研究的目标。"尽管小岛国联盟、最不发达国家和气候变化最脆弱国家甚至呼吁将全球升温控制上限设定在 1.5 ℃，但是大多数缔约国还是同意把 2 ℃作为一个目标，这就是 2 ℃阈值的来源。

虽然 IPCC 第二工作组已经在研究不同升温，如 1.5，2，3 ℃等可能造成的影响。例如，研究表明如果温度上升 3 ℃，则热带小麦的生长将受到极大损害（Joshi，*et al.*，2011）。但是为什么选择了 2 ℃而不是 1.5 ℃或 3 ℃，则有很重要的政策与对策影响考虑。首先，这个阈值应该是有可能实现的，例如公认从工业化到现在气温已经上升了 0.8 ℃。如果把上限设定在 1.5 ℃，则只有 0.7 ℃ 的上升空间。希望在短期内温室气体排放有戏剧性的削减，几乎是不可能的。其次，阈值设置也不能过高，否则就达不到"防止危险的人类对气候系统干预"的目标。因此，2 ℃阈值不是一个严格的科学结论，而是大多数缔约国的妥协方案。但是，既然这个阈值已两次为《联合国气候变化框架公约》的缔约方会议所接受，就有必要从科学上研究采取什么样的减排政策才能把变暖限制在这个范围之内，以及估算达到这个限制上限的时间。

何时超过 2 ℃

Joshi 等（2011）利用 CMIP3 对 3 种排放情景（A2，A1B，B1）下 21 世纪的温度变化进行了预估(图5.5)。图5.5中黑色线为全球平均温度观测，灰色为预估，包括了不同情景、内部变率及不同气候敏感度的影响。图中右侧蓝色竖条为模式不确定性影响，橙色竖条为内部气候变率影响。前两种情景(A2和A1B)显示，可能在2040—2060年达到2 ℃。但是，按照B1情景则有可能推迟到2060年之后，并且直到2100年也达不到3 ℃。其他两种情景则可能在21世纪后期达到3 ℃。可见未来温室气体排放情景，在这里起着至关重要的作用。SRES是IPCC TAR(IPCC,2001)及IPCC AR4(IPCC,2007)两次评估报告采用的方案。为IPCC AR5设计的方案称为典型排放路径(RCPs)，以辐射强迫峰值来命名(van Vuuren, *et al.*, 2011a)，共4个方案，分别为RCP8.5，RCP6.0，RCP4.5和RCP2.6。RCP8.5即辐射强迫达到8.5 W/m^2，依此类推。A2，A1B及B1大体上分别相当于RCP8.5，RCP6.0和RCP4.5。

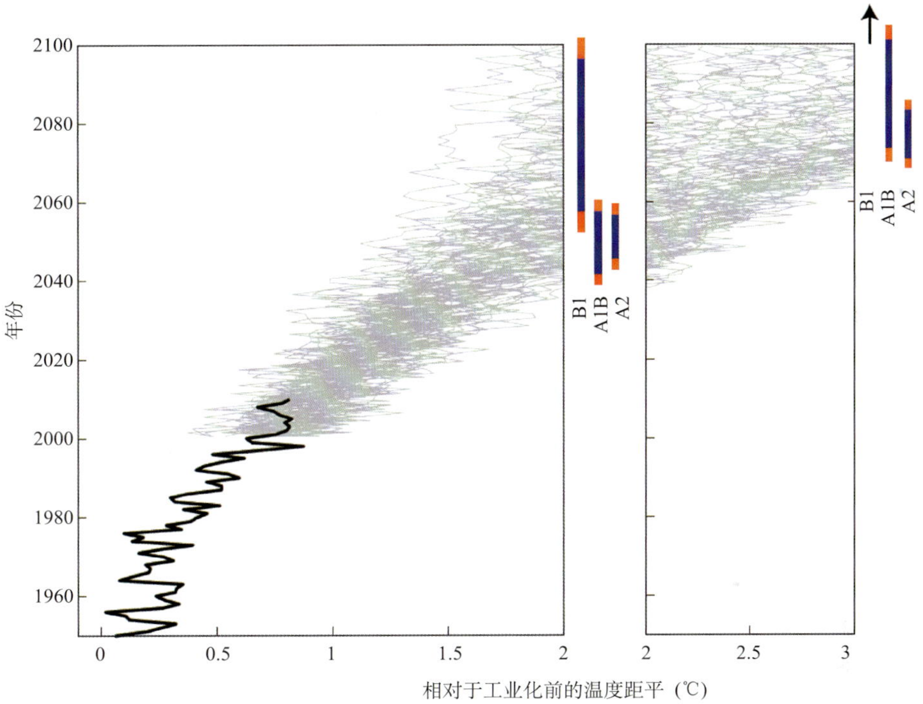

图5.5 CMIP3对21世纪全球平均温度距平预估(灰色)

(包括SRES A2，A1B和B1，达到2和3 ℃的时间标在右上方，蓝色为模式不确定性影响，橙色为内部气候变率影响，黑色为温度观测，箭头表示2100年之后)(Joshi, *et al.*, 2011)

这里还有两个问题，即何时超过2 ℃以及局地超过2 ℃的时间。如果用简单的能量平衡模式，不考虑内部气候变率，则一旦模拟的温度超过了2 ℃，就会一直保持在2 ℃之上。但是，从实际的情况来看，可能有某一年超过了2 ℃，但随后又降回2 ℃之下，若干年后才会稳定地超过2 ℃。因此对超过2 ℃的时间也可以做一个概率估算。图5.6(a)给出超过2 ℃的5 a所在的时间范围。在这种情况下，亚洲北部、北非到中东是全球有可能最先达到2 ℃的地区，时间可能在21世纪20年代，其余大部分亚洲地区，包括中国也是较早达到2 ℃的地区，时间可能在21世纪30年代。南半球则由于大洋的热力惯性，是全球最晚达到2 ℃的地区，时间可能在21世纪后期到21世纪末。图5.6(b)给出全球平均温度上升达到2 ℃时的局地温度距平。中国那时的温度距平可能在2.5～2.75 ℃。姜大膀等的研究也证实了这个结论(Jiang, *et al.*, 2009,2012)。

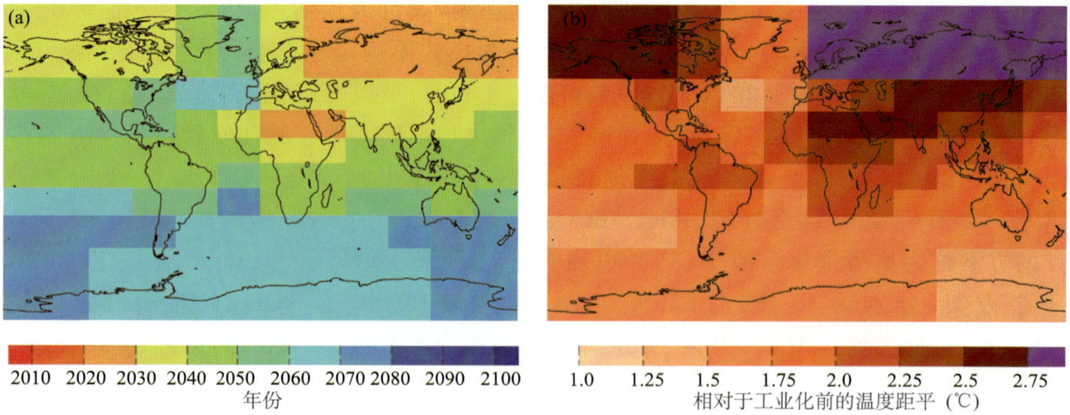

图 5.6　CMIP3 模式在 A1B 情景下温度上升达到 2 ℃的时间(a)及全球平均温度上升达到 2 ℃时的局地温度距平(b)(Joshi, *et al.*, 2011)

稳定排放量的方案

要把全球变暖限制在一定范围之内，就需要稳定大气中温室气体浓度，使其先达到某个峰值，然后逐步下降。变暖限制得愈低，要求温室气体的峰值也就相应愈低，峰值愈低就要求愈早达到峰值。图 5.7 及表 5.1 给出 IPCC AR4 所做的估算。CO_2 当量即把所有温室气体均换算为 CO_2 浓度的总浓度值。当然，估算值不仅与温室气体排放量有关，同计算模式所采用的气候敏感度也有关。不过，无论如何，要把升温限制在 2 ℃之内，看来要把温室气体排放减少一半(相对于 2000 年)，并在近期达到峰值是不可避免的。Rogelj 等(2011)专门对把升温限制在 2 ℃以内的情况进行了分析，得到结论：如果升温有 66%以上可能低于 2 ℃，温室气体排放峰值必须出现在 2011—2020 年，CO_2 当量峰值不超过 44 Gt/a。2010 年已经达到48 Gt，可见要想把升温限制在 2 ℃之内，及早、迅速减排已经是迫在眉睫的事了。当然，以上的讨论包含了很大的不确定性，不确定性主要来源于对碳循环及气候敏感度的估计(Meinshausen, *et al.*, 2009)。因此，所有的数据都是在一定条件下得到的，在使用这些数据时，要特别注意不同作者得到结论的条件。

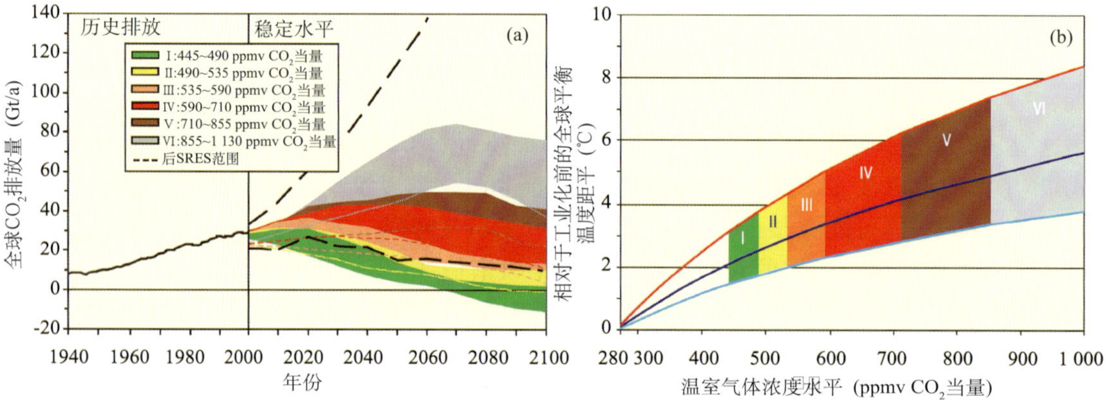

图 5.7　(a)1940—2000 年全球 CO_2 排放量及 21 世纪排放方案；(b)排放峰值与平衡温度距平(相对于工业化前)[每种颜色表示一种方案，上限(红色线)为气候敏感度 4.5 ℃，下限(浅蓝色线)为 2 ℃，中间值(深蓝色线)为 3 ℃](Bernstein, *et al.*, 2007)

表 5.1　21 世纪平衡温室气体排放情景及温度变化(Bernstein, *et al.*, 2007)

方案	CO_2(ppmv)	CO_2当量(ppmv)	峰值(年份)	排放变化(%)*	温度变化(℃)**
Ⅰ	350～400	445～490	2000—2015	−85～−50	2.0～2.4
Ⅱ	400～440	490～535	2000—2020	−60～−30	2.4～2.8
Ⅲ	440～485	535～590	2010—2030	−30～+5	2.8～3.2
Ⅳ	485～570	590～710	2030—2060	+10～+60	3.2～4.0
Ⅴ	570～660	710～855	2050—2080	+25～+85	4.0～4.9
Ⅵ	660～790	855～1 130	2060—2090	+90～+140	4.9～6.1

* 相对于 2000 年排放；** 用气候敏感度 3 ℃计算。

Peters 等(2012)对这个问题进行了新的研究。图 5.8 给出各种方案的排放情景。其中包括 4 代情景设计：SA90(IPCC，1990)，IS92(IPCC，1992)，SRES(IPCC，2001，2007)，以及供 IPCC AR5 应用的典型排放路径(van Vuuren, *et al.*, 2011a)。图中圆点为观测值，看来全球 CO_2 排放正在沿着历届排放情景的上限运行。2012 年的排放可能达到(9.7±0.5)Pg C，比 1990 年高出 58%。从图 5.8 可以看出，如果想把升温限制在 2 ℃之内(图中蓝线 RCP3-PD)，必须使排放在 2020 年之前达到峰值，并且以后以每年 3%的速率下降。当然，这是一个十分艰巨的任务。但是，Peters 等(2012)指出，如同 1973 年石油危机时，比利时、法国、瑞典采用核能，使排放每年削减 4%～5%，这是一个很好的先例。

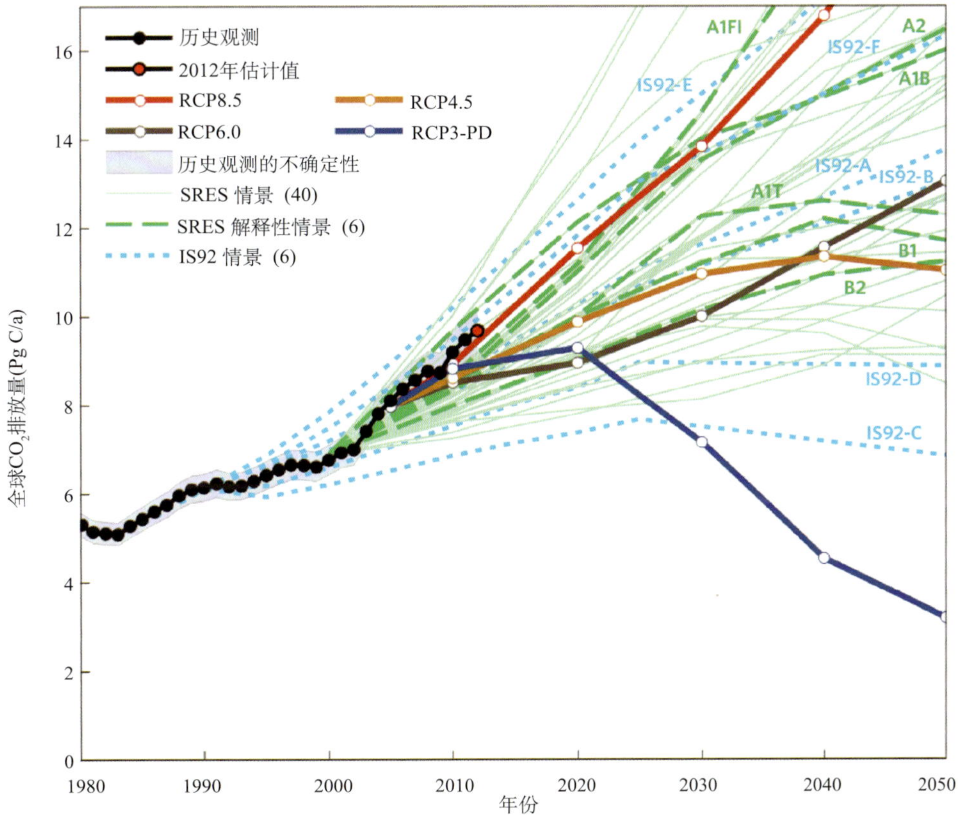

图 5.8　1980—2010 年全球 CO_2 排放及各种情景对到 2050 年排放的预估(Peters, *et al.*, 2012)

5.4 达到 2 ℃阈值的排放路径

目前国际气候政策集中在限制相对于工业化前的升温为 2 ℃。为此,就需要了解未来最多排放多少温室气体才能保证达到这个目标。同时,既要知道减排的技术与经济问题,也需要分析排放与温度的联系。

长生命温室气体的累计排放量决定了气候系统在百年到千年尺度上对温室气体变化的响应(Meinshausen, *et al.*, 2009; Matthews, *et al.*, 2009)。因为像 CO_2,从大气中排除得很慢(Plattner, *et al.*, 2008; Archer, *et al.*, 2009b),所以当全球排放回到零或者稳定在某个值之后,温度的响应还要继续若干年(Lowe, *et al.*, 2009)。愈来愈多的证据表明,没有很强的减排措施,温度不可能下降,海洋的热惯性不仅使气候变暖推迟,也会使任何变冷推迟几十年到数百年(Held, *et al.*, 2010)。

用综合评估模式(IAM)可以分析对可行性的约束,一般可行性包括技术、经济、政治及社会因素。Rogelj 等(2011)利用综合评估模式分析了达到 2 ℃目标的温室气体排放情景。一共比较了 193 种排放路径,其中大约 1/3 属于底线情景,即没有气候政策干扰,其余均包括某种减缓排放情景。情景用保证升温 2 ℃目标的概率来表示,可以分为 3 类:非常可能(>90%)、可能(>66%)、至少一半概率(>50%)。3 类路径各出现 3,26 和 39 次,峰值年、2020 年排放和峰值减排率,均给出 15%、中值和 85%的值(表 5.2)。

表 5.2 21 世纪限制于相对工业化前升温 2 ℃以内的排放路径上下限 (Rogelj, *et al.*, 2011)

序号	情景	路径数目	峰值年	2020 年温室气体排放(Gt CO_2 当量)	峰值后工业 CO_2 排放率(相对 2000 的百分比,%)
	升温在 2 ℃之下非常可能(>90%)		15%-中值-85%	15%-中值-85%	15%-中值-85%
1	没有全球工业 CO_2 负排放	0	—	—	—
2	有全球工业 CO_2 负排放	3	-2010-	-43-	-3.3-
3	所有路径	3	-2010-	-43-	-3.3-
	升温在 2 ℃之下可能(>66%)				
4	没有全球工业 CO_2 负排放	14	2010-2010-2010	26-42-45	1.0-2.3-3.3
5	有全球工业 CO_2 负排放	12	2010-2010-2015	41-44-46	1.7-3.0-3.5
6	所有路径	26	2010-2010-2015	31-44-46	1.5-2.7-3.4
	升温在 2 ℃之下至少一半概率(>50%)				
7	没有全球工业 CO_2 负排放	20	2010-2010-2015	28-44-47	1.3-2.4-3.1
8	有全球工业 CO_2 负排放	19	2010-2010-2020	42-45-48	1.7-3.0-3.6
9	所有路径	39	2010-2010-2015	38-44-47	1.5-2.7-3.5

我们先讨论"可能"(>66%)的情况(表 5.2、图 5.9)。2020 年排放的中值为 44 Gt CO_2 当量,15%～85%的范围是 31～46 Gt CO_2 当量,排放峰值均出现在 2020 年之前。峰值之后排放下降,中值为 2.7%。2050 年相对于 1990 年排放(36.6 Gt CO_2 当量)减少 45%(35%～55%)。《坎昆协议》还考虑到 1.5 ℃阈值的问题。所有路径都没有把升温自始至终限制在

1.5 ℃以下的情况，只有个别路径到 21 世纪末升温回落到 1.5 ℃以下。

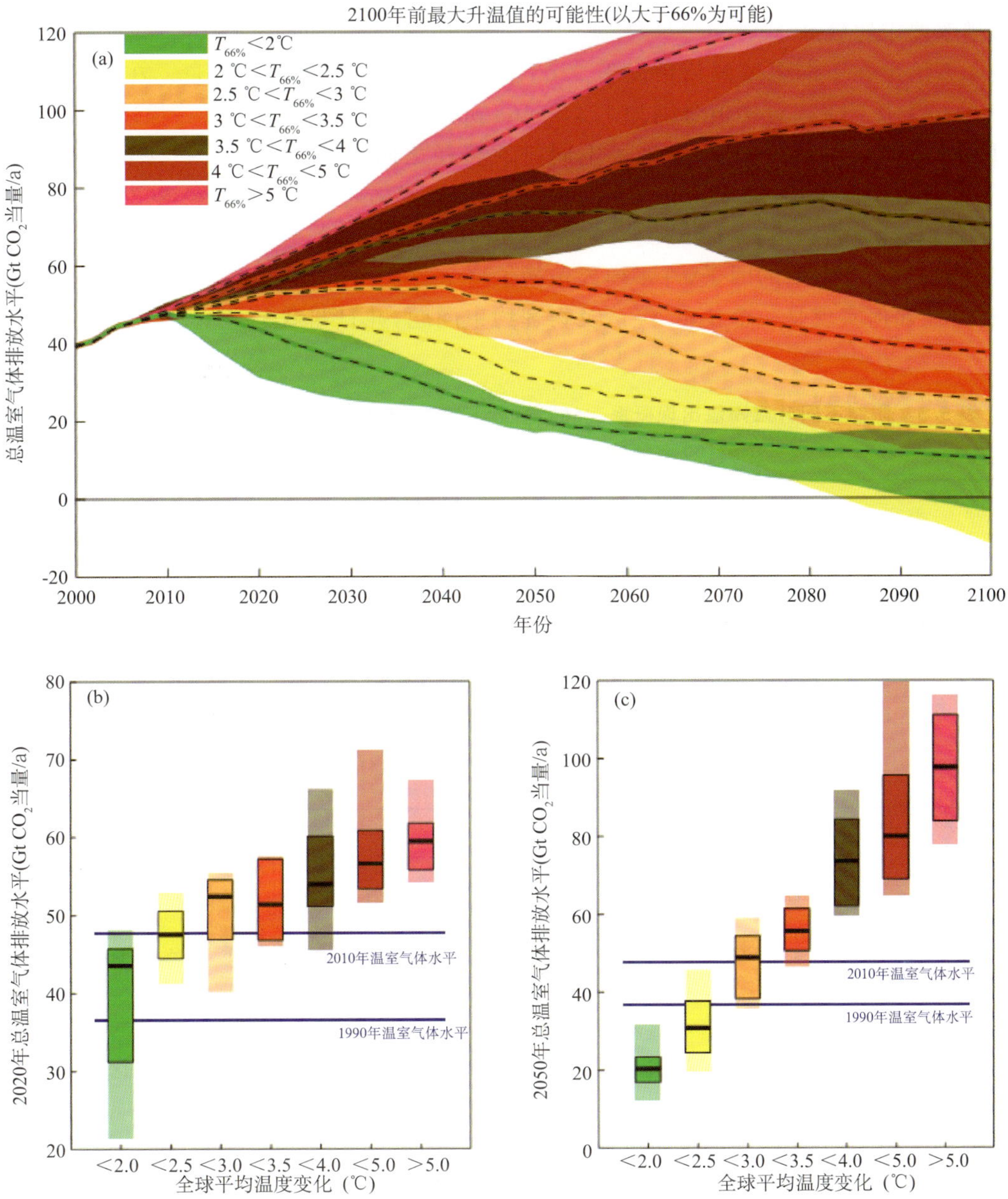

图 5.9　根据综合评估模式计算的不同升温情况下的排放值

[(a)限制不同 21 世纪升温(概率 15%～85%)时的温室气体排放水平；(b)2010 年排放水平(水平粗黑线为中值，水平蓝线为 1990 和 2010 年排放水平)；(c)2050 年排放水平(水平粗黑线为中值，水平蓝线为 1990 和 2010 年排放水平)](Rogelj, *et al.*, 2011)

这里要说明什么是负排放，这主要是碳捕获及储藏和生物能(Azar, *et al.*, 2010)。在没有负排放的路径中，2020 年排放的中值为 42 Gt CO_2 当量，有负排放时 2020 年可以保持的排放值略高，但是达到峰值的时间差别不大。如果把要求放低些，例如采用 50%概率(表 5.2)，则 2020 年的排放可以比概率>66%的情况要高一些，中值为 44 Gt CO_2 当量，但峰值还是要出现在 2020 年之前。峰值之后的减排率也大体相当于概率>66%的情况。对于三个概率>90%的情况，峰值要出现在 2020 年之前，2020 年的排放不超过 44 Gt CO_2 当量，但是对于峰值后的减排率要求比较高。

表 5.3 给出在不同温度阈值情况下 2100 年 CO_2 及 CO_2 当量的排放量。在 2 ℃阈值时，2100 年的 CO_2 及 CO_2 当量中值分别为 423 和 463 ppmv，依此类推，不再逐一描述。需要指出：(1)采用 15%及 85%、概率的值忽略了不同排放路径之间的时间差，有时 21 世纪前半叶为 85%、后半叶为 15%；(2)有时在 15%～85%之外也有意义，例如有的路径 2020 年的排放比 1990 年低 30%～40%，有一个路径 2020 年为 48 Gt CO_2 当量，但仍处于概率>66%一级；(3)净负排放是一个重要的因子，许多模式包括了这个因子，但现实世界中如何落实还是问题；(4)各种路径如何实现是一个技术、经济及物理约束问题，并且与政治环境及公众的接受程度有关。

表 5.3 限制不同升温阈值出现概率>66%情况下 2020 年温室气体排放、2100 年大气 CO_2 及 2100 年温室气体总量(Rogelj, *et al.*, 2011)

温度阈值(℃)	路径次数	2020 年(Gt CO_2 当量) 15%-中值-85%	2100 年 CO_2(ppmv) 15%-中值-85%	2100 年 CO_2 当量(ppmv) 15%-中值-85%
2	26	31-44-46	412-423-457	436-463-476
2.5	46	44-48-51	416-490-506	472-526-554
3	45	47-52-55	501-542-574	501-609-636
3.5	22	47-51-57	562-602-659	649-669-751
4	18	51-54-60	661-726-811	782-833-869
5	19	53-57-61	746-817-958	922-993-1101
>5	10	56-59-62	905-975-1 046	1 153-1 207-1 318

最后要说明，这些情景是与长期气候目标的成本与效益相联系的，但是并没有包括所有的可能行动，因此仅仅反映了一种“集合机遇”。当然，模式不是严格的法律，不能保证实行任何一条路径。最后，进一步了解对区域气候变化的社会、经济影响也是非常重要的。如果有了更深入的了解，就可以对各种路径做出补充的评估。此外，政治可能性包括各国政府对向低碳转移的态度至今还不清楚。无论如何，要是想把升温限制在 2 ℃之下的概率达到“可能”一级，在这个 10 a 排放达到峰值是必要的，并且 CO_2 当量排放应在 44 Gt 左右，但是各地区同时加入这个行动是必要的。如果 2020 年排放过高，并且峰值出现得晚，必然就会减少保持升温在 2 ℃之下的机会，没有一个严格的国际协议使排放峰值尽早出现，这对保证实现 2 ℃目标是一个危机，这个目标正从我们的视线中消失。

5.5 2 ℃阈值的成本

10 多年以来把全球变暖限制在 2 ℃以下是一个国际上争议的焦点。相应的科学界设计了一系列的情景，估算了达到这个目标的成本，但是定量的估算还有很大的不确定性。一方面要估算技术与社会经济不确定性的影响，另一方面气候模式的研究也要改进地球系统对温室气体排放响应的模拟。这个响应在决定减缓行动成本中是一个关键的不确定性。Rogelj 等(2013)建立了沟通这两个方面的桥梁，给出限定某一升温值的情况下，地球物理、技术、社会与政治的作用。这里着重讨论限制升温 2 ℃的情景，同样的分析也适用于 1.5 ℃或 3 ℃目标。

Rogelj 等(2013)分析了 5 种不同因子对限制升温在一定阈值的影响。这 5 个因子是：(1)物理气候系统对累计排放的响应；(2)减排技术的应用；(3)全球能源需求，包括人口、收入增长及能源效率的综合不确定性；(4)全球碳价；(5)为限制排放国际上采取实际行动的时间。Rogelj 等(2013)的成本估计是按照不同情景的综合评估模式(Rao, *et al.*, 2006; Riahi, *et al.*, 2007)得到的，升温的计算是概率气候模式的结果(Meinshausen, *et al.*, 2011a; Rogelj, *et al.*, 2012a)。当然，这些模式仍有可以改进的余地，例如，虽然定量地评估了地球系统的不确定性，但是未考虑翻转点，同样能源-经济排放模式给出了未来不同情景，但是并没有列出所有潜在可能性。例如永冻土融化释放的温室气体。图 5.10(a)给出 21 世纪不同温室气体排放情景与碳价的关系。温室气体排放的单位是 10 亿 t CO_2/a(Gt CO_2当量/a)，碳价是排放 1 t CO_2 的美元值(US＄/t CO_2当量)。图 5.10(a)中右边的粗箭头表示碳价格，从 0 美元/t CO_2 当量到1 000 美元/t CO_2 当量，注意这是对数坐标，排放量愈低，碳价愈高。图 5.10(a)中蓝色曲线称为蓝色轨道，代表碳价折合为 2012 年排放 1 t CO_2需 21 美元。图 5.10(b)为蓝色轨道相对于工业化前的升温(℃)的概率分布，水平线为中值。图 5.10(b)中的阴影反映了模式的不确定性，为限制升温在不同阈值情况下的碳价，图上部的箭头的方向表示减缓成本增加，图右的箭头表示减少气候风险。在不采取任何减排行动的情况下，即排放 1 t CO_2需 1 美元，限制升温在 2 ℃之下的可能性为零，如果控制碳价在 20 美元，则概率上升到 50%，如果碳价超过 40 美元，则概率超过 66%。

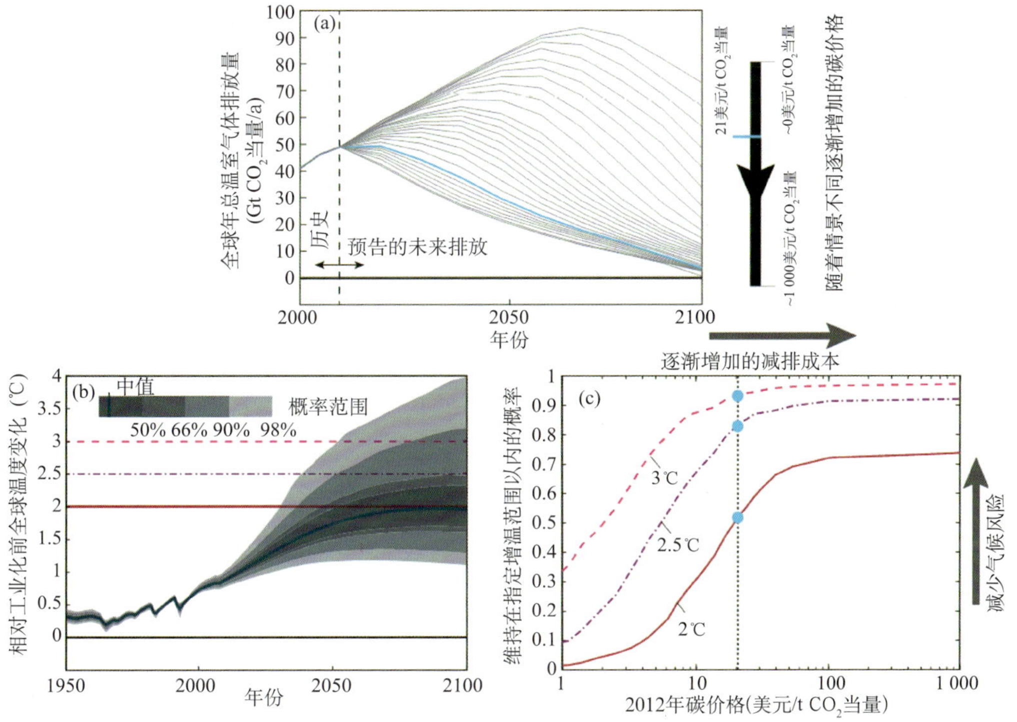

图 5.10 在给定升温上限情况下成本与风险的关系

[(a)碳价格从 0 美元增加到 1 000 美元的不同排放情景，蓝色轨道是代表碳价折合为 2012 年每排放 1 t CO_2(+CO_2当量)需 21 美元；(b)蓝色轨道的概率温度预估，中值为升温 2 ℃概率 50%，升温低于 1.3 ℃的概率很小(<5%)，升温低于 3 ℃的概率很高(>90%)；(c)升温 2,2.5 及 3 ℃下碳价格的累计分布，蓝点表示(a)中蓝色轨道及(b)中概率温度预估下的成本](Rogelj, *et al.*, 2013)

图 5.11 给出限制升温在 2 ℃情况下的成本分布。图 5.11 的一个主要特点就是在高碳价情况下，保持在 2 ℃升温的概率变平。这是因为所有的减缓行动都会在中期就能显著影响排放。高碳价有助于在 21 世纪后半叶进一步减少排放，但是只影响峰值以后的温度。因此，保持升温在 2 ℃之下的概率曲线，在 21 世纪类似于一条渐近线。图 5.11 可以从两个方面分析：(1)固定成本达到 2 ℃目标的概率(黑色箭头)；(2)在给定概率情况下，成本与 2 ℃目标的关系(黄色箭头)。碳价达到 40 美元 1 t 是否能限制变暖在 2 ℃以下的概率在 66%，依赖于减缓的关键技术[图 5.11(a)]。在最坏的情况下，完全没有碳捕获及储藏，如果碳价为 40 美元 1 t，则升温在 2 ℃以下的概率下降到 50%。同样，从图 5.11(a)还可以看出，在达到 2 ℃目标的固定概率下，如果碳价很高，也可以把概率保持在 66%以上。但是，在一定的情况下，缺少减缓行动如再生技术、核能或有限的生物能及造林，则要求很高的碳价才能达到目标。此外，发展与利用碳捕获及储藏技术，以及生物能源，对限制升温在 1.5 ℃是至关重要的，否则会失去限制 2 ℃升温的 14%～16%的机遇(Rogelj，*et al.*，2012b)。

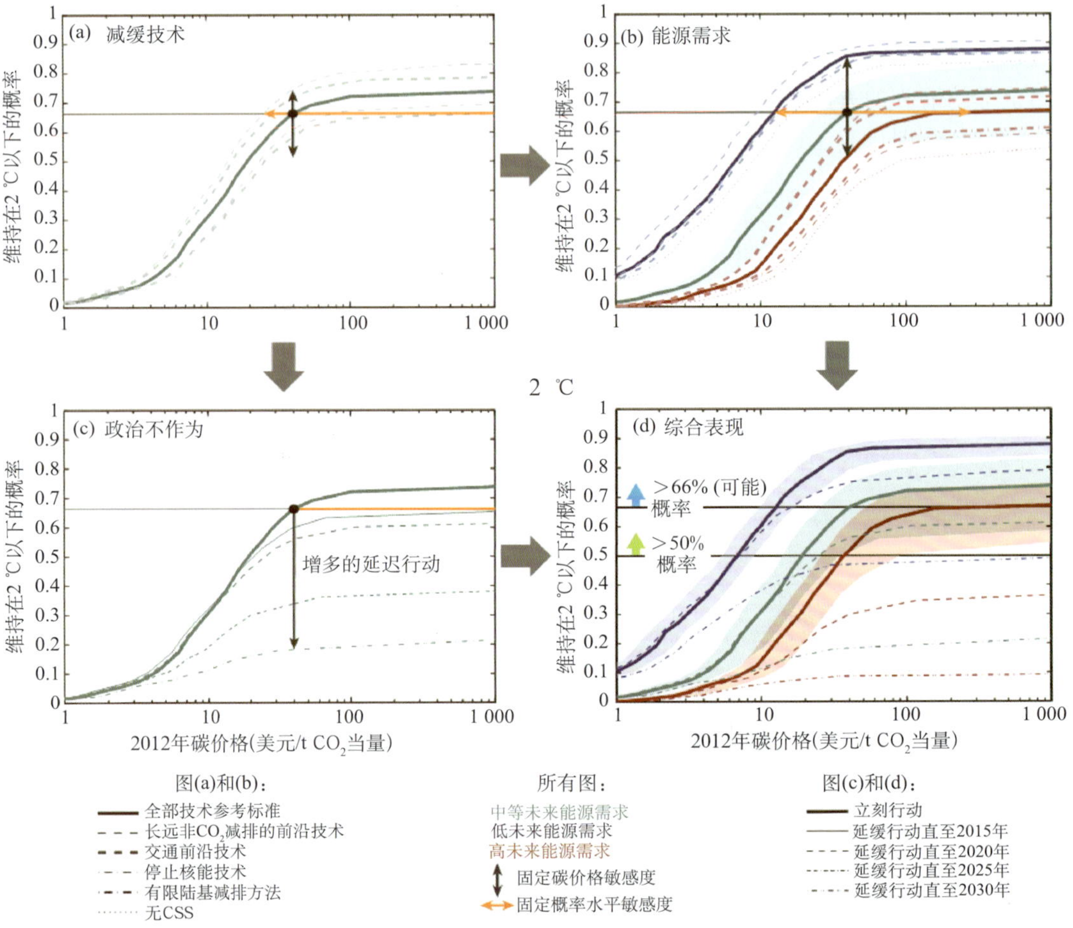

图 5.11 升温限制在 2 ℃以下的减缓技术、能源需求、政治行动对成本-风险的影响

[(a)6 种未来不同减缓技术下的成本分布；(b)粗实线为 3 种未来能源需求下的成本分布，断线及阴影对应图 5.11(a)中不同技术情景；(c)延缓全球减缓行动的影响；(d)综合各种敏感度的结果。(a)、(b)、(c)中的水平线为 66%概率](Rogelj，*et al.*，2013)

开发能源供给技术，如再生技术及碳捕获与储藏只是问题的一个方面，社会发展对能源需求的影响，包括能源利用效率甚至更为重要。图 5.11(b)表明，高、中、低三种能源需求的差异是非常大的。在低需求情况下，所有国家在工业、建筑、交通方面均保持高能效、有保护能源意识、城市计划，这使得 2050 年全球能源需求比中等需求时低 25%。这个削减对保持 2 ℃目标是非常重要的。低需求政策在碳价维持在 40 美元/t 的情况下，可以使升温在 2 ℃之下的概率从 66%增加到 80%。或者可以从另一个角度看，在保持概率为 66%的情况，碳价可以从 40 美元/t 下降到 10～15 美元/t。而高能源需求时，即比中等需求高 20%时，碳价可能超过 150 美元/t，这意味着如果不是说不可能，也是很难把升温限制在 2 ℃之内的概率达到 66%以上。

总之，图 5.11(b)说明地球物理不确定性对减缓成本的影响与社会发展和技术变化及选择不同方案的影响属同一数量级。保持升温在 2 ℃之下的最低成本(蓝虚线)及最高成本(红点线)概率的最大差别约为 60%，这大体上与考虑地球系统不确定性相当，例如在中等需求情况下碳价变化 0～70%，但是影响最大的是政治，这里用全球减缓行动的时间变化来表示。在中等能源需求及减缓技术的情况下如果限制升温 2 ℃之下的概率高于 66%，则需要立即开始全球协调一致的减缓排放行动[图 5.11(c)]。只有低能源需求，减缓排放行动才可以推迟到 2020 年开始，概率为 66%，如果推迟到 2030 年开始，则限制升温在 2 ℃之下的可能性只有 50%[图 5.11(d)]。

上述分析完全可以应用到 3 ℃目标或者 1.5 ℃目标。但是除非采取低能源需求，具有捕获及储藏 CO_2 技术，并且立即采取全球气候行动，否则想在 2100 年把升温限制在 1.5 ℃之下的概率达到 50%是不可能的。从成本来看，这也需要把碳价立刻提高到 40 美元/t 之上。如果全球减缓行动推迟 10～20 a，碳价为 40 美元/t，限制升温在 1.5 ℃之下的可能性只有 10%～35%。即使再高的碳价，在中、低能源需求的情况下，也不可能把概率提高到 50%。现在我们看到，全球一致的行动可能要到 2020 年才开始，因此就需要各国政府更注意能源需求问题，尽量压低能源需求的增长，修正减缓政策。

Hatfield-Doods(2013)指出，对 Rogelj 等(2013)工作的评价有两点值得注意：(1)限制升温在 2 ℃或 CO_2 相当浓度在 450 ppmv，确实有净收益；(2)全球限制排放的行动与强劲的经济增长及提高生活水平是一致的。最近的研究表明，如果未来 40 a(到 2050 年)全球经济翻一番，CO_2 相当浓度有可能突破 450 ppmv 的上限。

Stocker(2013)通过简单的数学计算，向人们展示了减缓排放的紧迫性。因为气候与碳循环模式表明，相对于工业化前的最高升温与人类活动排放的碳总量近于呈正比(Allen, *et al.*, 2009; Matthews, *et al.*, 2009)。可以利用这个关系做一个简单的分析。假定排放呈指数增加，到某一年之前保持定常增加率，此后排放呈指数形式减少，同样下降率也是一个常数。设定变暖峰值与累计 CO_2 排放量之比为 β，据 Allen 等(2009)分析，β 为 1.3～3.9 ℃/TtC。变暖的峰值取决于 3 个因子：现在排放增加率、全球减缓排放行动开始时间和减缓排放行动的减排率。后两个因子依赖于政策的选择。从图 5.12 可见，为了保持最大升温不超过 2 ℃，则要求从 2020 年开始每年减排 3.2%，如果从 2032 年才开始减排，则减排值要高 1 倍以上。全球减缓排放行动开始得愈晚，为了保持升温不超过原定目标所需的减排率也愈大。

图 5.13 从另一个角度反映了全球减缓行动开始时间与气候目标的关系。图 5.13(a)中曲线是减排率，一般认为最大也不会超过 5%/a，在这种情况下如果选取 1.5 ℃为目标，则最迟也要从 2012 年开始减排；如果以 2 ℃为目标，最迟也要从 2027 年开始；对于 2.5 ℃目标，则

要从 2040 年开始，再迟了就不可能达到设定的目标了。图 5.13(b)反映了 β 的影响，β 愈高则目标温度也相应提高，减缓行动也要相应提前。

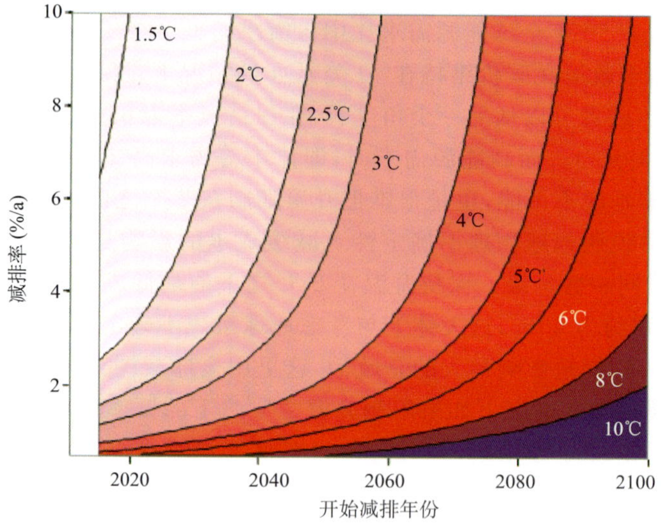

图 5.12 在不同减排率及全球减缓排放行动开始时间下的最高升温值(Stocker，2013)

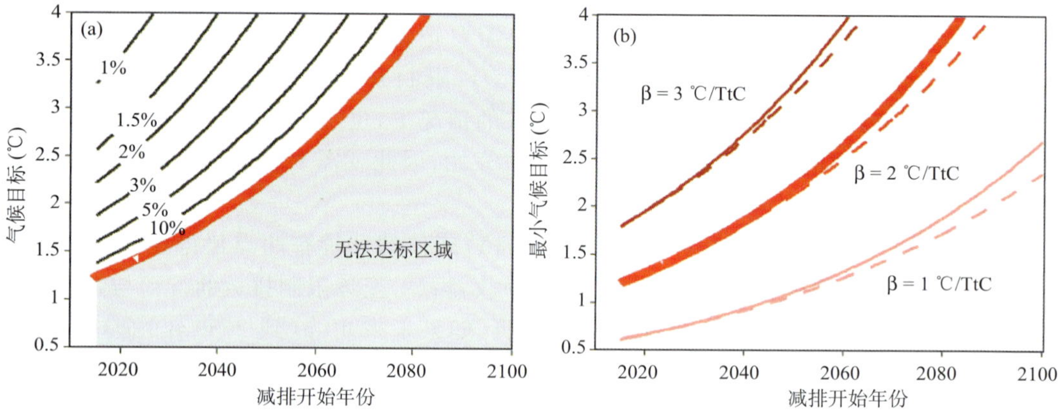

图 5.13 全球减缓行动开始时间与气候目标的关系

[(a)气候目标与全球减缓行动开始时间；(b)3 种 β 情况下，最低气候目标与全球减缓行动开始时间](Stocker，2013)

因此，温度阈值是不能任意设定的，要考虑实际的可能性。也许作者设定的常数如 β、减排强度都只是一种设想，但是无论如何，这支持了 Rogelj 等 (2013)的论点：尽快地开始全球减缓排放行动绝对是最重要的，任何拖延都会付出更大的代价。

5.6 2 ℃阈值下 2020 年的排放

大量的科学研究表明，要稳定全球平均温度，需要限制向大气排放长生命温室气体。国际气候协议限制了温度目标，不过没有明确对长生命温室气体的限制，但是却保证到 2020 年削减短生命温室气体的排放。Rogelj 等(2011，2012b)建立了综合评估模式，详细地研究了限制升温在 2 ℃阈值的可能路径，确定了 2020 年的排放水平，如何才能保证把升温限制在 2 ℃阈值之内。发现当前各国的承诺与综合评估模式的要求有相当大的差距。特别是现有文献中的情景大多属于最优成本排放路径，不能保证这就是限制升温在 2 ℃以下的要求。Rogelj 等(2012b)应用了两个模式框架来进行评估：(1)能源供给战略选择及环境影响模式(Riahi，*et al.*，2007；Rao，*et al.*，2006)；(2)评价温室气体引起的气候变化模式(Meinshausen，*et al.*，2011a；Rogelj，*et al.*，2012a)。前者对全球能源系统有详细的分析，后者是一个概率气候模式，用这个模式研究了多大的排放才可能以较高的概率保证升温在 2 ℃之内。

减排的可能性是一个主观的概念，完全依赖于在现实世界中实现的可能性，这主要包括 4 个因素：技术、经济、社会和政治。由于能源体系有很大的惯性，因此到 2020 年减排能达到的深度是有限制的。同时，因为缺少强有力的短期行动，所以从长期看可能最终失去限制升温在 2 ℃之下的机会。到 2020 年排放水平有很大的不确定性，在低的一端仅仅可能在未来 10 a 内保持升温在 2 ℃之下，而在高的一端，则可能在 21 世纪都保持升温在 2 ℃之下。Rogelj 等(2011，2012b)应用了 4 种判据来定义情景的可行性(见图 5.14)：(1)短期技术转移，当模式未能发现足够的减缓排放选择减少 2020 年之前的排放时这是必要的；(2)长期技术转移，当模式不能找到长期减缓排放的选择，把 2020 年之后的排放减少到升温目标所需的水平时这是必要的；还有两个判据是(3)强的或(4)很强的经济障碍，即是否减缓成本增加得特别高与快。当 2020 年温室气体减缓排放的水平与要求达到的水平有很大差距时就会出现障碍，强的障碍还不是不可行的，而非常强的障碍则预示着完全不可行。例如，从 2020 年到 2030 年碳价跃升到 1 000 美元/t，就是非常强的经济障碍，而碳价在500～1 000 美元/t，则可以认为是强经济障碍。2011—2012 年原油 100～120 美元/桶，如果在未来 10 a 上升到 135～270 美元/桶即为强的障碍，如果上升得更高则是非常强的障碍。

该模拟研究分两步走：第一个阶段用能源供给战略选择及环境影响模式模拟 2010—2020 年温室气体的排放；第二个阶段模拟 21 世纪余下时间，在限制升温不超过 2 ℃的情况下的最优能源系统。每一个情景均从技术及社会经济的可行性进行分析。然后，用评价温室气体引起的气候变化模式对每一种可行情景模拟 21 世纪超出 2 ℃阈值的风险，形成可行性窗口(图 5.14)。结果表明，如果把全球升温限制在 2 ℃以内，在短期，即到 2020 年温室气体排放必须低于 55 Gt CO_2 当量/a。如果排放高于这个水平，或者从技术上讲或者从经济上讲不可能迅速或长远地减少温室气体排放，则无法达到 2 ℃目标。短期减缓的可行性低限为 41 Gt CO_2 当量/a，所以在图 5.14 中 41～55 Gt CO_2 当量/a 是可行性窗口。这个范围相当于 2010 年排放水平的－20%～＋10%，这个上限比底线(59 Gt CO_2 当量/a)低 7.5%。但是对图 5.14 中的 4 种情景，均要求排放在 2020 年达到峰值，否则可行性窗口将关闭。

如果排除了专门减缓排放技术，可行性窗口就要缩小，不应用新的核能，2020 年窗口就要缩小 5 Gt CO_2 当量/a，使上限下降到 50 Gt CO_2 当量/a。如果只在陆地采取措施，或者没有碳捕获及储藏，窗口就会完全关闭。相反，如果采取全部措施，如先进的运输、先进的非 CO_2 减缓，虽然没有温室气体减排，但达到 2 ℃目标是可能的。然而，任何技术进步和创新都依赖于投资的力度。

如果未来能源需求显著压缩，2020 年排放的底线下降到只有 53 Gt CO_2 当量/a，而中等需求时为 59 Gt CO_2 当量/a。这主要取决于与气候无关的能源效率及减少需求的政策是否在

2020 年已经到位。只有在这种情况下，没有碳捕获及储藏也能达到 2 ℃目标，但是这要求限制 2020 年的排放为 47 Gt CO_2 当量。

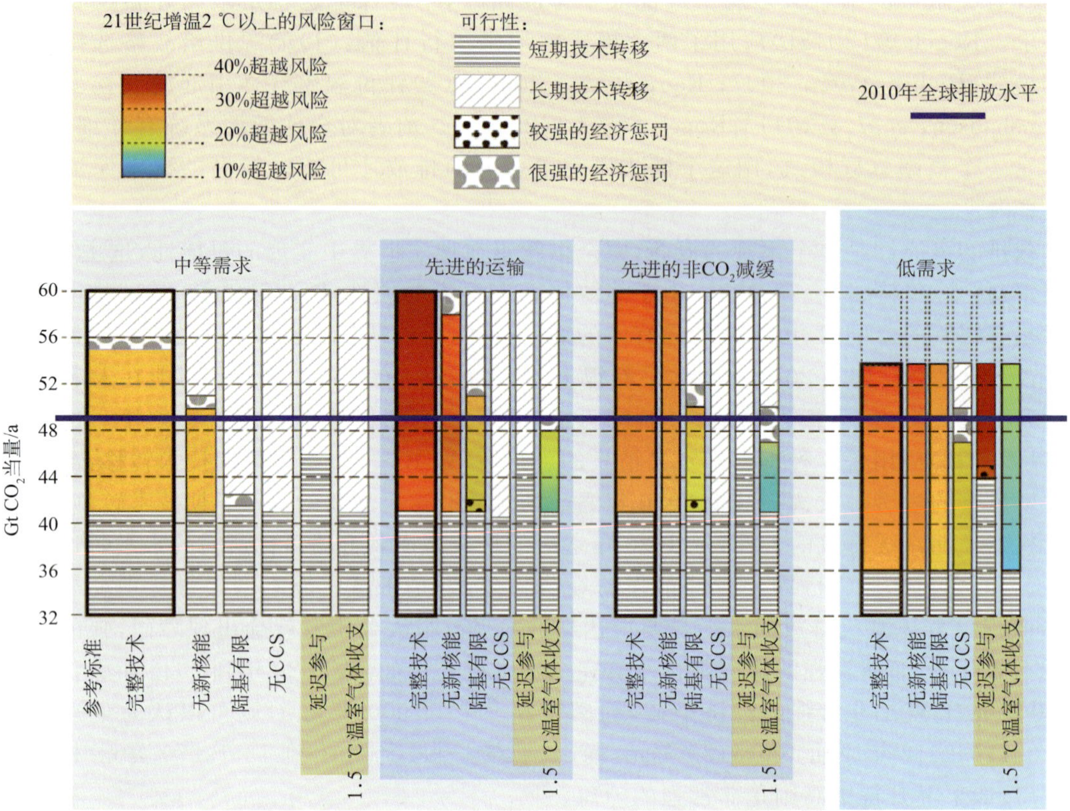

图 5.14 限制升温在 2 ℃之下 2020 年全球温室气体排放可行性窗口

［共 24 个个案，每个可行性窗口均与 2 ℃目标一致，21 世纪超过 2 ℃的风险概率(即 1 减去升温在 2 ℃以下的概率)用不同颜色表示。横线区及斜线区表示由于缺少短期及长期技术减缓行动，使得限制升温在 2 ℃之下不可行；点区表示担心经济可行性；CCS 表示碳捕获及储藏］(Rogelj, *et al.*, 2012b)

还有政治层面上的问题，如果国际上未能采取一致行动，有些国家推迟加入行动，则达到长期限制 2 ℃目标可能是很困难的。顺便指出，如果没有突破性的减缓技术，或者放慢能源需求的增长，达到 1.5 ℃目标是不可能的。例如，在先进的运输及先进的非 CO_2 减缓情况下可行性窗口分别为 41～48 Gt CO_2 当量/a 及 41～47 Gt CO_2 当量/a。所以，如果真正能做到高效及低能源需求，达到 1.5 ℃阈值的窗口依然是打开的。

图 5.15(a)给出中等能源需求下不同温室气体排放方案，橙色区域为限制升温在 2 ℃之下的 66％范围。图 5.15(b)说明：在 2020 年没有气候政策的情况下，再生能源在初级能源供应中只占 10％；在有强大的气候政策时，再生能源迅速增加，例如达到 20％，可以使排放减少到 44 Gt CO_2 当量/a。另外，2020 年之后的减排率也是一个重要的因素［图 5.15(c)］，随着 2020 年排放水平提高，2020 年之后再高的减排，也不能使升温保持在 2 ℃之下。

如果运输向低碳方向发展，显然能源的生产及消费方式都要改变。例如，以燃煤为动力的工厂要放弃，因为煤是现在应用的所有化石燃料中碳强度最高的能源。但是提前关闭燃煤动力，显然会影响 2020 年允许的温室气体排放［图 5.15(d)］。

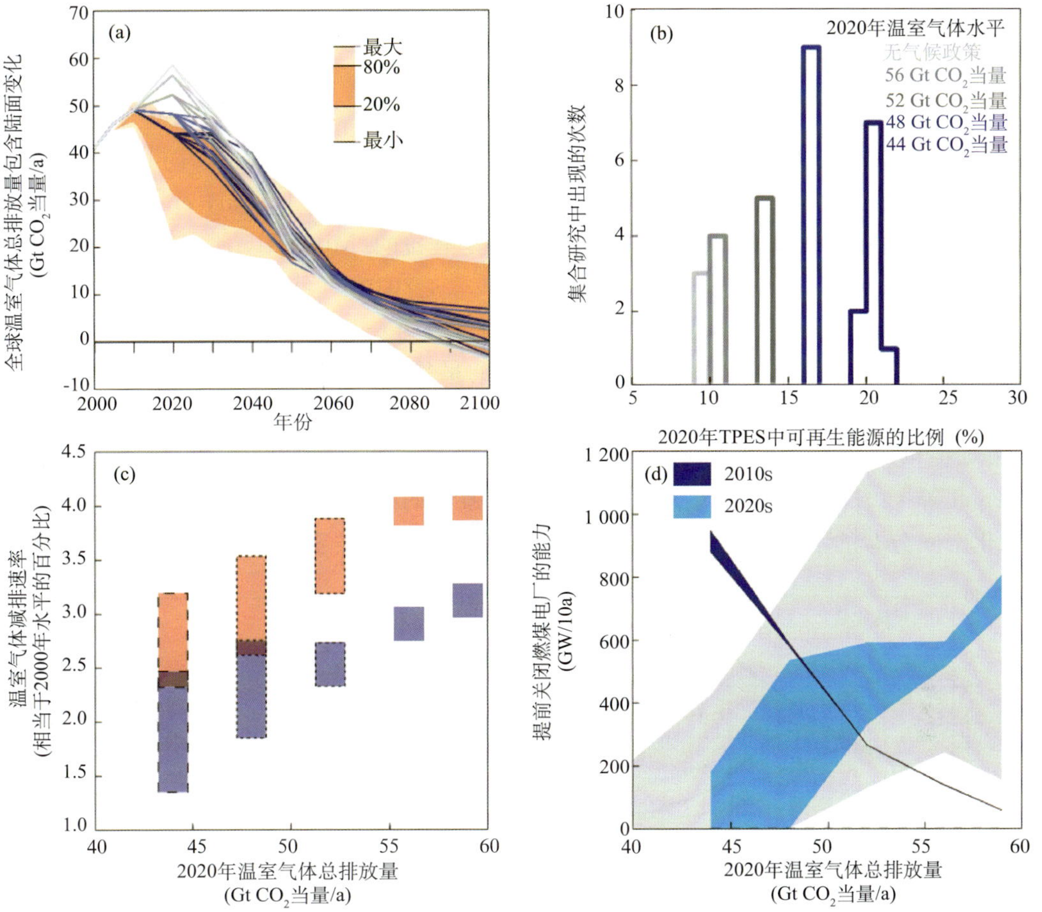

图 5.15 中等能源需求下所有 2 ℃目标可行方案的特征

[(a)全球总温室气体排放限制升温在 2 ℃下的概率>66%(紫色线)与 Rogelj 等(2011)结果(橙色)比较;(b)2020 年全球再生能源共享(%)与全球温室气体总排放;(c)2021—2050 年温室气体排放总量的下降率(最高 10 a 值橙色,平均值紫色,虚线框表示可行性 50%～75%,点线框表示可行性 25%～50%,无框表示可行性<25%);(d)提前关闭燃煤动力(深蓝色表示 2010 年代关闭,浅蓝色表示 2020 年代关闭,灰色表示不可行)(Rogelj, *et al.*, 2012b)]

总之,(1)提高能源系统的效率是关键,限制能源需求对可行性窗口有很大影响,这是在 2020 年之前必须做的;(2)必须立即在全球开展碳捕获及储藏行动,如果这两个目标达不到,保持升温在 2 ℃之内是不可能的;(3)要求采取以陆地为基础的减缓措施,除非有突破性的减缓技术,如先进的运输及非 CO_2 减排;(4)虽然核能也是一个减缓行动,在某种程度上打开了 2020 年可行性窗口,但是看来不可能达到那种力度。

无论如何,考虑到上述所有因子,限制全球温室气体排放在 41～47 Gt CO_2 当量/a,则可以为保持升温在 2 ℃之下留下较宽的活动余地。这同 Rogelj 等(2011)最低成本的估计一致。此外,如果 2015 年把目标提高到 1.5 ℃,2020 年 41～47 Gt CO_2 当量/a 的排放,依然为达到这个目标打开着窗口,主要问题在于在运输及非 CO_2 减缓行动上有什么突破。目前的排放仅略超过 50 Gt CO_2 当量/a (Montzka, *et al.*, 2011),如果 21 世纪头 10 a 中排放达到峰值,则在这个 10 a 的末尾可能达到 41～47 Gt CO_2 当量/a。相反,如果无限制地排放,2020 年可能达到 55 Gt CO_2 当量/a,把升温限制在 2 ℃之下将成为泡影。

5.7 气候政策的影响

《联合国气候变化框架公约》(UNFCCC,2010)附件2指出要采取行动防止气候受到危险的人为干扰。但是,对"危险"这两个字应如何理解是有争议的(Dessai, *et al.*, 2004; Harvey, 2007),不过减缓政策则无疑对防止危险影响是有益的(Mitchell, *et al.*, 2000; Hansen, *et al.*, 2007; Solomon, *et al.*, 2009; Rogelj, *et al.*, 2010)。然而,虽然也有一些工作研究了减缓政策对气候变化的影响,但对于能在多大程度上避免对全球或区域气候变化的危险影响还缺少全面的分析,有的只讨论了一个领域,有的虽然考虑了多个领域,但却只考虑了1～2种政策,例如SRES的最低排放的影响,有的只用了少数模式模拟未来可能发生的气候变化。因此,很难提供一种减缓政策的影响,以及这种影响可能达到的气候变化目标的较全面的信息。Arnell等(2013)评价了一系列减缓政策可能避免的区域及全球气候变化,分析了预估的气候变化空间分布的不确定性,以及相对没有减缓政策时气候变化的幅度。气候减缓政策用

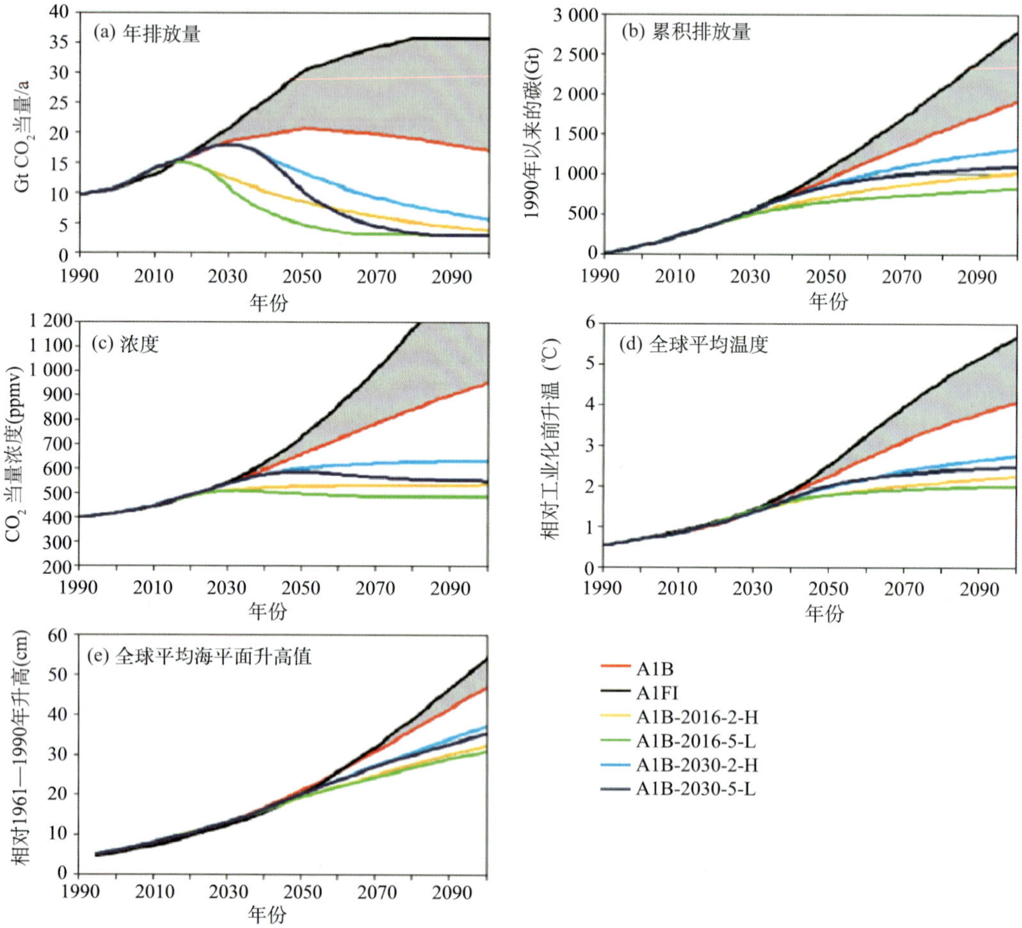

图5.16 不同排放情景21世纪全球年CO_2当量排放(a)、从1990年开始的累积排放量(b)、CO_2当量浓度(c)、全球平均温度(d)及全球平均海平面升高值(e)(有阴影的区域是A1B与A1FI之间的情景)(Arnell, *et al.*, 2013)

温室气体排放情景来表示，包括排放峰值出现的日期、峰值的高度、峰值后排放下降率和最终排放回落的水平。没有减缓的情景，用两个目标 A1B 和 A1FI（图 5.16）。气候变化的空间分布用 7 个模式的预估结果（图 5.17）。

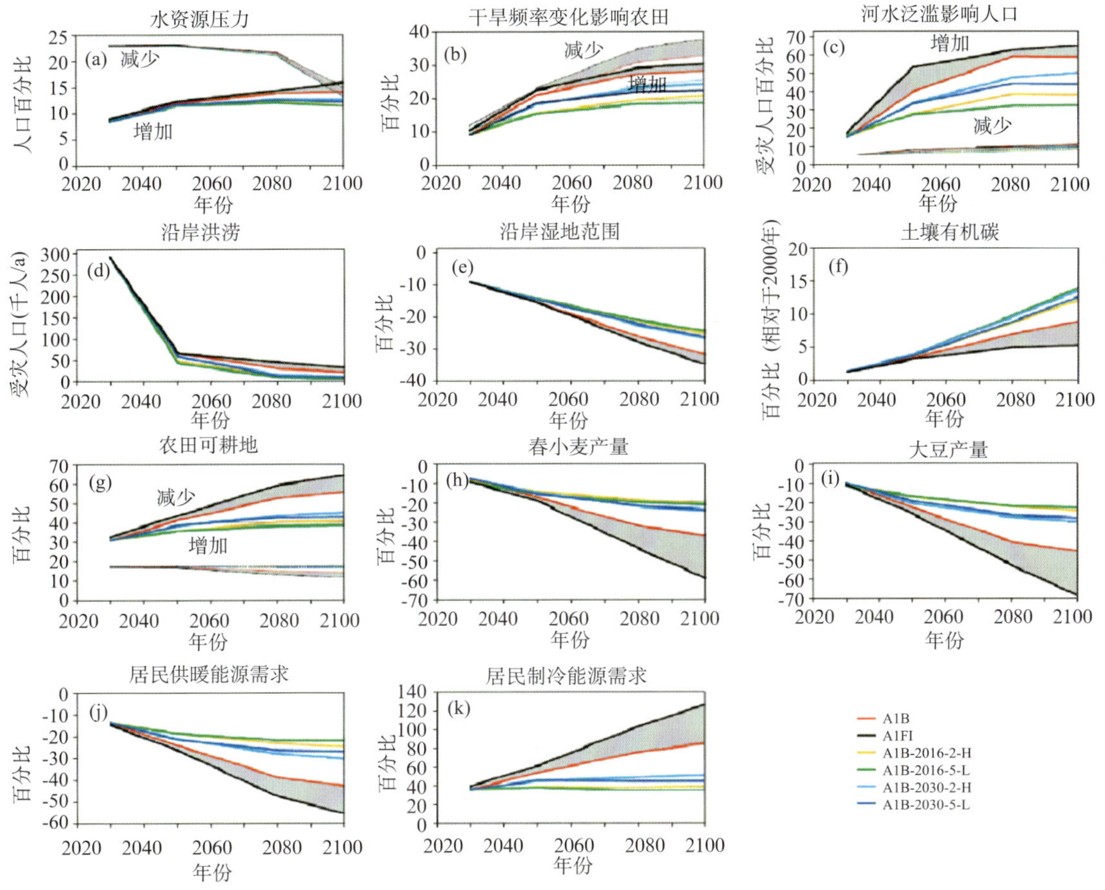

图 5.17　不同排放情景可能导致的生态、环境变化（Arnell，*et al.*，2013）

图 5.16 总结了两种排放情景（SRES A1B 及 A1FI），排放峰值在 2016 年或 2030 年，以后以每年 2%或 5%的速率下降。以 2%的速率下降会逐渐达到一个低排放的平台。到 2050 年，只有 2016 年达到峰值才能相对于 1990 年减排 50%（A1B-2016-5-L）。图 5.16(d)说明，在没有减缓的情况下，到 2100 年 A1B 及 A1FI 相对于工业化前全球平均温度可能分别上升 4 和 5.6 ℃，而在 2016 年达到排放峰值的情况下，则升温只有 2 ℃。如果没有减缓，到 2100 年海平面可能上升 47～55 cm，而如果采取了减缓措施则可能只上升 30 cm[图 5.16(e)]。峰值之后的下降率在 2080 年之前对温度与海平面高度均影响不大。但是温度变化与海平面高度对从什么时候开始减排比较敏感。对于 2050 年，排放在 2016 年达到峰值比在 2030 年达到峰值温度低 0.2 ℃，到 2100 年可以差 0.5 ℃。

对气候变化的影响从 6 个方面来分析：(1)水，主要分析流量有显著变化的区域的比例、受水资源压力影响的人口及受干旱频率变化影响的农田；(2)河流洪水，洪水频率变化影响的人口；(3)沿岸，沿岸湿地的变化及受水位影响的人口数；(4)农田，农田收获量变化、小麦产量变化、大豆产量变化;(5)环境,土壤有机碳变化;(6)基础设施,居民供暖能源需求变化和居民制冷能源需求变化。图5.17中每一种指标的变化都是相对于没有气候变化情况下的差值,并且只考虑直接影响,不考虑各个领域之间的相互影响。

气候变化对大部分指数影响都是随时间增加的,只有个别影响是减少的(例如沿岸洪涝,这是因为防护措施增加)。受水资源压力人口减少,是因为估计到2050年之后,生活在供水有压力地区的人口减少,这些人口下降往往大于区域总人口的下降。对于农田产量,开始时温度上升伴随着降水增加,所以产量上升,温度再上升则产量会下降,这个界限可能是相对于1961—1990年升温1～3 ℃。

减缓政策可能在一些领域减少气候变化的负面影响,但是也可能减少另一些地区的直接有益影响,气候政策通过减少洪涝和干旱影响,以及供暖对能源的需求而直接得益,提高农产量及有机碳储存也增加收益。在A1B情景下土壤有机碳储存增加,但通过减缓政策增加得更多,因为在减缓行动中高温对土壤碳储存的负影响减少的碳比净初级生产力增加的碳多。更为强烈的减缓增加土壤中的碳储存量,这意味着植物从大气中吸取更多的碳储存在土壤中,这个正反馈可以进一步降低大气中的CO_2。

当然,气候变化的影响是随地区而变化的,但是供暖与制冷的能源需求则地区间差异较小。在分析气候变化的影响时必须注意:(1)形成情景的分布型并不一定适合于减排以及减缓升温率,这就是说不同排放情景的差别仅仅是排放的差别;(2)虽然用了7个模式构建每一种排放情景的气候特征,但是对不同领域的分析只用了一种气候影响模式,这就低估了影响的不确定性,以及不同政策可能避免的气候变化影响的绝对值的不确定性;(3)各种影响指数只是反映面临的影响,而不是实际的影响,而且不包括实际的或潜在的未来对气候变化的适应;(4)这里估计可以避免的影响的大小不仅受假定"无政策"排放目标的影响,也受假定的今后社会、经济特征影响。

总之,无论是否排放能在2016年达到峰值,气候政策能够避免的气候变化在2030年之前是微不足道的,到2050年依然不很清楚,只有到2100年才十分明显。然而,如果排放政策推迟一二十年,对2050年则会产生影响,在不同领域可能避免的影响差别很大。如果排放能在2016年达到峰值,并且随后以每年5%的速率减排,就可以减少58%～66%对沿岸洪涝危险的影响,但是对产量危害的影响只能减少30%～40%。2016年或2030年达到排放峰值对气候变化的影响是有明显差别的,但是随后的减排速率则对气候变化的影响差别不大。有些气候变化影响有潜在的益处,例如洪水减少或水资源压力下降。减少排放的目标不仅减少危害气候变化的影响,也减少气候变化的某些正面影响。在全球尺度上避免有危害的影响是肯定的,但是不同模式给出的绝对值差别是很大的。这就是说,一种政策可能避免的气候变化影响的绝对值有很高的不确定性。最后,一种气候政策能够避免的影响在不同地理区域之间的差别是很大的,这不仅依赖于一个区域的气候变化类型,也依赖于这个地区这个领域对CO_2浓度变化的敏感度。

5.8 碳捕获及储藏(CCS)

人类为了获得能量而排放的CO_2达到了前所未有的程度。新建的以化石燃料为能源的工厂在增加,新的化石能源在开发,未来的CO_2排放是不可避免的。尽快应用碳捕获及储藏技术,从大气中清除已经排放的和今后要排放的CO_2,成为对人类的挑战。

国际能源组织(IEA)"蓝图"情景估计,到2050年,碳捕获及储藏可减少19%的CO_2(Scott, *et al.*, 2012),为此要在21世纪20年代在世界范围展开几百项行动,在21世纪30年代开展几千项行动,或者更多的行动,才能保证到2050年每年捕获、转移、储藏8 Gt CO_2,这大约是当前年消费石油量的两倍。国际能源组织2011年估计现存的能源设施的温室气体排放,可能占2035年CO_2浓度不超过450 ppmv时排放量的4/5(图5.18)。如果没有进一步的行动,其余1/5将在2017年达到。因此,把排放最高浓度限制在450 ppmv,确实是一个挑战。从技术上讲,这是可行的吗?如果是,又如何实现?显然,碳捕获及储藏是关键,Scott等(2012)对这个问题做了详细的分析。

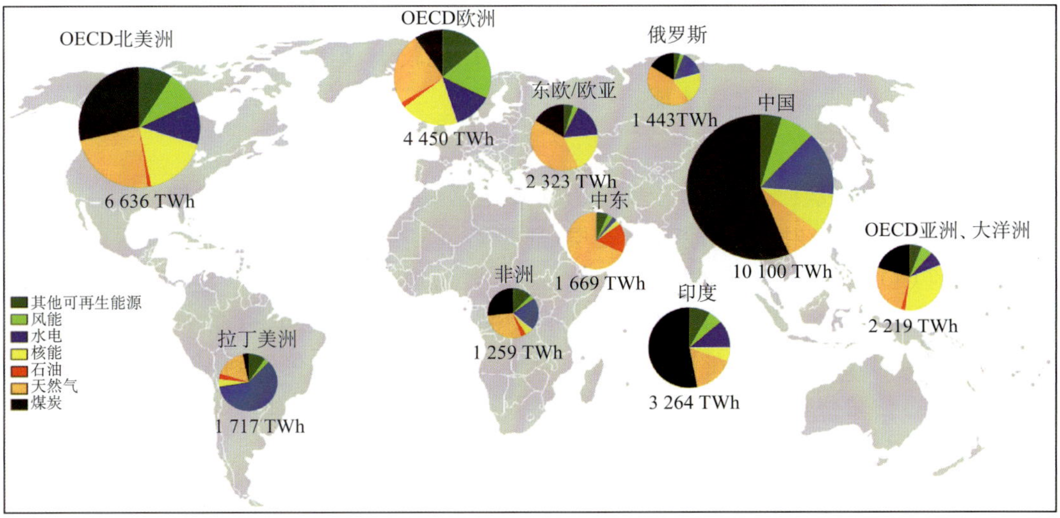

图5.18　2035年全球发电能源(OECD为经济合作与发展组织的缩写)(Scott, *et al.*, 2012)

从现有的技术来看,碳捕获及储藏技术是不完善的,但是却是可行的。现代的捕获技术可以捕捉到发电与工业排放废气中85%～95%的CO_2。但是捕获、运输及储藏过程本身也需要能源。并且没有别的代替方法可减缓发电、炼钢、制水泥和生产肥料排放出来的大量CO_2。

捕获 CO_2

从发电厂及其他大的源地进行工业尺度的碳捕获是一个复杂的技术挑战,但是现在已经有了这样的技术。1/10尺度的先行试验以及商业资源综合发展证明捕获技术是成功的,主要工业技术卖方确认有能力对发电厂进行商业尺度的捕获,提供低碳发电,成本与再生能源和核动力相当。捕获CO_2有3种方式:(1)燃烧后;(2)燃烧前,例如汽化固体化石;(3)氧化燃料,改变燃烧结构,产生一种高浓度CO_2废气。要优先对燃煤发电厂实行碳捕获及储藏。但是,天然气如页岩气的开采正在增加,因此,从天然气中捕获CO_2也很重要。尽管如果能把煤转换为煤气可以迅速大量地减排,但是煤气本身也排放大量的CO_2,所以长期的能源非碳化要求同时从煤及煤气中捕获碳。不过从煤气中捕获,无论从经济还是从技术上看都比从煤中捕获要优越,特别从低碳发电成本看更是这样(Rubbin, *et al.*, 2012)。在用煤气的发电厂燃烧后捕获最方便,其捕获成本只有用煤发电的一半。用氧燃烧煤气的技术正在研制中。在燃烧前从天然气中捕获碳的技术也是可行的,但意义不大。

CO_2运输

在岸上CO_2管道技术已经很成熟了，仅美国南部就有几千英里①的管道提供给增强石油复采行动。在海岸外也有少量管道。许多问题还要进一步研究，如Joule-Thompson冷却造成的管道问题、泄漏事件中CO_2的弥散等。液化天然气的船运也是可行的。小量CO_2可以用相对较低的成本用船运输，这对于在海岸外储藏是有意义的。但是对长期来讲这距离船运还是有成本-效益问题的。

碳捕获及储藏运输的主要问题是计划与协调。CO_2的源地与储藏地一般相距甚远，因此碳捕获及储藏需要大量的运输设施，例如把西欧的CO_2储藏到北海就要相当大的成本。建立大的CO_2运输网是必要的，但是这也是一个典型的鸡和蛋的问题。用现存的运输设施连接CO_2的源区与汇区，例如，用超大型管道，自然较便宜、也较快，但是，投资在这些设施的回报则只有大力开展碳捕获及储藏之后才能获得。

长期储藏CO_2

碳捕获及储藏的成功最终依赖于安全有保障地储藏CO_2。地质储藏是把CO_2注入地下深层。20世纪70年代曾经把CO_2注入次表层，通过石油复采增加石油产量。虽然现在每年注入几百万吨的CO_2，要是想影响CO_2浓度则注入量要增加一个数量级。主要问题是地下没有任何空余的空间。把CO_2注入抽空了碳氢化合物的地区或盐湖结构，可能使压力上升，导致原有的流体流向别处或者压缩。在一个抽空了的油、气田，压力可以恢复到原始压力而不影响覆盖在上面的岩石的完整性。但是，如果一个抽空了的油、气田已经注入过水以增加油的复采率，则水已进入原来油的空间，因此可维持较高压力，限制注入CO_2的能力。盐湖结构，也叫盐水层，有储藏大量CO_2的潜力。早期认为可以把CO_2储藏几百年，但是现在人们认为这个估计过高，因为没有考虑注入CO_2使流体的压力增大。为了储藏的安全，需要流体的压力不能过高。

实施碳捕获及储藏

现在有4个大范围碳捕获及储藏计划在实施，3个储藏天然气的CO_2，1个储藏气化煤的CO_2。所有计划都要求在压缩、运输、注入及监测(渗漏)中采用新技术。可以根据对CO_2排放减少程度把碳捕获及储藏计划分为3类：第一类碳正，现有7个计划，5个在建设中，2个在设计中；第二类，近于碳中性，有26个计划在设计中；第三类，碳负(表5.4)。现在所有碳捕获及储藏都是第一类，计划中的碳捕获及储藏都是第二类，目前对第三类还有怀疑。但是，不是说第一类没有意义，与不进行任何限制比较还是不同的，至少制造了一种机会确定运输、储藏CO_2的较为便宜的基础设施。在以化石燃料为动力的发电厂及工业中建立碳捕获及储藏(第二类)，首先要被公众接受。这里有3个关键问题：(1)从商业角度来看碳捕获及储藏技术的总成本；(2)储藏地点的探寻；(3)政府、工业及公众对碳捕获及储藏的认知水平。

图5.19给出国际能源组织2009年"蓝图"设想的碳捕获及储藏实施计划，如果这个计划得以实施则有可能使大气中CO_2浓度稳定在450 ppmv，但是实际情况大为落后于这个设想(见图中前方曲线)，这表明到2020年最好也只有大约一半项目能够上马，而此后碳捕获及储藏的实施还有很大的不确定性(图中紫色)。但是，作为2006年已是最大的排放国家，中国已经在进行碳捕获及储藏活动(图5.20)，而且燃烧后的CO_2捕获相当便宜，约为30～35美元/t，

① 1英里=1.609 km，下同。

同时许多大范围设施正在建设中。

表 5.4 碳捕获及储藏计划分类(Scott, *et al.*, 2012)

类别	内容
第一类,碳正	还有大量的燃料中的碳作为 CO_2 释放到大气中,因为燃烧天然气、石油提炼制品、液化煤时释放了大量的碳,储藏 CO_2 的过程加强了石油复采,增加石油产品,也可能增加碳
第二类,近于碳中性	大量燃料中的碳转化为 CO_2,被捕获并储藏,产生不包括未燃烧的碳的商业产品,如电、氢、热
第三类,碳负	大气中积累的 CO_2 净减少,或者直接从大气中排除,或者应用碳捕获及储藏燃烧生物量发电,这与从燃烧煤和石油中捕获 CO_2 的技术类似,燃烧生物量时从大气中固定的 CO_2 虽有增长,但不会再释放出来,生物量要不断增长代替已经燃烧的部分

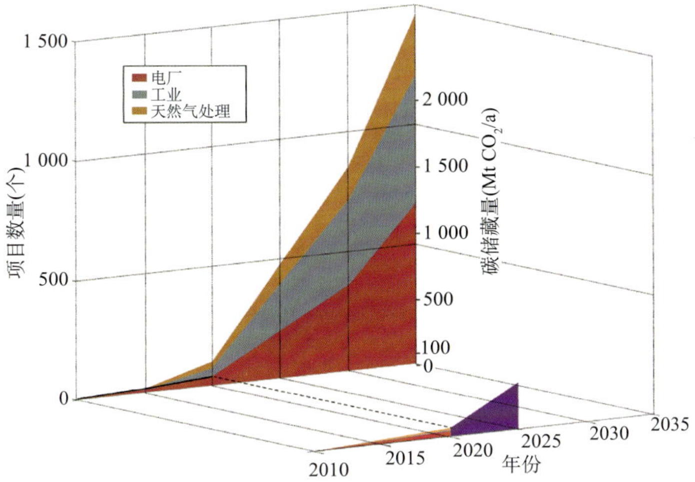

图 5.19 实施碳捕获及储藏的前景(Scott, *et al.*, 2012)

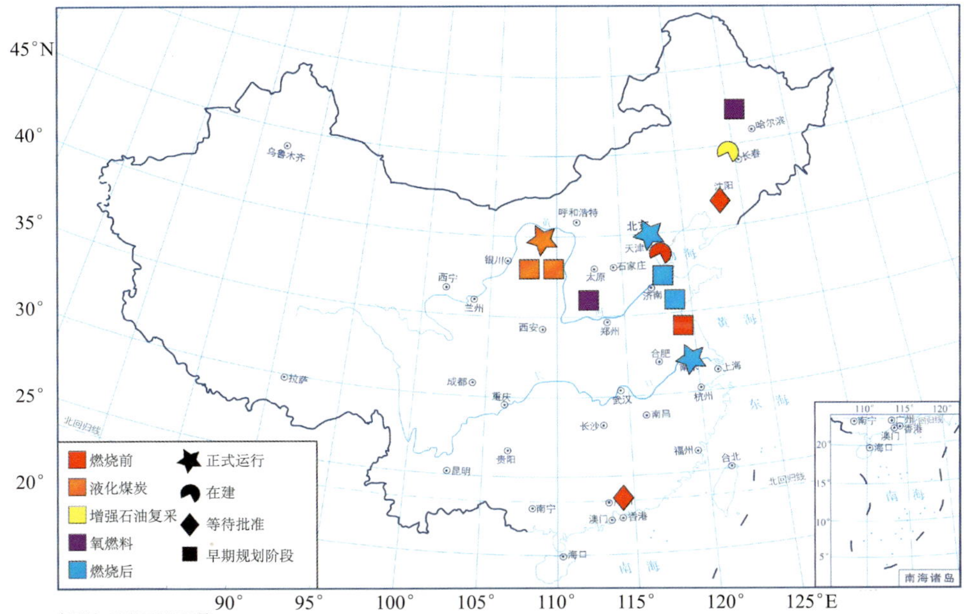

审图号:GS(2008)1032号

图 5.20 中国的碳捕获及储藏(根据 Scott, *et al.*, 2012 改绘)

当然，低碳的未来是一个正确的目标，这依赖于低能源需求、再生能源技术和能源效率。但是，现在看来碳捕获及储藏行动的速度与日益增长的能源需求是不协调的。研究表明，碳捕获及储藏能够提供一个高效的迅速实施的技术，并且在防止危险的气候变化中起重要作用。当然，在科学上无疑还存在一些挑战，把研究日程与现实世界中的重点协调一致是很关键的。为了展示碳捕获及储藏在减少 CO_2 排放中的潜力，需要世界范围所有碳捕获及储藏项目都尽快行动起来。但是，这个决策权还握在各国政府的手中，希望不要在实施的时候发现已经为时过迟了。

第 6 章　地球系统的临界点

如果地球系统的一部分发生了根本性的变化，现在经常认为这是超过了临界点。例如：北极冰完全消融，会影响环境、社会和经济，甚至造成灾祸。全球变暖可能就是罪魁祸首（Russill, *et al.*, 2009; Lemoine, 2012）。虽然这种变化可能只限于某个地区，但是其尺度往往可以达到 1 000 km 以上的次大陆尺度，影响则是半球或全球性的（de Sherbinin, *et al.*, 2011）。对于这种有可能发生根本性变化的子系统或系统成员，Lenton 等（2008）称之为临界成员。在一定条件下，当一个临界成员有标志性的要素变化达到某个临界值时，临界成员可能转变为另一种全新的状态，这个临界值称为临界点（Lenton, 2011）。例如：大西洋经向翻转环流是一个临界成员，淡水脉冲达到 0.1～0.5 Sv 时，大西洋经向翻转环流可能崩溃，0.1～0.5 Sv 即为临界点。过去，有时采用气候突变这个词。Lenton 等（2008）认为应该用更广泛的名称，因为：(1)需要包括非气候成员；(2)转变可能较慢；(3)转变不一定突然；(4)转变可能是可逆的，也可能是不可逆的。要防止达到临界点，首先就要分析临界成员的现状，研究达到临界点的可能性。对此，古气候有重要的意义，因为过去的变化范围远比现代要大得多。所以，古气候是认识临界点的重要教材。2009 年 12 月 *PNAS* 出版了临界成员专号（Schellnhuber, 2009），共发表了 10 篇论文，对 12 个临界成员做了理论性的分析。*PAGES news* 于 2012 年 2 月发表了"全球变化综合前景"专号（Bondre, *et al.*, 2012），其中直接讨论了 7 个临界成员。本章 6.1 节先做一个扼要的介绍，各成员的详细情况见随后的以下各节。但是，并不是对每一个成员都讲到临界点，这是因为对有的成员来讲达到临界点的时间可能还很遥远。不过，这些成员在未来也有可能达到临界点，因此，可以视为潜在的临界成员。在这种情况下，着重讨论影响成员变化的物理机制。

6.1　临界成员

Lenton 等（2008）曾指出地球气候系统有 14 个临界成员，近来又增补为 17 个成员（Lenton, 2012）。作为临界成员要满足 4 个条件：(1)有一个控制参数；(2)这个参数与人类活动有关；(3)参数达到临界点时成员状态发生本质的变化；(4)这个变化对人类有重要影响。这 17 个临界成员是：北极夏季海冰、格陵兰冰盖、同生（Yedoma）冻土、海洋甲烷水合物、喜马拉雅冰川、西南极冰盖、大西洋经向翻转环流、北美西南部干旱、印度夏季风、西非季风、ENSO变化、北半球(北美)森林枯萎、冷水珊瑚礁、北半球(欧亚大陆)森林枯萎、亚马孙雨林枯萎、热带珊瑚礁、南大洋海洋生物碳泵。其中,前6个与地球的冰冻圈有关,中间5个属于大气与海洋环流,后6个与生物圈有关(图6.1)。这些都是地球系统中最脆弱的环节,在人类活动造成的全球变暖的影响下,最容易达到临界点。

图6.1给出17个临界成员的地理位置分布示意图,并用蓝色、红色和绿色分别表示冰冻圈的融化、海洋及大气环流变化和生物群落的消失。表6.1给出部分成员的基本状况,包括成员的主要变量、影响参数、临界值(也就是临界点)、时间尺度和主要影响。例如:格陵兰冰盖,主要变量为冰量,影响参数为温度,临界点为3 ℃,时间尺度>300 a的时间消融,使全球海平面高度上升2~7 m。有些临界成员的变化方向尚不十分明确。例如:冰盖消融,海平面高度上升,这是很明确的,问题只是是否以及何时达到使冰盖消融的温度。但是,如ENSO则还不明确,在全球气候变暖情况下是ENSO振幅增加,还是厄尔尼诺或拉尼娜的频率改变,至今没有肯定的结论。另外,不同成员可能达到临界点的时间尺度也差异很大,例如:季风可能在1~10 a内发生变化,但是这种变化不一定是不可逆的。而如:格陵兰冰盖的变化至少在几百年之后,但是这种变化却可能是不可逆的,即一旦消失,也许很难恢复。还有一些成员如海洋甲烷水合物及海洋缺氧,其影响的时间尺度在千年以上,因此,是一种真正意义上的潜在临界成员。下面对部分成员做一个扼要说明。

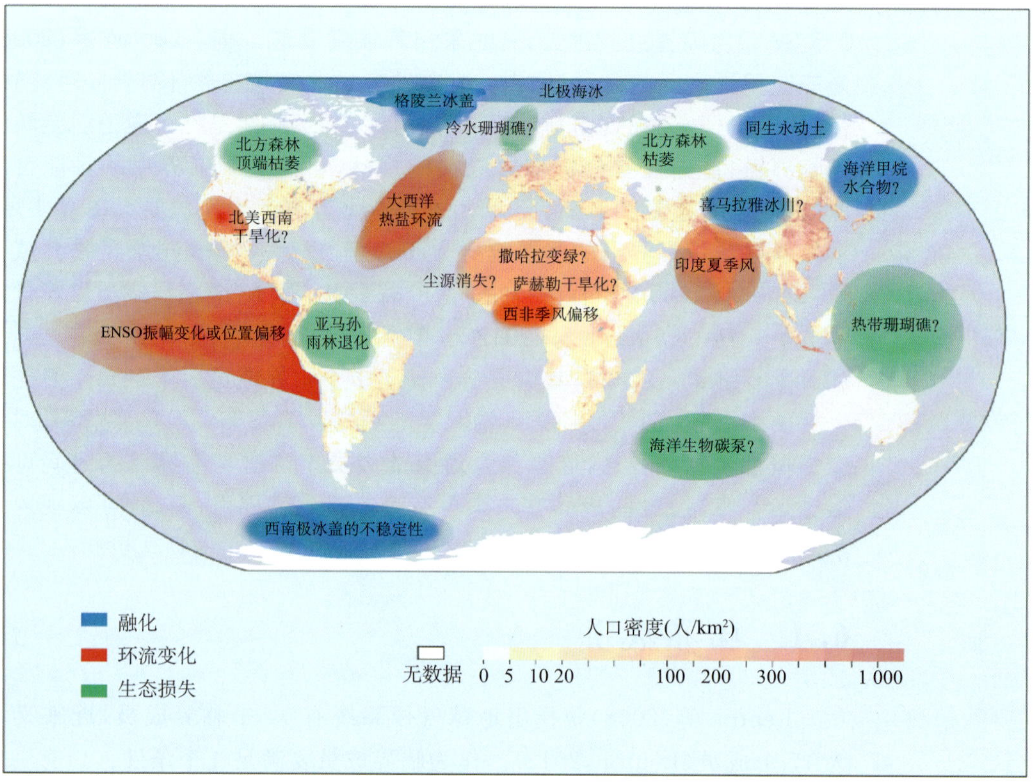

图6.1 潜在地球系统临界成员(Lenton, 2012)

表 6.1　地球系统的潜在临界成员(Lenton, 2008)

序号	临界成员	主要变量	影响参数	临界值	时间尺度(a)	主要影响
1	北极夏季海冰	面积	温度	?	10	北极放大器
2	格陵兰冰盖	冰量	温度	3 ℃	>300	海平面上升 2～7 m
3	西南极冰盖	冰量	温度	5～8 ℃	>300	海平面上升 5 m
4	大西洋经向翻转环流	淡水	淡水脉冲	0.1～0.5 Sv	～100	气候变冷
5	ENSO	振幅	斜温层深度	?	～100	东南亚干旱
6	印度夏季风	降水	行星反照率	0.5	～1	干旱
7	西非季风	植被	降水	100 mm/a	～10	增加承载力
8	亚马孙雨林	树木	降水	1 100 mm/a	～50	降水减少
9	北半球森林	树木	温度	+7 ℃	～50	生物群落
10	南极底水	水量	降水-蒸发	+100 mm/a	～100	海洋环流
11	苔原	植被	温度	—	～100	生物群落
12	永冻土	面积	温度	—	<100	释放温室气体
13	海洋甲烷水合物	水合物量	温度	?	10^3～10^5	放大变暖
14	海洋缺氧	缺氧量	注入磷	+20%	～10^4	海洋生物灭绝
15	北极臭氧	浓度	平流层云	?	<1	增加地面紫外线

北极海冰

全球气候变暖，海冰融化，水面吸收更多的太阳辐射，形成正反馈使变暖加剧。北极海冰是地球系统中最脆弱的子系统，因此是一个公认的临界成员。根据 1979 年有卫星观测记录以来的资料，9 月北极海冰已经减少了 40%(Blunden, *et al.*, 2011)。因此，有人认为 20 世纪 80 年代末到 90 年代初北极海冰变化已经达到了临界点(Lindsay, *et al.*, 2005)。但是也有不同的意见，Holland 等(2006)指出，21 世纪可能发生 9 月夏季冰盖面积突然减少的事件。但是，目前尚无法准确地确定临界点。Winton(2006)不同意已经过了临界点的看法。Notz(2009)则认为，如果把冰盖消融后不再恢复作为临界点，则可能并不存在这样的临界点，因为一旦气候变冷，海冰能很快恢复。

以上讨论的是北极海冰，南极海冰的情况则完全不同。因为那里海冰形成于冬季，只有不超过 15%的海冰能存留到夏季，这是由于南半球大洋的海水涡旋输送了大量的热量给海面以下的海冰，使之消融。南极海冰没有明显的减少趋势，近 30 a 甚至略有增加。因此，南极海冰主要是冬季海冰变化是否存在临界点，是一个需要研究的问题。

格陵兰冰盖

格陵兰和南极冰盖如果全部消融，全球海平面将上升 70 m。IPCC TAR(IPCC, 2001)估计 1990—2100 年格陵兰冰盖可能对海平面上升的贡献在 −20～90 mm。最大的不确定性就是缺少有较完整覆盖面的高精度冰盖观测。最新的重力恢复与气候实验(GRACE)计划提供的 2002 年 4 月至 2006 年 4 月的观测表明，格陵兰冰量的损失速度约为(0.5±0.1)mm/a，即使不再加速，100 a 内海平面亦可上升(50±10)mm，接近 IPCC 估计值的上限(Velicogna, *et al.*, 2006)。因此，格陵兰冰盖的消融确实是一个不容忽视的问题。

根据 IPCC TAR(IPCC,2001)的估计,如果负冰量(冰量减少)的临界温度为 3 ℃(高于工业化前),则达到这个阈值之后 1 000 a,格陵兰冰盖可能崩溃。不过也有人认为只要 300 a 就可能崩溃(Hansen,2005)。

西南极冰盖

西南极冰盖的变化特别引人注意,一方面因为冰盖有相当一部分是在海平面以下,受到变暖的海水入侵时容易使冰盖与基岩分离,表面融化可能也有影响,因此有较大的脆弱性;另一方面这一部分冰盖如果消融,可能造成海平面上升 6 m,这是一个很大的量。

最新的卫星观测表明,2002—2005 年南极冰盖的消融相当于使全球海平面每年上升(0.4±0.2)mm(Velicogna,*et al.*, 2006),与格陵兰冰盖的影响处于同一个数量级。Notz(2009)指出,北极海冰的消融没有临界点,而大陆冰盖的变化则有临界点。假如变暖达到 5 ℃,则可能超过夏季融冰的临界点,冰架消融,再加上表面融化,可导致冰盖崩溃。

大西洋经向翻转环流

世界大洋的热盐环流在北大西洋有深远的气候影响。在大西洋上层有 18 Sv 高温高盐的洋流向北流到北大西洋北部,海水由于失去热量而下沉,形成著名的北大西洋深水(NADW)。在 2～3 km 的深层大约同样量级的海水向南流向南大西洋,在环南极洋流区通过涌升与混合上升到上层。这个海洋环流经常称为大西洋经向翻转环流。它是保持欧洲特别是北欧气候温暖的关键。一旦北大西洋深水关闭,大西洋经向翻转环流减弱、南移,将造成巨大的气候影响。

不同复杂程度模式的模拟研究(Vellinga,*et al.*, 2002)证明,足够强的北大西洋淡水强迫可能使北大西洋深水关闭,但是这个过程是可逆的。而另一些试验则认为是不可逆的(Mikolajewicz, *et al.*, 2007)。不过,临界点究竟在何处,即多大的淡水脉冲能使北大西洋深水关闭,对此尚有争议,有人认为是 0.1～0.5 Sv(Rahmstorf, *et al.*, 2005)。

ENSO 变化

厄尔尼诺-南方涛动(ENSO)是地球系统的最重要的模态之一,其变率至少受 3 个因子控制:纬向平均斜温层深度、赤道东太平洋斜温层强度及其年变率的强度,即沿赤道经度方向温度梯度。气候变暖,海洋吸收热量增加,会使赤道东太平洋斜温层变深。气候变暖对 ENSO 的影响,可以从两个方面来看,即对平均场的影响和对 ENSO 变率的影响。根据 IPCC AR4(IPCC,2007)及耦合模式比较计划(CMIP)(Meehl, *et al.*, 2005),赤道东太平洋的变暖高于西太平洋,这可能是由于冷水区云反照率反馈更强的缘故。东部混合层浅是东部变暖较强的另一个原因。但是,也有一些模式模拟的情形类似于拉尼娜(Cane, *et al.*, 1997)。因此,可以说,到目前为止几乎得不到任何在气候变暖情况下 ENSO 变率可能发生变化的确定信息。故不能判断 21 世纪在气候变暖情况下达到临界点的可能性。

不过,回顾过去的历史,ENSO 可能是在全新世中期(公元前 5 ka)才活跃起来,小冰期可能厄尔尼诺活跃,而中世纪暖期则拉尼娜活跃。但是,对其形成原因还认识得很不够。因此,确实还很难对 21 世纪 ENSO 的变化以及是否可能出现临界点做出比较肯定的判断。

全球季风

季风气候的特征是冬、夏风向相反,夏湿、冬干。卫星降水资料序列的建立推动了全球季风概念的发展。根据 Wang 等(2008)的研究,用 5—9 月的降水量减去 11 月—3 月的降水量,再对年平均值标准化,得到季风降水指数(MPI)。根据季风降水指数可以将全球划分出 6 个季风区。1979—2008年全球的卫星观测记录表明，过去30 a全球季风降水有增加的趋势，北半球尤为明显(Wang, *et al.*, 2011)。全球季风降水的增加，主要同太平洋东、西热力对比的加强有关。而半球间热力对比的加强则可能是人类活动的影响，这有利于北半球夏季风增强，不仅如此，这还造成“湿的更湿”、“干的更干”的结果，使副热带沙漠及信风区降水量变得更少(Wang,2012)。

亚马孙雨林

亚马孙盆地大量的水是循环的，所以模拟砍伐亚马孙雨林，使降水减少20%～30%(Zeng, *et al.*, 1996)，干季变长，夏季温度上升(Kleidon,*et al.*, 2000)，因此一旦雨林枯萎就很难恢复，这表明系统可能有两个平衡态。Cox等(2000,2004)研究表明，全球变暖3～4 ℃亚马孙雨林就可能枯萎，因为持续的厄尔尼诺状态可能使亚马孙平原干旱。但是，也有模式预估降水量变化较小，亚马孙雨林不可能发生枯萎(Li, *et al.*, 2006; Schaphoff, *et al.*, 2006)。Malhi等(2009)认为，21世纪亚马孙东部水荒严重，有可能气候更适宜季节性森林而不是热带草原，因此有可能超过临界点，大量雨林无以为继。

6.2 北极海冰

由于大气中温室气体持续增加造成地表温度上升，北极海冰将很快会出现夏季无冰的情景。过去30多年有了卫星遥感观测的高精度记录，在夏季末的9月海冰的减少达到13%/10a。2007—2011年5 a就是卫星观测的5个9月海冰面积最小的年，与20世纪80年代相比海冰面积减少了35%。

虽然现在尚未达到无冰状态，但是在北极已经开始出现“无冰”的影响了，这包括一些动物失去栖息地，某些种类海洋动物向北迁徙，以及由于海浪增加和永冻土沿岸的热力侵蚀波弗特沿岸等地海岸侵蚀增加(Overeem, *et al.*, 2011)。如卫星对光合作用的测量表明，观测到的北极沿岸苔原变绿，至少部分是对失去海岸冰的冷却作用的响应。

北极放大器

用第一代全球气候模式所做的模拟，在预估气候系统对CO_2增加的响应时，北极地区与全球相比有异乎寻常的变暖(Manabe,*et al.*,1980)，这种现象被称为“北极放大器”。形成“北极放大器”的原因很多，夏季海冰的消融是一个主要原因。一旦夏季海冰后退，就有了更大范围的开阔水域，吸收更多的太阳辐射，给海洋混合层注入更多的热量。秋季热量向上释放，加热海洋之上的大气。过去10 a“北极放大器”已经发挥了巨大的作用，造成异常低的夏季海冰条件(图6.2)。

“北极放大器”得到了越来越广泛的承认，虽然大气静力稳定度的改变、水汽含量、水平温度梯度都能够影响北极及其邻近地区天气型的特点。观测证据表明，高纬度大气环流已经对海冰消失做出了反应。一系列的研究指出，未来几十年这些影响将更大(Serreze, *et al.*, 2011)。至少有一个模式研究发现，海冰消失的变暖效应可以向内陆伸展很远，使苔原土壤变暖，加速永冻土的消融，使其把储藏的碳释放到大气中(Lawrence, *et al.*,2008)。

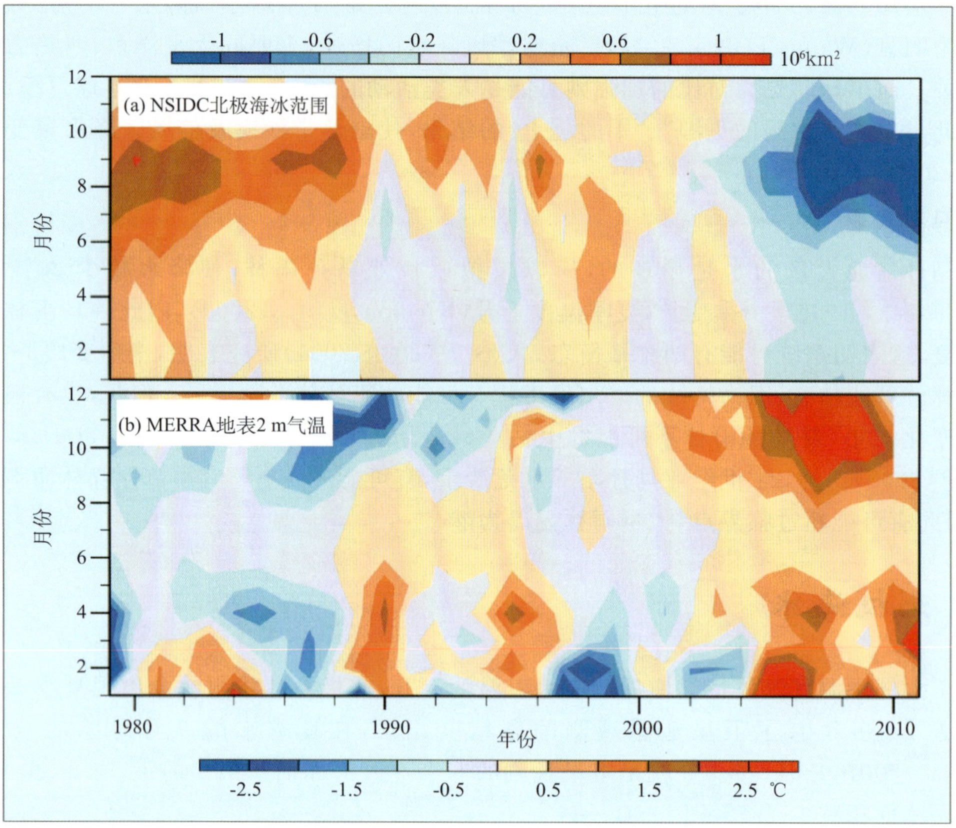

图 6.2 1979—2010 年根据卫星被动微波记录得到的北极海冰范围(a)及北极海洋观测的 2 m 气温(b)(Serreze, *et al.*, 2012)

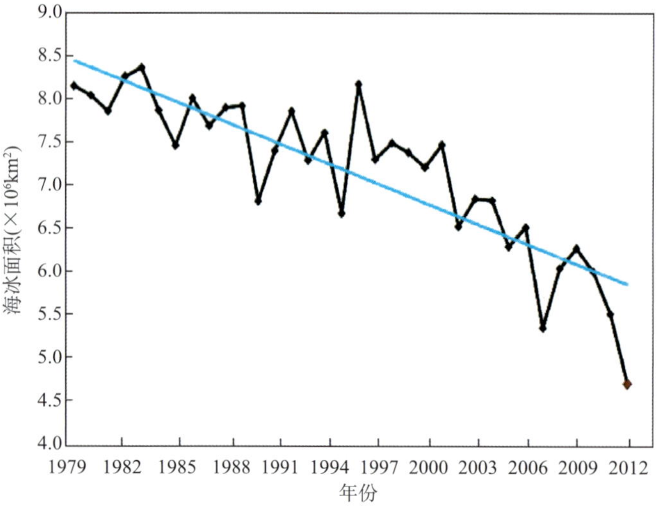

图 6.3 1979—2012 年 8 月北极海冰面积(Kerr, 2012)

总之,看来有很多理由要求我们关注夏季极区海冰覆盖的缩减。近 40 a 海冰面积加速减少,夏季海冰范围降到了历史的最低点(图 6.3),因此,人们更加关注更长时期海冰的变化。所以,就需要更加清楚地了解可以利用的北冰洋古记录的性质及局限性。从海底沉积可以直接得到海冰长期变化的记录并不奇怪,古海洋研究有了日新月异的发展(Polyak, *et al.*, 2011)。然而,由于北冰洋的沉积率很低,以及缺少冰消期(近 15 ka)以前大陆架的记录,限制了用这份记录评估未来的变化(Polyak, *et al.*, 2010)。不过邻近北冰洋大陆冰芯也可以提供古气候信息,但缺少连续记录(Macias-Fauria, *et al.*, 2009; Funder, *et al.*, 2011; Kinnard, *et al.*, 2011)。

由于这个局限性，因此很难从古代记录判断未来海冰的发展及后退速度，不过终究还是可以得到大量的不同气候条件下北极海冰的信息，其时间范围远远超过近几百年(图 6.4)。例如，古代资料可以告诉我们北冰洋季节性无冰的影响及其在全球气候中的作用，对预估最近的将来北冰洋环境变化，这是十分重要的(Serreze, *et al.*, 2011)。

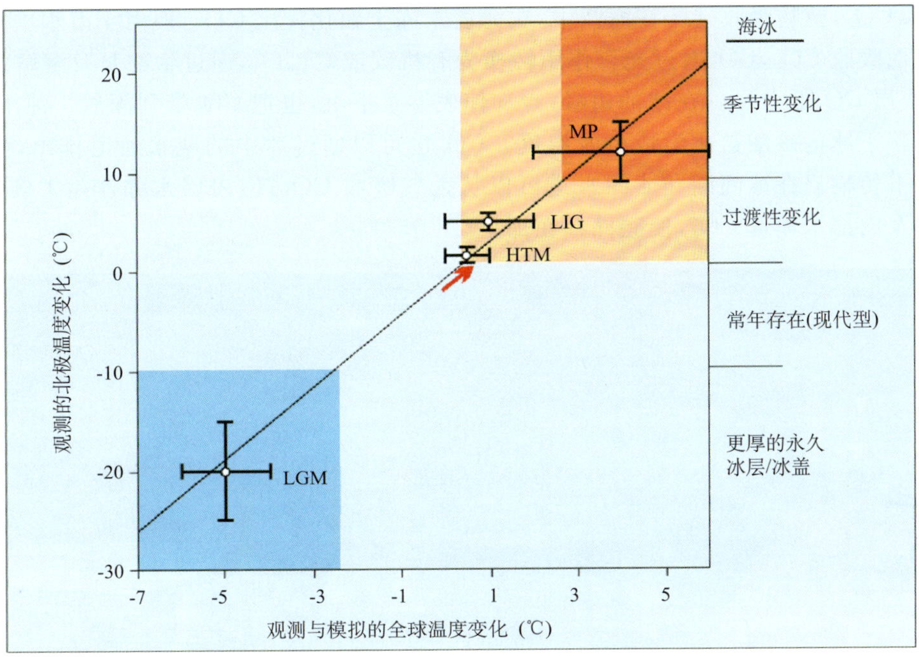

图 6.4 北冰洋海冰条件示意图

[古温度距平包括 LGM(末次冰期冰盛期，约 20 ka)、HTM(全新世热力极大，约 8 ka)、LIG(末次间冰期，约 130 ka)及 MP(中上新世，约 3.5 Ma)，点直线表示"北极放大器"，红箭头表示从冰面积缩小到向季节性无冰过渡时期观测到的温度变化](Polyak, 2012)

一个关键问题是北极生物的命运，从微小的生物到北极熊，在终年被冰覆盖的大洋中或近邻大洋中生存的适应性是不一样的。随着海冰的退缩及温度上升，许多北极物种的生物的生活习性已经受到了干扰，生命循环也受到了破坏，在大西洋和太平洋的低纬度区域，生物正在向北迁徙(Wassmann, 2011)。一个突出的例子就是太平洋硅藻通过北极迁徙到北大西洋(Reid, *et al.*, 2007)，颗石藻从大西洋进入巴伦支海北部(Hegseth, *et al.*, 2008)。海冰分层信息表明，这两种迁徙可能分别是早更新世结束(800 ka)以来及末次间冰期(130 ka)以来的第一次。

研究过去几百万年中，从当前的间冰期全新世到上新世暖的、海冰少的时期，即北极状态基本类似于现代的北极古地理，就有可能澄清北极生物生存和海冰减少的其他影响问题。但是，这个任务是很复杂的，因为北极沉积中缺少古生物/生物地球化学代用资料。这主要是由于海洋原生产力低、陆地生成的有机物大量地输入及钙质与硅质物质的大量溶解。此外，重建海冰条件的能力也不能仅仅根据一种代用资料来评估。还有一个很大的复杂性是确定北冰洋沉积年龄的困难，因为有许多因子可以影响海冰。近来，开发海冰代用资料及改善年龄估算是令人鼓舞的(Polyak, *et al.*, 2011)，但是还需要做更多工作。在这方面，北极古气候及极端值(APEX)的 ESF 计划以及新成立的 PAGES 海冰代用资料(SIP)工作组是向前迈出的重要一步，我们可以期望在不久的将来有所突破。

海冰与碳循环

过去人们较多地注意海冰的热力影响。Parmentier 等（2013）指出，海冰的融化，对极区海-气与陆-气间温室气体的交换也有很大影响。在北极附近的陆地上，土壤中的微生物产生 CH_4，吸入 CO_2，植物吸收碳。在海洋中，次海表永冻土融化排出 CH_4，但由于海水中 CO_2 分压低于大气而吸收 CO_2，CO_2 通过光合作用转换为有机碳或 $CaCO_3$，通过生物泵及溶解泵传入深层，保持表层 CO_2 低分压。在冰的边缘，冷却使表层水下沉，也把 CO_2 带到深层。冰上冰-气间的交换依赖于冰的碳酸盐化学成分及温度。CO_2 也可以通过冰中的咸水通道排出，由于密度不同而向下传输。在冰间湖和冰间水道可以从大气吸收 CO_2，但表层水亦产生 CH_4，向北极海洋深层及内部水输送 CO_2，使碳储存在那里（图 6.5）。

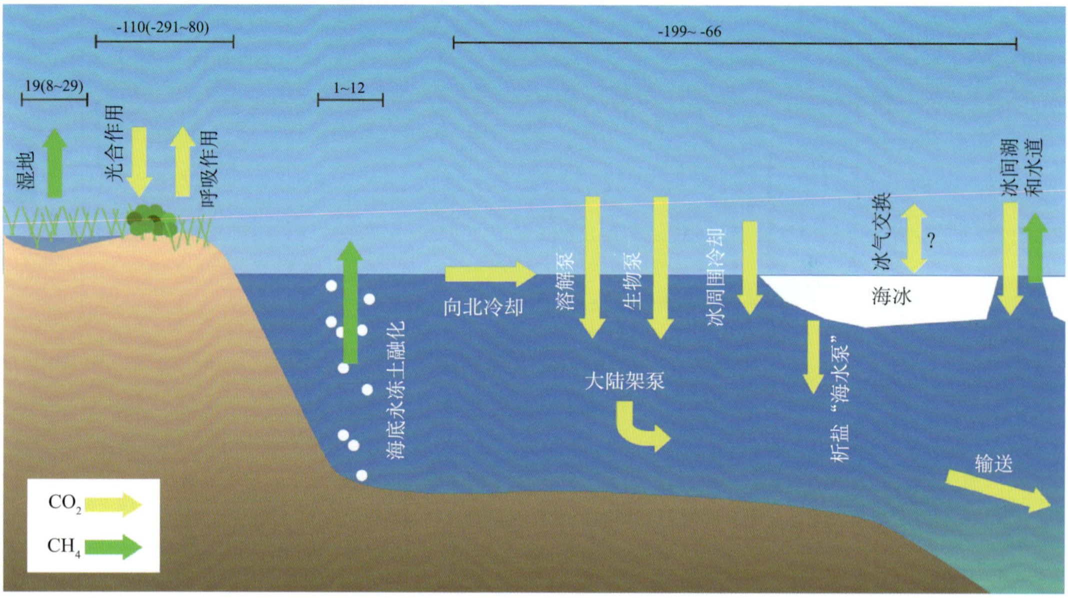

图 6.5 海冰后退可能造成的北极碳通量变化示意图（单位：Tg C/a）（Parmentier, *et al.*, 2013）

2012 年夏季北极海冰的最新记录表明，可能逐渐走向北极季节性无冰的状态。因此了解海冰面积缩小对高纬度地区温室气体交换的影响十分重要。现在，北冰洋及北极陆地是一个相当大的碳汇，但是北极的碳循环正在发生巨大的变化（表 6.2）。在陆地上温度受海冰影响，因此对未来碳汇的变化有根本性的作用。短期内海冰的消失不会对 CO_2 汇有很大影响，虽然可能有一定的负作用，例如苔原从长期看野火增加、永冻土融化。海冰后退可能已经影响了陆地的 CH_4 排放，使北极碳汇的功能下降。虽然这些现象与北极海冰消失有关，但当前研究的目的还不是控制陆地上温室气体交换，而是关心长远的潜在的巨大影响。

在海洋中由于海冰后退，CO_2 吸收已经增加了，但是不知道这能维持多长时间。不仅 CO_2，还有 CH_4 的交换，在海冰形成与融化中如何变化还了解得很不够，因此必须加强研究，特别是野外试验。海冰减少对极区温室气体的交换有很大的潜在影响，因此北冰洋的碳平衡可能受到海冰减少的影响，并且可能影响到海洋环境，威胁到北极地区的温室气体平衡。不过我们对不少过程还了解得很不够。只有模式能够更好地反映海冰对陆地及海洋环境的影响时，才能够对气候变暖、海冰融化可能对大气中CO_2及CH_4浓度的影响有更好的预测。

表 6.2 海冰后退对北极地区陆上及海上温室气体通量的影响(Parmentier, *et al.*, 2013)

序号	通量	源/汇	知识水平	海冰后退的结果
	陆上CO_2通量			
1	光合作用	汇	中	可能增加吸收,但大部被呼吸抵消
2	呼吸	源	中	增加排放,但被光合作用抵消,永冻土融化可增加源
3	苔原野火	源	低	出现次数增加
4	净陆地通量	汇	中	依赖于光合作用与呼吸的比重,永冻土融化及苔原野火为负反馈
	海洋CO_2通量			
5	溶解泵及生物泵	汇	低	由于有更多水域大陆架吸收增加,在海盆中央很快平衡
6	海冰泵/咸水注入	汇	低	由于与冰的形成、融化有关,季节性冰增加可加强这个泵
7	冰-气通量	不明	低	取决于是否开阔水域比有冰的水域吸收得多
8	冰间湖,冰间水道	汇	低	如果更宽则汇加强,反之亦然
	CH_4通量			
9	苔原湿地	源	中	已经在增加
10	海底永冻土	源	低	可能只有长期影响
11	海面	源	低	可能与海冰间是否有水道有关,但了解太少

临界点

Notz(2009)从能量平衡模式角度,讨论了海冰是否存在临界点的问题。一种简单的想法是冰-反照率形成正反馈,一旦冰面积缩小,反照率会下降,吸收的太阳辐射会更多,使冰的面积进一步缩小。但是实际上不会出现这种一边倒的情况。因为还有射出长波辐射,一旦温度升高,射出长波辐射增加,这会使冰面趋于热力平衡。从这个讨论可以得到结论,如果冰-反照率反馈不够强,则海冰会处于一种稳定状态。但是,有效辐射是随气候状况而改变的,在现代气候状况下处于稳定状态的海冰,未来气候变暖,可能就不稳定了。因此,海冰的变化可能是非线性的。Notz(2009)指出,海冰在后退过程中的不稳定性,可能因新冰的增长率高而得到平衡。例如,图6.6给出在冷季海冰增长的模拟结果。红线为经过夏季未融化的老冰,蓝线为新冰,阴影为冰上积雪。新冰由于厚度薄而增长迅速,又因为积雪少,受空气冷却作用大,到了隆冬海冰厚度可能超过老冰。这就说明为什么夏季海冰变化可能不存在临界点。近年来海冰变化确实是有时多,有时少,并不一定某年减少激烈,下一年就一定更少。然而,如果气候变暖使得冬季也失去了海冰,则可能存在某个临界点(Fisenman,*et al.*,2009; Winton, 2006)。

顺便指出,南极海冰与北极海冰所处的环境完全不同。南极海冰出现在南极大陆的四周,由于海洋涡旋向海冰输送了足够多的热量,因此,南极冬季形成的海冰大部会在夏季消融,并且近几十年观测未发现明显的变化趋势(Mayewski, *et al.*, 2009),近30 a甚至还略有增加(Comiso,*et al.*, 2008)。至于更长时间冬季南极海冰是否存在临界点,则是一个需要进一步研究的问题(Goosse,*et al.*, 1999; McPhee, 2003)。

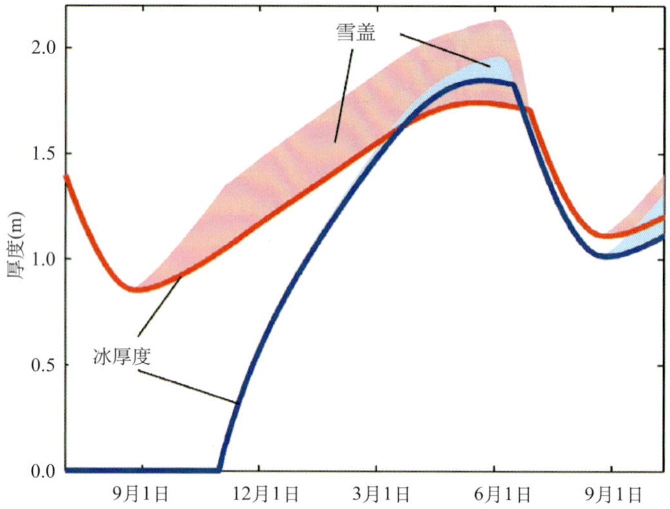

图 6.6 北冰洋 1 a 冰(蓝色)及 1 a 以上冰(红色)厚度变化
(阴影为冰上雪盖厚度)(Notz, 2009)

6.3 大陆冰盖

大陆冰盖与海冰的不同

Notz(2009)指出,冰盖与海冰有如下不同:(1)海冰增长率与厚度呈反比,薄冰增长得快,厚冰增长得慢,因此容易反弹。对于冰盖则有不少稳定的反馈机制,暖空气带来较多的水汽,降雪量增加,但气候变暖,冰面高度下降。综合结果可能是负反馈,使冰盖保持稳定。(2)海冰面积缩小,由于海冰-反照率反馈而使变暖加强。冰盖则由于垂直高度变化,每下降 100 m 温度上升 0.6～1.0 ℃,这也使得冰盖保持稳定。(3)薄的海冰容易叠加在一起,造成较厚的冰。由于冰叠在一起形成较大开阔水域,再形成冰。所以,海冰变薄,使冰的动力学发生变化,保持海冰稳定。冰盖变化则不存在这种机制。从冰盖动力学来看气候变暖,冰会损失得更快。气候变暖格陵兰外流冰川就有加速外流的迹象。(4)从过去几百万年来看,北极海冰没有临界点。相反,在这段时期冰盖则有不稳定性,末次冰消期中至少有两次在几百年之内海平面高度上升 20 m,每次约相当于融化掉 1.5～3 个格陵兰冰盖。因此未来也存在潜在的不稳定性,当然这不是说在可见的未来就会发生。(5)大气环流模式表明,一旦格陵兰冰盖消融,即使气候回到工业化前,冰盖也不会恢复,这也就是说存在临界点,不过对此结论尚有争议。(6)有的研究指出,气候变暖,西南极冰盖也会出现临界点(Mercer, 1978)。气候变暖,漂浮的冰架会很快瓦解,使覆盖西南极的冰架加速崩溃。最新的观测表明,西南极冰盖可能不稳定,从而影响未来 200 a 的海平面高度。因此,确实可能存在临界点。有人指出,高于工业化前 2.7 ℃,对格陵兰冰盖就是一个阈值。但是,全球平均变暖没有达到 2 ℃之前,格陵兰就可能发生这样大的升温。显然,这是一个严肃的挑战。

大陆冰盖的影响

由于沿海岸居住的人口众多,所以甚至微小的海平面上升也会对社会与经济产生巨大影响，比如沿岸水土流失，增加对风暴的敏感性，地下水受到咸的海水入侵，造成巨大威胁。过去 100 a，海平面上升的速率达到 1～2 mm/a，到 2100 年海水膨胀可能造成(0.5±0.4)m 的上升，其余为陆冰的融化。如果进一步变暖，格陵兰冰盖可能完全崩溃(Gregory，*et al.*，2004)，而东南极冰盖只要增温不超过 5 ℃，还可能增长，西南极冰盖的变化则有很大的不确定性，虽然也可能有很大的消融。

大陆冰盖不仅影响海平面高度，还可以通过影响海洋环流影响全球气候。格陵兰冰盖融化，向北大西洋北部注入大量淡水，使北大西洋深水形成减弱，从而削弱大西洋经向翻转环流；南极冰盖融化，增加淡水通量，可能使大西洋经向翻转环流增强。因此，格陵兰冰盖与南极冰盖消融可能对全球气候产生不同的影响。

另外一个值得注意的问题是，冰盖的消融可能并不是稳定的逐步发展的，而可能有突变。例如：末次冰消期 19 ka 及 14.5 ka 两次海平面上升，速率均可能超过 50 mm/a，比 20 世纪的变化高 1～2 个数量级。这两次融水脉冲均可能在 100～500 a 内融化了约相当于 1.5～3.0 个现在这样大小的格陵兰冰盖。19 ka 北大西洋冰盖的消融使大西洋经向翻转环流减弱，气候变冷(Clark，*et al.*，2004)；而 14.5 ka 以南极冰盖的消融为主，使大西洋经向翻转环流增强，造成气候变暖(Weaver，*et al.*，2003)。

冰盖质量平衡

对冰盖质量平衡的估计，由于缺少系统的、空间覆盖面完整的资料，一直有很大的不确定性。从 20 世纪 90 年代初有了卫星观测，在经过基岩高度变化及冰雪密度变化的订正后，可以提供较为准确的冰量的估计。1993—1994 年到 1998—1999 年格陵兰冰盖每年损失(54±14)Gt 冰，约相当于 0.15 mm/a 的海平面高度变化(因为大约 360 Gt 冰相当于 1 mm 海平面高度)。每年融冰有大约(32±5)Gt 融水，使得冰川流动加速，又多丢失 22 Gt 冰盖，所以每年总计损失 54 Gt 冰盖。1997—2003 年冰盖的损失达到每年(74±11)Gt，相当于 0.21 mm/a 海平面上升，超过了 1993—1999 年的平均。对南极冰盖高度观测说明，东南极冰盖变厚，而西南极冰盖变薄(Wingham，*et al.*，1998；Davis，*et al.*，2005)。

Shepherd 等(2012)综合分析了 1992—2011 年的冰盖质量平衡观测，包括 19 a 卫星雷达高度仪(RA)、5 a 卫星激光高度仪(LA)、19 a 卫星雷达干涉仪、8 a 卫星重力观测及 32 a 冰面质量平衡(SMB)观测。共分 4 个区：东南极冰盖、西南极冰盖、南极半岛冰盖和格陵兰冰盖。2003 年 1 月到 2008 年 12 月有完整的序列，图 6.7 给出该时段质量平衡估计值。

由图 6.7～图 6.9 可以看出：(1)格陵兰冰盖消融最明显，相当于海平面高度上升 8 mm。(2)东南极冰盖质量平衡为正，表示冰盖继续变厚；而西南极冰盖质量平衡为负，表示冰盖变薄；南极半岛冰盖略有消融。综合南极作为一个整体，冰盖的质量平衡为负，但仅相当于海平面上升4 mm，只有格陵兰冰盖变化的一半。(3)全球冰盖消融合计造成的海平面升高为(11.2±3.8)mm。(4)资料尚有不足，特别是南极半岛及东南极冰盖尚需增加空间分辨率。冰面质量平衡观测尚有较大的不确定性。

过去西南极冰盖的变化

西南极冰盖变化的时间尺度为几百年到几千年。对西南极冰盖的仪器观测只有几十年，因此只能看到西南极冰盖的“瞬间”变化，近来南极半岛部分冰架的崩溃、冰川加速外流及冰川上游变薄(Shepherd，*et al.*，2003；Pritchard，*et al.*，2007；Jenkins，*et al.*，2010)，似乎预示

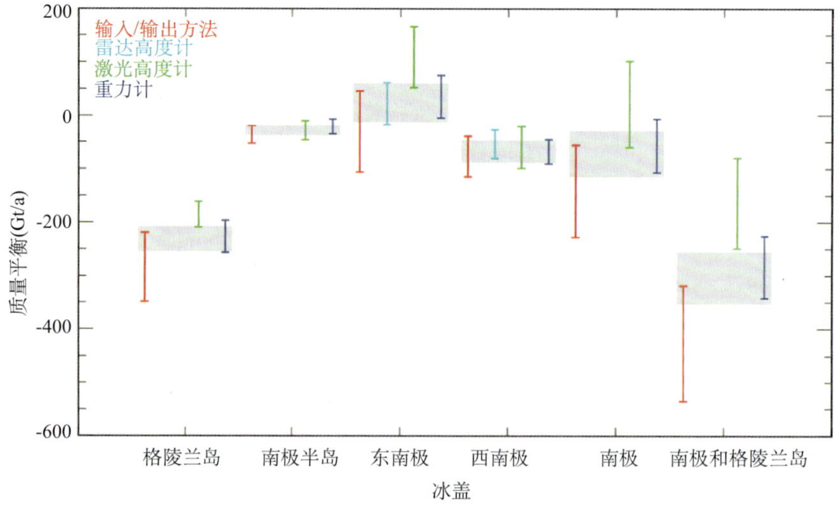

图 6.7 2003—2008 年格陵兰岛、南极半岛、东南极、西南极、南极及南极和格陵兰岛质量平衡(Gt/a)的 4 种资料来源(4 种颜色)(灰色阴影为 4 种资料协调的结果)(Shepherd, *et al.*, 2012)

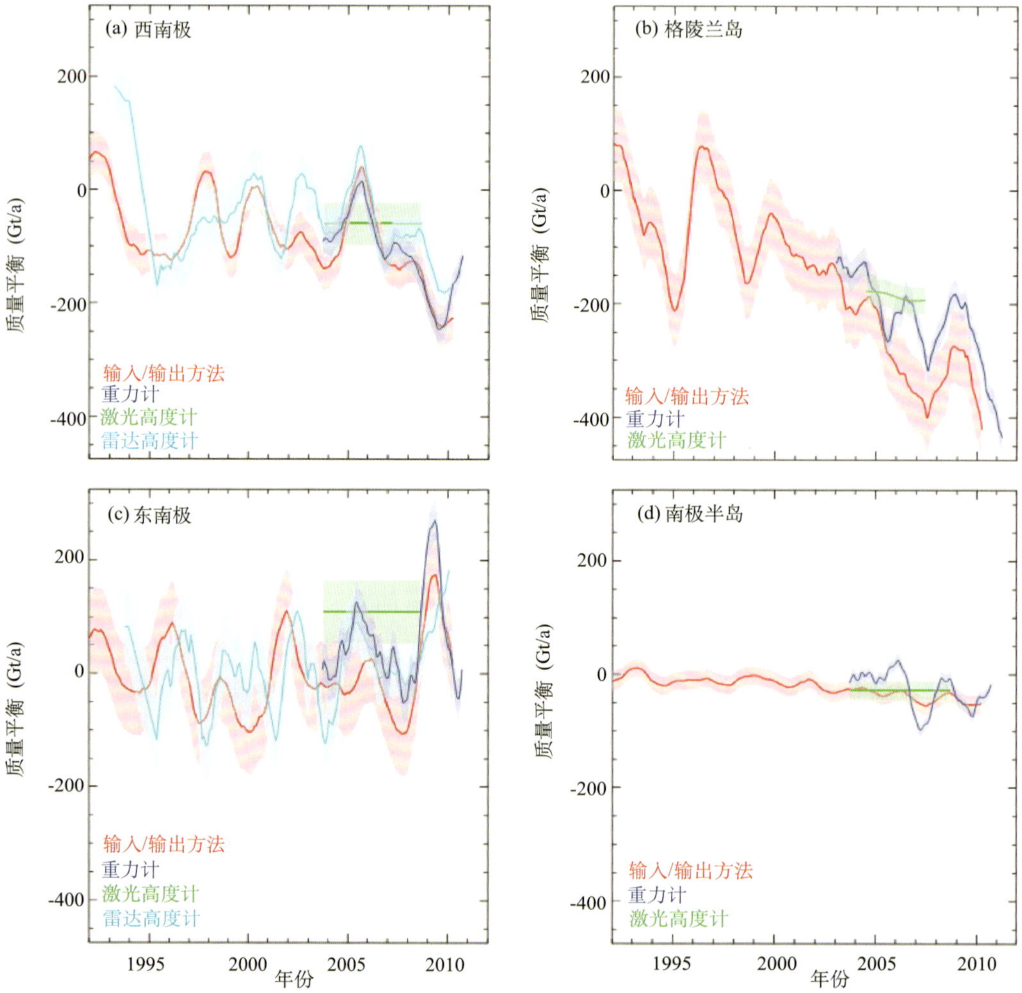

图 6.8 1992—2011 年西南极、格陵兰岛、东南极、南极半岛质量平衡的 4 种资料来源(Shepherd, *et al.*, 2012)

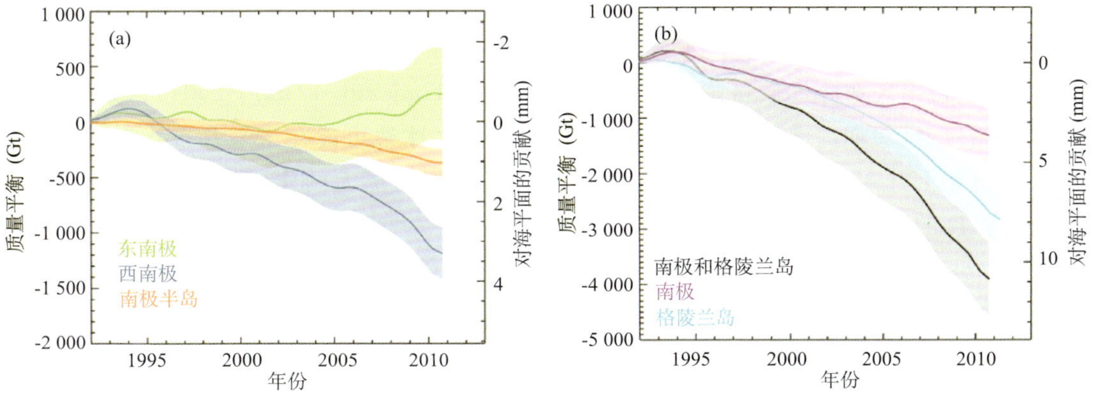

图 6.9　1992—2011 年东南极、西南极、南极半岛(a)及南极、格陵兰岛、南极和格陵兰岛(b)累计质量平衡与相当海平面高度变化(Shepherd, *et al.*, 2012)

着南极冰盖边缘的消融，但是这决不意味着西南极冰盖中心有什么变化，特别是不代表西南极冰盖即将全部瓦解。因此，分析西南极冰盖的古气候记录有着特别重要的意义。西南极冰盖次冰架的变暖，表示有暖水团侵入，是否这类似于过去的西南极冰盖瓦解事件，十分值得关注。所以，我们不仅要了解冰盖本身，也要了解冰架四周海洋状况的变化。上次间冰期海平面可能比现代高 8～9 m(Kopp, *et al.*, 2009)，但是估计格陵兰冰盖的贡献只有2～3 m(Colville, *et al.*, 2011; NEEM community members, 2013)，海水热力膨胀的贡献只有几十厘米 (Mckay, *et al.*, 2011)。这就说明，那时西南极冰盖必然有激烈的变化(Naish, *et al.*, 2009; Pollard, *et al.*, 2009; Siddall, *et al.*, 2011)，也可能西南极冰盖瓦解对海平面上升的贡献达到了 50%(Mitrovica, *et al.*, 2009)。大约 1 Ma 前 MIS 31 时(1.08～1.06 Ma)，冰盖厚度及冰架厚度的模拟(图 6.10)显示出激烈的变化，有时可能强到1 m/100a，远远超过了全新世海平面高度变化的速率。

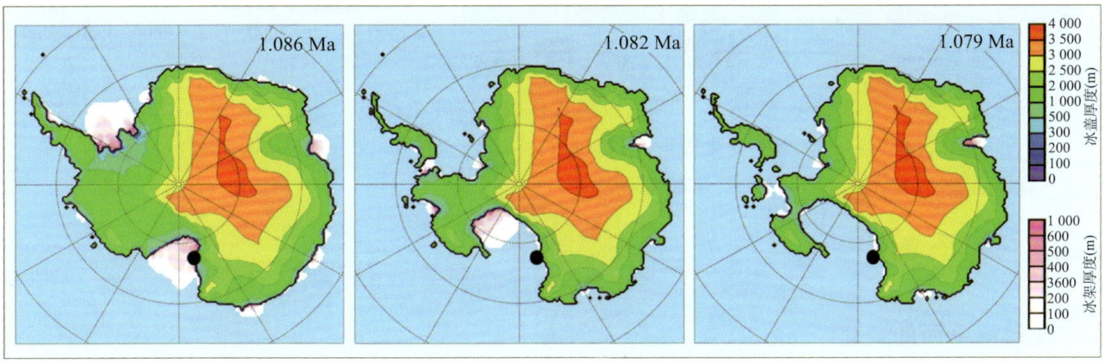

图 6.10　MIS 31(1.08～1.06 Ma)冰盖厚度及冰架厚度的模拟(Siddall, *et al.*, 2012)

未来格陵兰冰盖的变化

Alley 等(2005)利用 3 维冰盖模式研究了大气中 CO_2 浓度分别稳定在 550, 750 和 1 000 ppmv 时的格陵兰冰盖变化(图 6.11)。作为对比，图中给出 2000 年即 CO_2 浓度 370 ppmv 时的冰盖。如果大气中 CO_2 浓度能够稳定在 550 ppmv，则冰盖主体到 3000 年也不会出现融化。但是如

果 CO_2 浓度达到 750 ppmv 或甚至 1 000 ppmv，则到 3000 年冰盖可能显著消融，在 5000 年可能几乎完全融化，海平面高度可能上升 7 m。而且一旦格陵兰冰盖融化，这种变化几乎是不可逆转的，即使再出现寒冷气候格陵兰冰盖也不会恢复(Toniazzo, *et al.*, 2004)。如果能够控制 CO_2 的浓度，则短期内南极冰盖不会消融，虽然西南极冰架可能在未来几百年崩溃，可能造成海平面每年上升 3 mm (Huybrechts, *et al.*, 1999)，但是更大的作用可能是对大西洋经向翻转环流强度的影响(Weaver, *et al.*, 2003)。

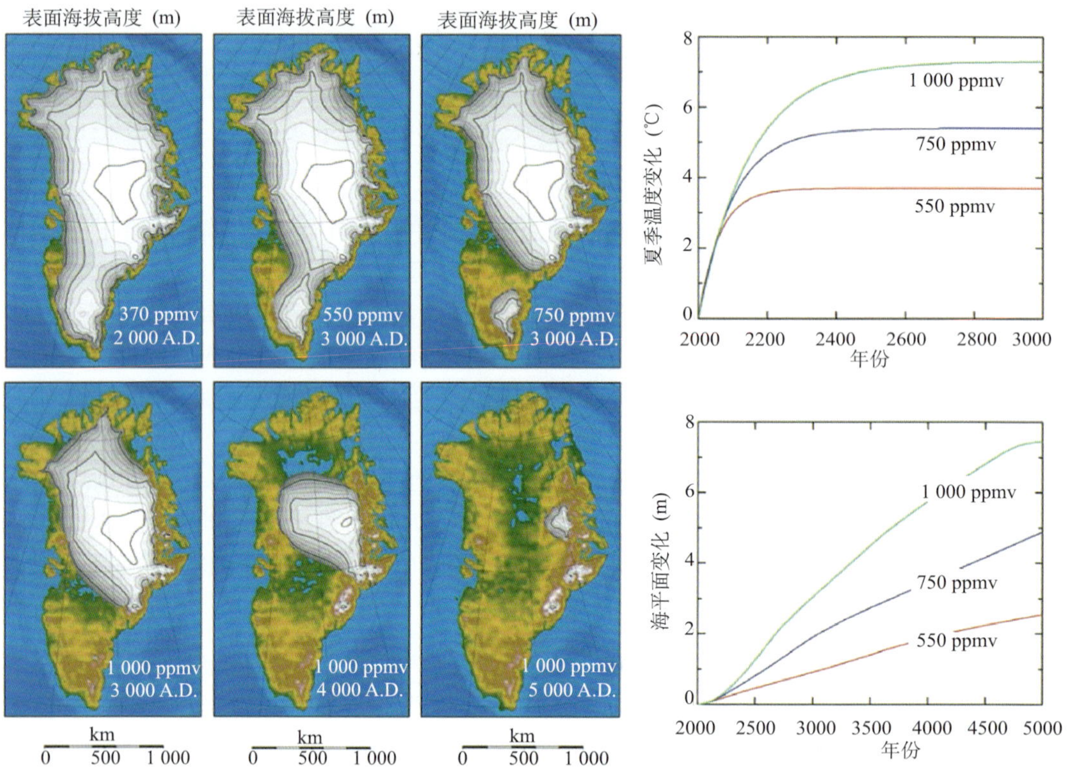

图 6.11 冰盖模式模拟的格陵兰冰盖

(右部温度及海平面变化是 7 个 IPCC 模式模拟的平均结果)(Alley, *et al.*, 2005)

6.4 海平面

现代海平面的变化

海平面高度是一个对气候变化十分敏感的指标。气候变暖，海水膨胀、冰川及冰盖消融，使海平面上升。19 世纪以来的潮位站观测记录表明，20 世纪海平面高度平均以 1.7～1.8 mm/a 的速率上升(Church, *et al.*, 2011a)(图 6.12)，1993 年以来有了卫星观测，近 20 a 海平面升高的速率增加到(3.2±0.4)mm/a (Cazenave, *et al.*, 2011)。

海水温度观测表明，20 世纪后半叶海水的热力膨胀显著增加，占到了 1993 年以来海平面升高的 30% (Cazenave, *et al.*, 2011; Church, *et al.*, 2011b; Siddall, *et al.*, 2011)。大量的

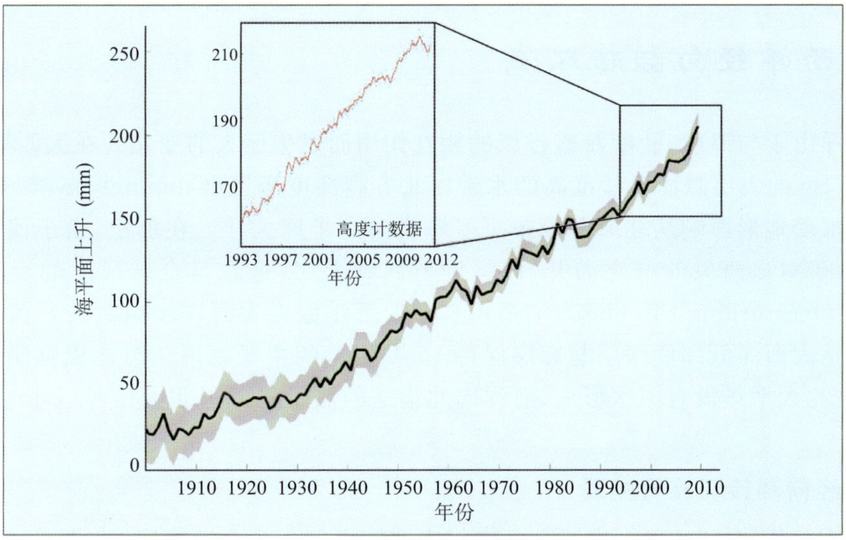

图 6.12　20 世纪海平面观测(Cazenave, 2012)

冰川后退记录证实,这对海平面上升的作用也占 30%。20 世纪 90 年代之前人们对冰盖的质量平衡了解得很少,此后的卫星遥感资料显示,格陵兰与西南极冰盖也正在加速消融,主要是冰川下滑及冰山流入四周海洋(Pfeffer, 2011)。1993—2003 年冰盖对海平面上升的贡献不足 15%,而 2003—2004 年之后这个比例上升到 25%(Cazenave, *et al.*, 2011)。

无疑未来全球还要继续变暖,IPCC AR4(IPCC,2007)指出到 2100 年海平面还要上升(40±15)cm。但是,很可能这只是一个下限。因为过去的模式只考虑了海水膨胀及冰川与冰盖消融,但是忽略了动力学过程,而这种过程在近 10 a 也十分活跃(Pfeffer, 2011)。

未来显然冰盖消融会在海平面上升中占有更大的比重。不过这方面的模式对 21 世纪的预估还有很大的不确定性,估计值为 30~50 cm,再加上海水膨胀的贡献约 20~30 cm,可能 21 世纪海平面上升 50~80 cm,超过了 IPCC AR4 的预估(Church, *et al.*, 2011c)。

过去的海平面变化

过去大气中 CO_2 的浓度与海平面的高度有密切的关系。图 6.13 中海平面 0 m 表示现代,指工业化前,对应 CO_2 浓度为 280 ppmv。海平面最高比现代高 73 m, CO_2 浓度为(1 250±250)ppmv,出现在 35 Ma 前。渐新世(32 Ma 前)CO_2 浓度为(500±150)ppmv,这时南极开始有永久性的冰盖,海平面高度为(45±5)m。末次冰期冰盛期(LGM,2.1 万 a 前),海平面高度比现代低(130±10)m,那时 CO_2 浓度只有 185 ppmv。

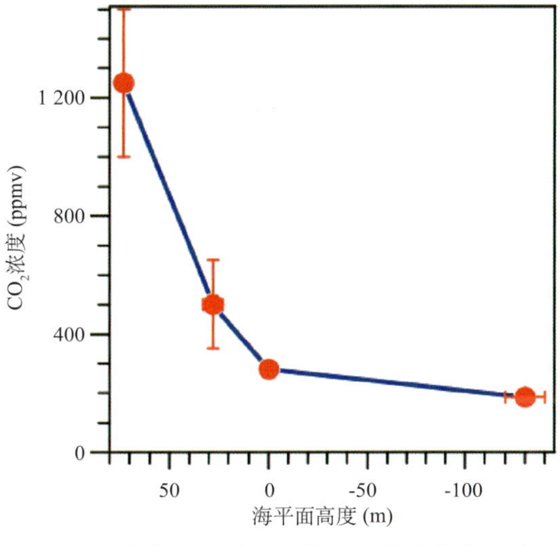

图 6.13　大气 CO_2 浓度与海平面高度的古记录(Alley, *et al.*, 2005)

6.5 大西洋经向翻转环流

全球海洋由于与温度、盐度及盛行风的相互作用而发生巨大的变化。在大西洋，墨西哥湾流经常把18 Sv的表层暖而含盐度高的水带向北方高纬度海区(Cunningham,2002)。相同数量的深层冷水受地形影响从北海及拉布拉多海流向南半球大洋。在那里，由于浅层与深层水混合，或者由于对强西风的响应涌升，而缓慢地回到上层，这就是全球尺度的经向翻转环流(Meridional Overturning Circulation,MOC)，在大西洋称为大西洋经向翻转环流。大西洋经向翻转环流是大西洋低纬度深层与表层保持15 ℃温差的主要原因。与此成鲜明对照的是太平洋，由于在北太平洋没有深水形成，海洋向北输送的热量远低于北大西洋(Lumpkin,*et al*.,2007)。

大西洋经向翻转环流将减弱

IPCC AR4(IPCC,2007)指出，到21世纪末非常可能由于全球变暖，大西洋经向翻转环流将逐渐减弱。气候模式预估，到2100年大西洋经向翻转环流虽然不可能完全关闭，但可能减慢，减慢的理由是一系列的因子妨碍了深水形成，如高纬度表层水的变暖，由于大陆冰盖消融造成盐度下降，以及水循环加强。在这些模式预估中，淡水通量大小及高纬度深水形成位置是主要的不确定性。

大西洋经向翻转环流的变化还依赖于南大洋的涌升强度。20世纪后半叶，可能由于平流层O_3浓度的减少，南大洋高纬度的西风增强了30%(Huang, *et al*.,2006)。估计这个趋势可能一直延续到2100年(Shindell,*et al*.,2004)。21世纪之后，无论气候有什么样的变化，南大洋的涌升将比北大西洋的下沉有更重要的意义。安哥拉洋流系统中印度洋及南大西洋表层咸水交换的加强也会对大西洋经向翻转环流造成长期影响。有大量的证据表明，当前的模式过高地估计了大西洋经向翻转环流的稳定性(Hofmann,*et al*., 2009)，这意味着确实不能忽视21世纪大西洋经向翻转环流关闭的可能性。

虽然目前还没有大西洋经向翻转环流长期减弱的证据，但是，这并不是说大西洋经向翻转环流实际上没有减弱，只不过缺少长期的、持续的观测。不连续的历史观测无法揭示巨大的季节间及年际变率，这就降低了大西洋经向翻转环流长期变化的预估的可靠性。过去10 a的观测并没有显示大西洋经向翻转环流有明显的减弱(图6.14)。在10 a尺度上，自然变化的振幅远超过了人类活动的影响(大约0.5 Sv/10a)。因此，至少要有几十年的连续观测才能区别自然变化与人类活动影响。

21世纪以来对经向翻转环流的监测有了改进(Kanzow, *et al*.,2010)，方法包括根据海洋状态估计和用数值模式计算与经向翻转环流强度有关的指数。要评价直接观测，就要确认一个指数，根据状态或指数估算经向翻转环流的变化。原则上，这些方法应该也适用于古气候研究。

近6万a的大西洋经向翻转环流

虽然了解现代是认识过去的钥匙，但是现代可观测到的现象并不能涵盖整个气候系统的变化范畴。所以，在研究古海洋学时，必须放宽视野。首先，要认识到大尺度海洋环流并不是永恒不变的，随着全球及区域气候的变化，海洋曾发生了巨大的变化，但是我们并不能准确地

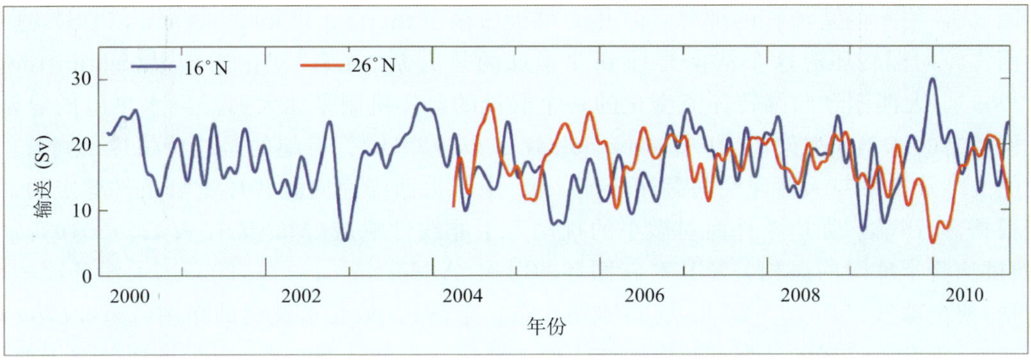

图 6.14　2000—2010 年 16°N 向南的深水输送（蓝线）及 26°N 经向翻转环流强度（红线）（Kanzow, *et al.*, 2012）

知道海洋环流的各种特征，如质量输送、内部混合率和输送路径究竟有多大变化，以及为什么变化。这种不确定性来自两个对古海洋学的挑战：第一，如何根据代用资料推断水文学特征；第二，用少量年龄有很大不确定性的水文学观测来推断海洋大尺度环流状况。尝试重建那些与年代尺度气候变化有关的、弱的、高频的或有季节性变化的海洋环流时，这种困难尤为突出。

只有研究近 60 ka 海洋与气候的联系时才有较为可靠的记录。在这段时间，有连续的区域气候变化的证据，格陵兰与北大西洋有快速的冷暖交替，同时大西洋温度也有相应的变化。那些最大的扰动与大西洋深水的化学变化一致（图 6.15）。用不同水团分布的位移也就是海洋环流的改变可以很容易地解释这些变化，这种观点与某些数值模式的模拟结果一致（Ganopolski, *et al.*, 2001; Liu, *et al.*, 2009）。

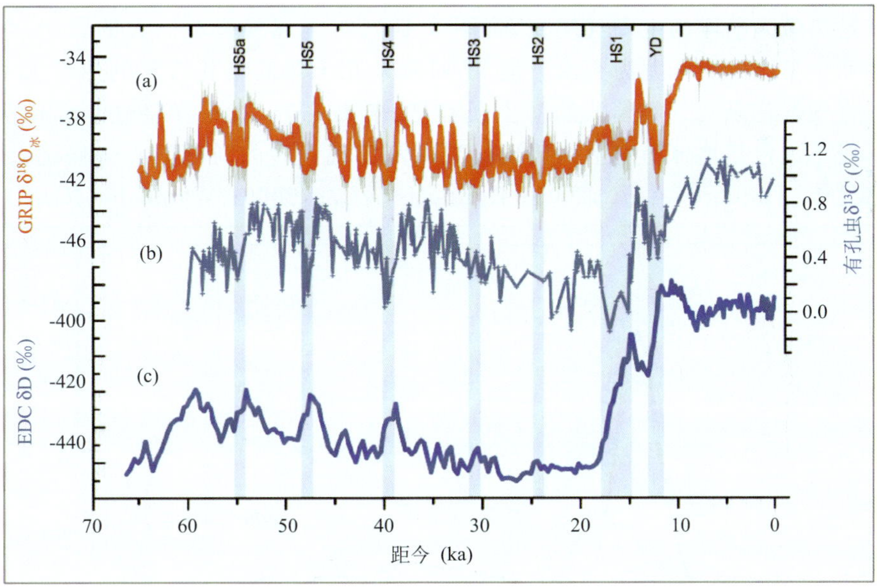

图 6.15　过去 60 ka 海洋-气候系统的变化

［(a)格陵兰气候异常；(b)东北大西洋深海环流变化；(c)南极气候异常；HS—海因里希冰阶，YD—新仙女木事件］(Skinner, 2012b)

图 6.15 揭示的是流行的解释，即“热力耦极振荡”(thermal bipolar seesaw，TBS)，这主要是大西洋经向翻转环流这个从南半球到北半球的热力泵“效率”变化的结果(Schmittner，*et al.*，2003)。大西洋经向翻转环流变化的一个假设的触发机制是北大西洋融水供应的异常，即受气候控制的冰盖或冰架涛动(Alvarez-Solas，*et al.*，2010)。有趣的是这些快速的海洋-气候变化的类型及联系与大西洋经向翻转环流一致，由于大西洋经向翻转环流是条件稳定的，因此可能根据盛行气候/强迫条件而对微小的扰动产生非线性响应(Margari，*et al.*，2010)。实际上，通过这些半球间的遥相关及其对碳循环的影响(Anderson，*et al.*，2009)，大洋环流的非线性位移，使全球气候在 15～20 ka 前的冰期状态发生翻转中，起了关键的作用(Barker，*et al.*，2011)。一旦发生这样的情况，海洋-气候的变率减弱。虽然这意味着，在间冰期条件下海洋环流相对稳定，但是这并不是说在全新世海洋-气候变率就完全消失。事实上，有证据表明全新世中照样有百年至千年的扰动，这些扰动还可能比观测资料记录到的更强烈一些。

尽管还没完全了解，但是过去海洋-气候系统的变化能给我们什么样的启示呢？疑问在于，海洋环流作为千年尺度缓慢变化的飞轮，在气候系统变化中起着什么样的作用？海洋环流对区域及全球气候有敏感的反应能力，并反过来能显著影响区域及全球气候，当然反应及影响都是非线性的，对碳循环及全球能量平衡而言还有分叉。无论如何，过去并不能提供一个未来的样板。假如地质记录能够更直接地提供现代以及不久的将来环流稳定性的特征，古海洋学家就需要集中精力更详细地研究过去海洋-气候的变率，并要特别关注气候相对温暖的条件下，可能发生的一切事件。

6.6 厄尔尼诺-南方涛动(ENSO)

ENSO 是热带太平洋的主要气候变率(图 6.16)，对全球气候有巨大的影响，对美国西南部及澳大利亚干旱区的影响尤为突出。但是，对未来几十年甚至几百年的热带太平洋会有什么影响呢？古气候记录及气候模式的初步回答是：未来 100 a 太平洋将继续保持明显的季节变化及年际变率。包括地球历史上的比现代暖以及比现代冷的时期的古气候记录表明，年际变率依然占优势(Tudhope，*et al.*，2001；Koutavas，*et al.*，2009；Watanabe，*et al.*，2011)。对

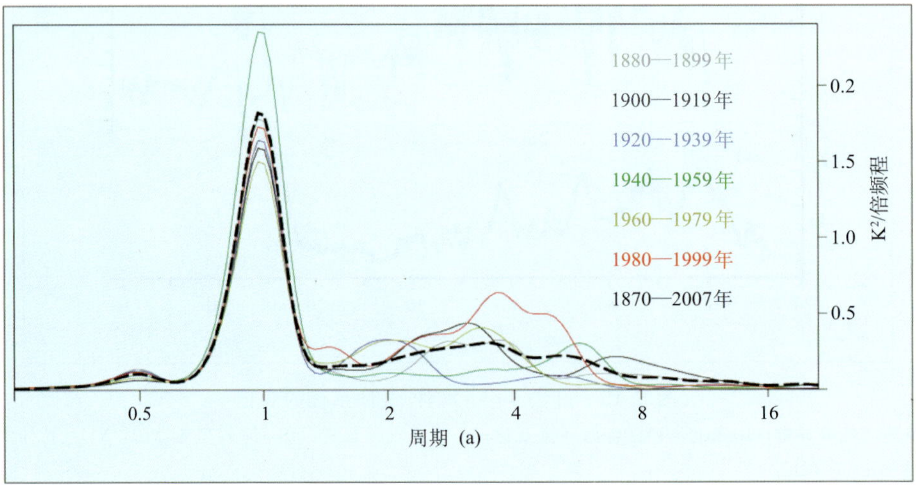

图 6.16 Nino3 海表温度的功率谱(Wittenberg，2009)

地球历史上的暖期（Huber，*et al.*，2003；Galeotti，*et al.*，2010；von der Heydt，*et al.*，2011）或冷期（Zheng，*et al.*，2008）的模拟，也未能摆脱热带太平洋 ENSO 的年际变率。从教科书上对 ENSO 的了解来看，这个结果多少有些令人惊异。我们可以得到结论，沿赤道风、海面温度梯度和斜温层的相互作用形成 Bjeknes 正反馈，这就使得太平洋或暖或冷，造成文献中所说的"永久厄尔尼诺"状态或"永久拉尼娜状态"。但是，近来 CO_2 加倍气候响应的模拟研究表明，可能并不是这样，因为风与斜温对 ENSO 的影响是相反的（Clement，2012）。气候变暖，使沃克环流减弱，因此降低了 ENSO 变率。然而，弱信风使得海面倾斜变小，斜温层变浅，这又会使 ENSO 变率增加。这两种相反的影响可能可以解释过去的一些 ENSO 变化，也可以说明为什么到现在 ENSO 依然存在。

不过，有一些更深入的关于太平洋的问题仍未解决，例如：ENSO 可能长期沉寂吗？是什么原因导致了热带太平洋产生年代及多年代的变率？太平洋的这些活动能够做季度、年际及 10 a 尺度的预测吗？这些 ENSO 变率受温室气体强迫的影响吗？

ENSO 变率

仪器观测记录太短，不足以帮助我们回答上述问题。但是，具有年分辨率的古气候代用资料，可以充实这个谱的低频部分。有些古气候代用资料指出，太平洋的气候有百年及千年的气候变率。但是，并不了解其形成机制，例如：包括低层云及其他要素之间的反馈（Clement，*et al.*，2011）。现代的气候模式未能充分地反映低层云的变化，也就未能适当地模拟太平洋的年代变率。因此，对于预测未来，检测并确认人类活动变化在热带太平洋的作用，还是一个具有非常大的挑战性的问题。

谈到可预报性，20 世纪晚期的一个巨大成就是建立了监测预测系统，能够在一个季度之前预测 ENSO。但是，尽管过去 20 a 模式的能力有所提高，观测增加，预测技巧却没有明显的改进。目前正在通过 CMIP5 进行国际的协作，尝试做年代及所谓"近期"气候预测。但是，当我们回报过去的气候时，就发现这个预测系统的能力还是有限的。需要再一次指出，观测记录太短，唯一的方法是用古气候资料延伸序列。

当然，古气候资料总是稀少的。但是试验表明，可以用相对少的几个模态做预测（Kirtman，*et al.*，1998）。令人鼓舞的是，只有太平洋少数关键地区的记录，就能回答 21 世纪未来热带太平洋气候将如何变化的问题（Clement，2012）。

虽然过去几十年对 ENSO 的了解有了显著的进展，但是还有许多问题是未知的。例如：ENSO 的变化有多么大的不规则性？什么原因造成了 ENSO 的年代变化？人类活动造成的辐射强迫如何影响 ENSO 系统？古气候记录可以带来一些这方面的信息，如 Clement（2012）指出：现在有足够的证据表明，上新世暖期以来，在整个冰期旋回中 ENSO 均活跃，这说明 ENSO 可能不受外部影响。但是，一些细节很令人烦恼，因为甚至 ENSO 特征或遥相关的一个细微变化也能有深远的社会影响（Hsiang，*et al.*，2011）。因为在热带太平洋的核心区很少有高分辨率的 ENSO 脉动的序列，我们不得不依赖距核心区很远地区的记录，那里容易受遥相关改变造成的局地影响的干扰。

气候变暖形势下的 ENSO

全球气候变暖，ENSO 可能有什么变化，这可以从两个方面来看，即平均状况与 ENSO 变率。先分析平均状况的变化，Meehl 等（1996）研究表明，未来全球气候变暖，赤道太平洋海表温度的变化类似于厄尔尼诺，即东太平洋的升温高于西太平洋。这可能是由于云-反照率反馈在东部的冷水面上更强所造成的，东部混合层较浅可能也有影响。但是，Cane 等(1997)的模拟表明，平均状态的变化类似于拉尼娜特征，并认为这至少部分是由于平均赤道涌升对海表温度异常的阻尼作用引起的。东部阻尼作用强，所以西太平洋变暖更强。

Collins(2005)综合分析了 20 个气候模式模拟的结果。图 6.17(a)给出 ENSO 模拟效果及平均状况的关系，ENSO 模拟得愈好，其平均状况变化愈小，而模拟的平均状况变化大的情况(或正、或负)，则 ENSO 均模拟得较差。图 6.17(b)为了比较，给出 IPCC AR4 16 个模式模拟的结果。其结果与 Collins(2005)的不同。模拟的 ENSO 变率与平均状况无关，但是大多数模式倾向于平均状况为厄尔尼诺特征。至于气候变暖形势下 ENSO 变率的改变则很难得到肯定的结论。从图 6.17(b)来看，平均状况倾向于厄尔尼诺特征的 13 个模式，有 6 个 ENSO 变率增加，有 7 个变率减小。所以，从目前的研究来看还不能认为有任何信号表明 21 世纪 ENSO 活动出现临界点，或者 ENSO 活动消失，或者变得非常强。

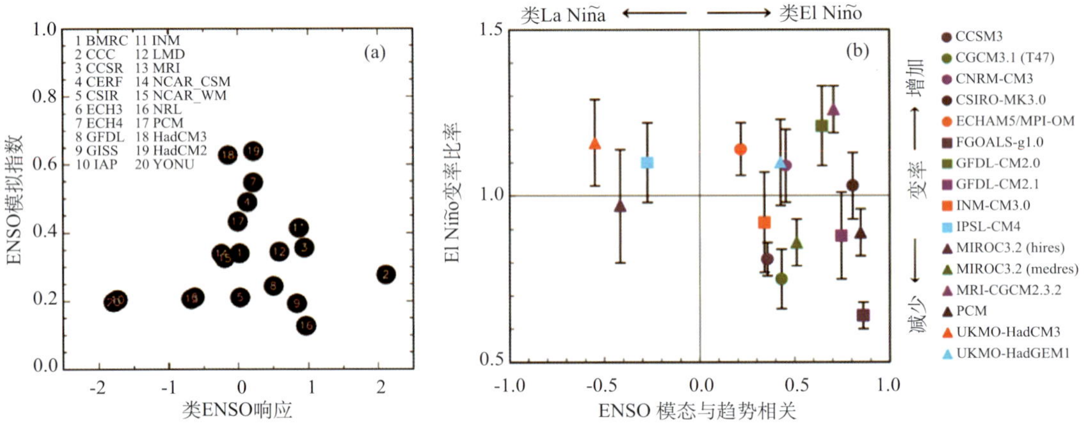

图 6.17 气候模式预估的未来 ENSO 变率(纵坐标)与 ENSO 平均状态变化(类厄尔尼诺为正)(Latif, *et al*. 2009)

图 6.18 给出基于气候模式模拟的未来 100 a Nino3 海表温度变化。模式采用 CO_2 浓度每年增加 1%，达到 CO_2 浓度加倍后保持不变。共用 8 个不同初始场做集合，结果表明随着平均海表温度上升，海表温度变化振幅增加。但是 8 个积分中也有一些个案变率增加不明显。这个试验说明，在研究未来 ENSO 变化时，采用集合预估是十分必要的。

高分辨沉积和珊瑚记录表明，全新世中期之后 ENSO 活动增强(Moy，*et al*.，2002；Tudhope，*et al*.，2001)。从更长的珊瑚记录也可以证实这一点。这与数值实验的结果也一致(Wittenberg，2009)，这说明认识 ENSO 的不稳定性，需要观察更长期的记录。

过去 1 000 a 的大量高分辨率古气候记录提供了检验这个思想的唯一机会。Li 等(2011)利用包含北美对干旱敏感的树木年轮中的年际信号，研究其低频活动与因子的关系。近来的一个多代用资料研究(Mann，*et al*.，2009)证明，小冰期(1500—1800 年)ENSO 变率加强，赤道东太平洋比中世纪气候异常时(900—1300 年)暖，与以前的研究结果一致(Cobb，*et al*.，2003；Mann，*et al*.，2005；Graham，*et al*.，2010)。

图 6.19 的 ENSO 重建说明，有许多曲线(如 W10 和 B09)，均有明显的年代到百年尺度的变率，这是气候模拟研究需要复制的重要特征。但是，各曲线之间的分歧表明，重建有很大的

不确定性，这可能是由于代用资料的误差，以及用来做标定的观测序列太短的缘故。然而，仪器观测时期热带太平洋的各种指数也有分歧，这种分歧也延伸到有仪器观测之前。

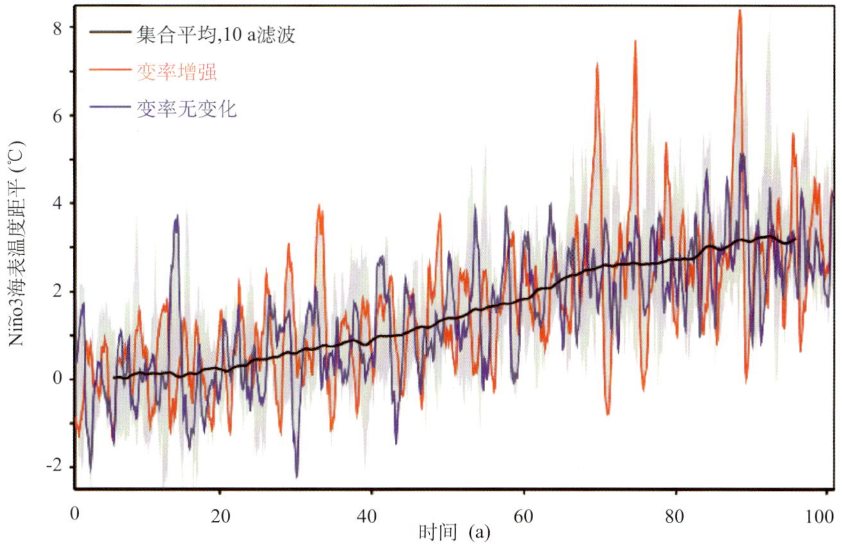

图 6.18 未来 100 a，大气中 CO_2 浓度每年增加 1%，直到 CO_2 浓度加倍，然后保持常定的强迫下，Nino3 海表温度的变化（Latif，*et al.*，2009）

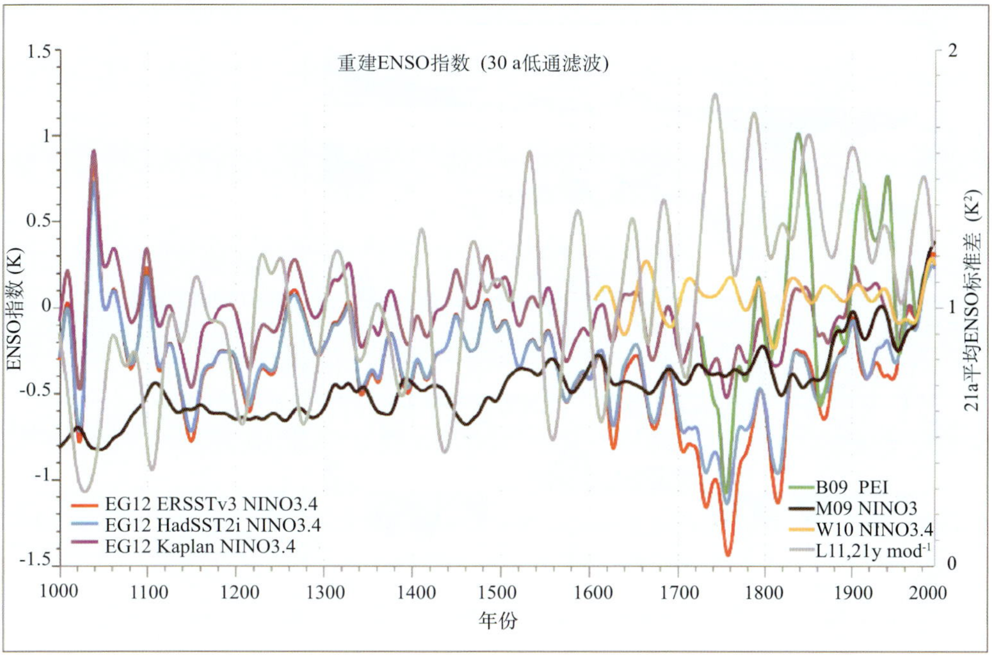

图 6.19 近千年 ENSO 重建的比较

（左纵坐标指灰色以外的各种颜色所代表的不同 Nino3.4 海表温度，右纵坐标为灰色曲线代表 21 a 滑动平均 ENSO 变率）（Emile-Geay，2012）

此外，对于近千年 ENSO 对外强迫的响应还了解得很少。虽然有人认为厄尔尼诺可能对强烈的火山爆发有反应（Adams，*et al.*，2003），但是有的资料不支持这个观点。与太阳活动的联系受到重建 ENSO 低频变率的困扰。要确定自然辐射强迫与 ENSO 低频变化的关系，需要比现在更长的有精确定年的热带太平洋记录。

新的代用资料早晚会阐明这个关系，但是不能保证 ENSO 对温室气体的强迫，也像对变化的太阳那样做出反应，温室气体强迫的垂直结构与太阳的强迫不同，云与气溶胶的影响也不同，并且温室气体 24 h 都在起作用，而不像太阳只在白天照射。这些差别限制了我们把自然强迫用作人类活动强迫的相似物。所以我们不能把 ENSO 的过去看作预测未来的参照物，但是可以把它看作一个丰富的图书馆，检验用来预测未来的模式。PAGES 支持的 PMIP3 资料/模式比较计划，可能对这个问题大有裨益。

6.7 台风与热带气旋

20 世纪的变化

2005 年卡特里纳飓风和 2008 年纳尔吉斯热带气旋造成的人类生命和经济损失，以及日益增加的沿岸居民，增强了认识热带气旋活动对人类引起的气候变暖有什么反应的要求。但是这是不容易做到的。因为，一个气旋的发展过程是非常复杂的，并且事实上我们对全球长期（如近百年）热带气旋活动的变化了解得很不够。在大西洋，近来人们努力对热带气旋长期资料的不确定性做了定量评估（图 6.20）（Vecchi，*et al.*，2011）。

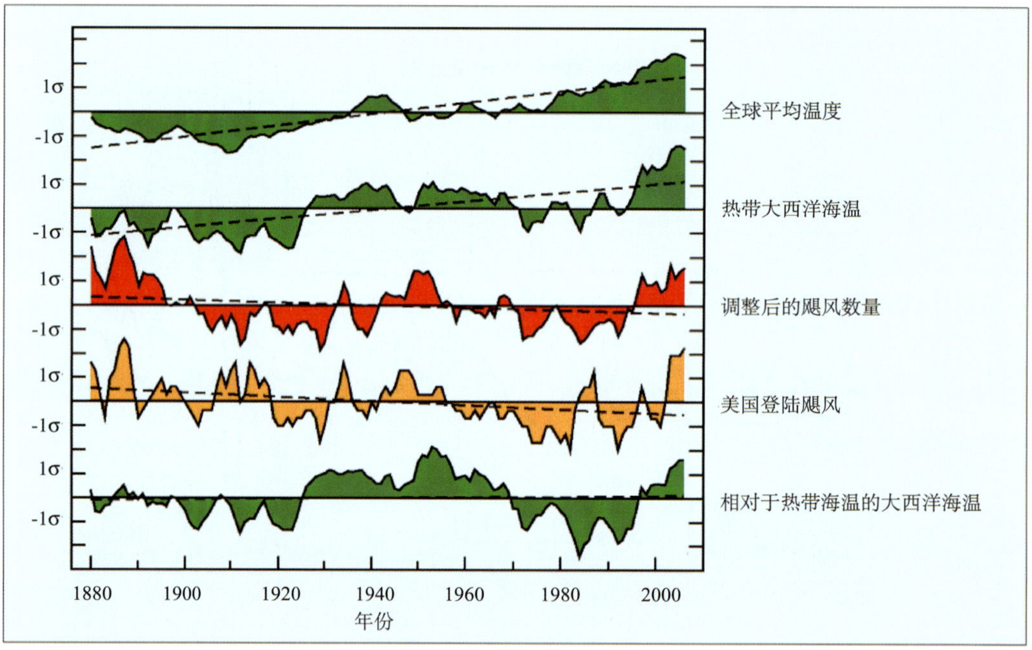

图 6.20 1880—2005 年大西洋热带气旋活动

［自上而下：全球平均温度（绿色），热带大西洋 MDR（10°～20°N，80°～20°W）8—10 月平均海表温度（绿色），经过订正的飓风数（红色），未经订正的登陆美国飓风数（黄色），MDR 海表温度减去热带平均海表温度（绿色）。数据为 5 a 滑动平均，虚线为直线趋势。只有最上面两条曲线的趋势变化达到了 95%置信度］（Vecchi，*et al.*，2011）

21世纪的预估

最近，Knutson等(2010)的评述指出，大家愈来愈关心热带气旋活动，特别是全球平均频率、强度及与热带气旋有关的降水率在21世纪将如何变化。模式表明，作为全球平均21世纪热带气旋的频率可能维持在同一水平或者有所下降，在一些模式中下降范围在－6％～－34％之间。这些新的气候模式或区域降尺度模式，采用边界条件的历史变化重现了过去热带气旋的变率(Emanuel, *et al.*, 2008; Zhao, *et al.*, 2009)。这种能力是对预估的可信度的支持。其中的机制可能包括热带平均环流的减弱(Sugi, *et al.*, 2002; Held, *et al.*, 2011)，或者对流层中、低层时间平均温度垂直分布的变化(Emanuel, *et al.*, 2008)。个别区域预估的可靠性不如全球平均预估，因为估算区域气候响应的不确定性大，例如海表温度响应的分布型不准确。大西洋21世纪飓风活动的预估，首先依赖于热带大西洋相对于热带大洋的其他地区变暖的速率，比较图6.20从上向下的第3及第5条曲线可以看出这一点。但是现代气候模式却不能很好地模拟这种相对温度的变化。

与热带气旋的频率不同，理论分析及高分辨率模式都支持21世纪热带气旋的全球平均强度有可能增加，不同模式的结果增加范围在2％～11％之间(Knutson, *et al.*, 2010)。有意思的是，近来的高分辨率模式研究指出，21世纪强风暴如大西洋4～5级飓风的频率可能增加(Bender, *et al.*, 2010)。在模式预估中，少数风暴对全体的影响，或所有风暴强度增加，何者更重要还有争议，也可能后一种情况占优势。现有的研究一致预估21世纪与热带气旋有关的降水率将增加，变化范围在3％～37％之间，这还取决于用距离风暴中心多大的半径来计算降水率的变化。

要做出更可靠的21世纪热带气旋活动的预估，包括个别大洋上的预估，就要求气候模式工作者首先要减少海表温度型预估的不确定性。这个挑战包括困难地模拟云反馈，以及气候对大气气溶胶变化的响应(IPCC, 2007)。近来的研究特别强调了气溶胶的潜在重要性，指出可能已经导致了阿拉伯海气旋强度增强(Evan, *et al.*, 2011)。

但是，至今还没有令人信服的证据证明人类活动强迫造成了热带气旋的变化，首先这需要长期的均一的热带气旋活动的记录，并对自然变率在观测到的热带气旋活动变化中的作用做出可靠的评估。热带气旋活动的古气候代用记录是非常重要的(Donnelly, *et al.*, 2007; Nyberg, *et al.*, 2007)。假如这些重建的序列能够使人们确信近50 a与过去1 000 a比较是非常异常的，这对检测人类活动影响将会有重要的意义。然而，我们还在等待这样的清晰的信号。

古飓风

古飓风重建序列把风暴记录延伸到过去，增进了我们对热带气旋与气候关系的了解。虽然有的热带气旋的代用资料还在发展中，但沉积记录提供了最长的风暴重建记录，揭示了飓风气候百年至千年尺度的特征(Donnelly, *et al.*, 2007)。新的墨西哥湾东北部及美国东北部海岸池沼的高分辨率沉积记录提供了风暴活动对晚全新世中等强度气候变化响应的有统计意义的证据[图6.21(a)]。这些资料证明相对于历史时期及仪器观测时期，存在风暴异常活跃时期，也有异常沉寂时期。在古飓风记录中最大的变率在几百年至千年的时间尺度上。这表明相对较短的仪器观测记录，不足以描述大西洋飓风活动的特征。

晚全新世风暴活动的变化主要表现为强飓风的频率变化，而不是登陆热带气旋总数的变化(Lane, *et al.*, 2011)。比较4 500 a前佛罗里达风暴脉动记录[图6.21(a)]、重建海表温度湾流东北部循环洋流的迁移(Richey,*et al.*,2007),不是在湾流海表温度高时,而是在观测地点接近循环洋流区热含量高时,强风暴更为频繁。此外,强飓风活动,对上层海洋的热结构而不是对海表温度更敏感。大尺度的因子可能也操控洋盆尺度大西洋飓风强度的变率,ENSO变率下降时[图 6.21(b)](Conroy,*et al.*,2008),以及北大西洋西部海表温度高时[图 6.21(c)](Keigwin,1996),强飓风更经常出现,反之亦然。这与下列思想一致:在年际尺度以上暖的热带北大西洋是大西洋飓风活动的一个良好的综合指标。

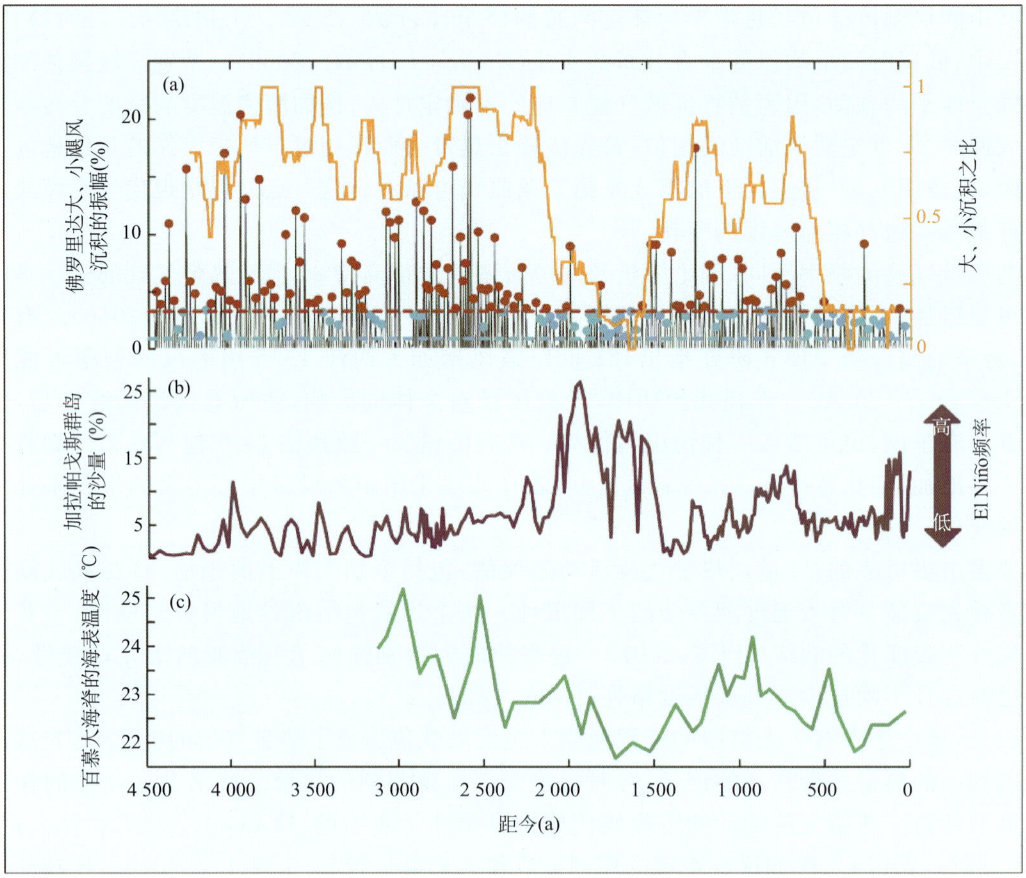

图 6.21 近 4 500 a 大西洋飓风变化

[(a)佛罗里达 Mullet Pond 飓风风暴脉动,蓝色及红色点分别代表小的及大的风暴沉积记录,蓝色及红色虚线为阈值,橘黄色曲线代表强风暴占总风暴数的比,做 157 a 滑动窗;(b)根据加拉帕戈斯群岛 El Junco 火山口湖湖泊水位得到的厄尔尼诺频率代用记录(Conroy, *et al.*,2008);(c)从百慕大海脊有孔虫 $\delta^{18}O$ 得到的海表温度序列,注意可能有1/3的 $\delta^{18}O$ 变化受盐度控制](Keigwin,1996 原作,引自 Lane,*et al.*,2012)

由于在一个给定地点飓风的登陆有随机性,所以不可能用一个地点的古飓风记录来监测20世纪后期洋盆尺度飓风活动的趋势。并且,登陆风暴记录是一个高频、区域变率,飓风的登陆数目与洋盆尺度的飓风活动可能无关,即使收集多个地点古飓风记录也可能没有抓住百年或更短一些时间尺度的变率。不过,无论如何,在长时间尺度上,北大西洋古飓风记录一致表明,有几百年至千年尺度的变率,有时强飓风多,有时强飓风少。

虽然21世纪末的气候状态不可能在全新世找到相似,但是飓风代用资料还是有启示意义的,尽管不能由此做预报。这些记录证明,气候系统本身可能有发生风暴生命长的时期,甚至比美国墨西哥湾及美国东岸易受影响的沿岸城市及社会所经历过的还要活跃。古气候及飓风记录以及地球气候系统实验室进行的模拟，增进了对控制飓风活动动力学的了解。用过去千年的边界条件强迫热带气旋气候的统计学与动力学模式，并与古飓风记录比较，可以评估这些技术的预测能力，同时确认晚全新世异常活跃或非常沉寂的风暴状况发生的原因（Knutson, *et al.*, 2012）。

6.8 全球季风

全球季风是21世纪才提出来的新概念（Trenberth, *et al.*, 2000; Wang, *et al.*, 2008）。现代气候学的全球季风与经典气候学的季风有三点不同：(1)现代气候学把季风视为全球现象，而不像经典气候学把季风视为局地现象，认为季风是2级环流（西风环流为1级环流）；(2)现代气候学认为季风形成的机制是随季节而变化的大尺度持续性大气翻转，而不是像经典气候学仅仅把季风视为近地面风的季节性反转；(3)现代气候学认为全球热带至少有6～7个区可称为季风区，而经典气候学几乎均只强调亚非澳的季风区。把季风区扩大到海上是季风研究的一个新发展。

全球季风的定义

由于全球季风被视为大气-陆地-海洋系统对太阳辐射强迫年变化的响应，全球季风控制了热带降水及对流层大气的季节变化，而夏湿、冬干是季风气候的主要特征。因此，用夏季与冬季降水量差来代表季风，称为季风降水指数（Monsoon Precipitation Index, MPI）：

$$MPI = ARP/AMP \times 100\%$$

式中，ARP为夏季与冬季降水量差，北半球夏季用5—9月，冬季用11月—3月，南半球夏季用11月—3月，冬季用5—9月；AMP为平均年降水量。因此，MPI即夏季与冬季降水量差占年降水量的百分比。经过试验，Wang等(2008)用ARP>2.5 mm/d，MPI>55%来定义季风区。其中MPI>55%保证有足够大的降水量季节变化，由此可以排除赤道终年多雨带，那里夏季有足够的降水量，但无显著的季节变化。ARP>2.5 mm/d则可以排除干旱-半干旱区，那里有足够的降水量季节变化，而且夏湿、冬干，但是即使夏季也没有足够的降水量。

根据这样的定义，全球共6个季风区，大体上在10°～25°N及10°～25°S，分列于赤道两侧，即西非季风区、亚洲西太平洋季风区、北美季风区、南印度洋季风区、澳大利亚—南太平洋季风区及南美季风区（图6.22）。这样得到的季风区确实与经典气候学不同。经典气候学对季风区有两项研究：(1)一项是前苏联赫罗莫夫1956年认为1月及7月盛行风向差（季风角）在120°～180°之间为季风区。这样从北极到40°S共6个季风带：北极、亚洲北部、太平洋北部、太平洋中部、亚非地区及南美—南非—澳大利亚南部。这实际上把西风带移动造成的季节性风向变化与海陆热力差季节变化造成的风向变化混为一谈。Gao等(1962)曾对此进行了详细分析。不过根据赫罗莫夫的研究，亚洲地区也是世界上季风最显著的地区。按照盛行风频率<40%，40%～60%和>60%可以把季风区分为弱、中、强三类，而亚洲地区大部为强季风。这个区大体上呈横V形，尖端在西非，向东季风区南北加宽，到东亚分为两支，一支指向东北到朝鲜半岛及日本，一支指向东南经东南亚伸向澳大利亚北部。(2)另一项是Ramage(1971)的工作，原理与赫罗莫夫相同，以季风角>120°、盛行风频率>40%为季风区。Wang等(2008)认为根据另一个季风指数MWI定义的季风区与Ramage(1971)的结果有很大的一致性。MWI 的计算方法与 MPI 一样，不过用 850 hPa 纬向风代替降水量。按照 MWI，亚非季风区连成一片，包括赤道在内，而不像按照 MPI 划出的季风明显地在赤道南、北两侧各组成一个东西向的带。不过按 MWI 划分的季风区也可以明显地看出南、北半球各有一个中心。从物理角度看，西风区与降水量是有联系的，因为降水为一潜热源，可以驱动风的变化。所以，在全球季风研究中，也有不少人采用 MPI 划分的季风区。

气候变暖与全球季风

研究全球季风一个重要的课题就是与全球变暖的联系。过去的模拟研究认为随着全球气候变暖，夏季风应该增强（Meehl，*et al.*，1993；Hulme，*et al.*，1998）。但是，过去缺少全球尺度降水量变化的分析。Wang 等（2006）对季风区的降水分两个半球做了平均，资料为 1948—2003 年。结果发现北半球与全球均有微弱的下降趋势。Chase 等（2003）对季风环流的研究，支持近 50 a 季风减弱的结论，但是这里的降水是陆地资料。1979—2003 年有海上降水量观测，分析表明这段时间海上季风区降水有增加的趋势（Wang，*et al.*，2006）。从图 6.22 的预估来看，两个半球夏季的季风区降水均以增加为主。因此可以说，气候变暖夏季风降水增加。但是，20 世纪后半叶的发展却不支持这个结论。因此，随着温室效应的加剧季风降水是否会增加，还是一个需要进一步探讨的问题。另外也有研究指出，如果考虑大气中气溶胶的变化，会减弱季风的增强（Mitchell，*et al.*，1997）。对这个问题的分析又增加了变数。

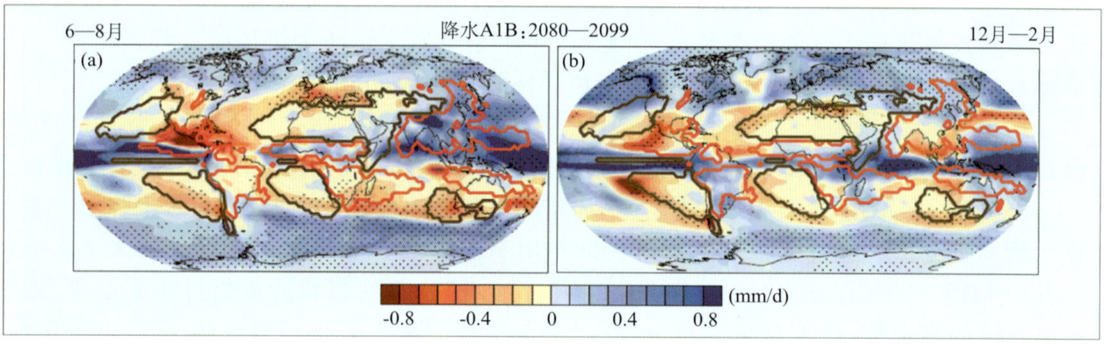

图 6.22　多模式模拟的 A1B 情景下 21 世纪末（2080—2099 年）与 20 世纪末（1980—1999 年）降水量变化［(a)夏季；(b)冬季。红线包围的是季风区，黑线包围的是干旱区，点区表示降水量变化高于模式间的标准差］（Wang，2012）

古季风

近来全球季风的概念已经深入到古气候研究（Wang，2009）。Cheng 等（2012）给出 3 种时间尺度古季风的变化（图 6.23）。图 6.23(a)为轨道尺度，其中：ⅰ 为中国黄土磁化率的冰期—间冰期旋回，反映了冰盖与轨道要素的 10 万 a 周期，也包括半球间的气压梯度的影响（An，*et al.*，2011）；ⅱ 为中国石笋 $\delta^{18}O$；ⅲ 为巴西东南部石笋 $\delta^{18}O$。后两个记录反映了岁差的影响，ⅱ 及 ⅲ 中灰色曲线表示太阳辐射，由于岁差的影响，南、北半球夏季太阳辐射的变化是相反的，中国与巴西的 $\delta^{18}O$ 反映的降水量变化也是反位相的。图 6.23(b)为千年尺度气候振荡（D/O 循环），其中：ⅳ 为格陵兰温度；ⅴ 及 ⅵ 分别为中国及秘鲁北部南美的夏季风降水。由于 D/O 循环与大西洋经向翻转环流有密切关系，南、北半球的夏季风变化也是相反的。图 6.23(c)为百年尺度，其中：ⅶ 和 ⅷ 反映了近千年东亚夏季风降水；ⅸ 代表了南半球秘鲁的夏季风降水。南、北半球的变化也是反位相的。中世纪气候异常，北半球夏季风强，南半球夏季风弱。小冰期相反，北半球夏季风弱，南半球夏季风强。这很可能也同大西洋经向翻转环流的变化有关。现代暖期北半球夏季风强，南半球夏季风弱，这可能同半球之间温度差以及由此形成的热带辐合带位置变化有关。

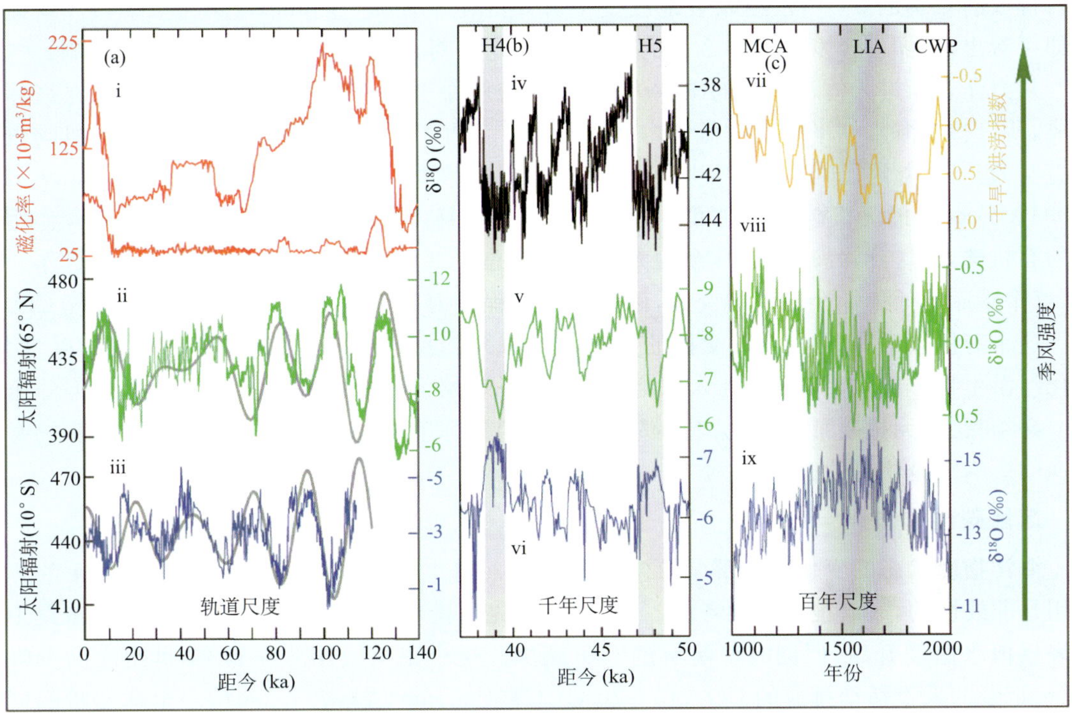

图 6.23　3 种时间尺度古气候记录

（ⅰ中国黄土磁化率的冰期—间冰期旋回；ⅱ中国石笋 $\delta^{18}O$；ⅲ巴西东南部石笋 $\delta^{18}O$；ⅳ格陵兰冰芯 $\delta^{18}O$；ⅴ中国夏季风降水 $\delta^{18}O$；ⅵ秘鲁北部南美季风降水；ⅶ、ⅷ近千年东亚夏季风降水；ⅸ秘鲁夏季风降水 $\delta^{18}O$）(Cheng, *et al.*, 2012)

Wang(2012)指出，用太阳活动、火山气溶胶及温室气体强迫进行的近千年气候模拟表明，中世纪气候湿润、小冰期干旱、现代暖期也湿润，而且所有季风区变化一致。气候温暖时湿润的原因可能有 3 个：(1)海陆热力对比增强；(2)东南太平洋—热带印度洋东西热力对比增强；(3)环绕南半球的副热带高压增强，使半球间的热力对比增加。

这些研究表明，控制不同时间尺度季风的因子是不同的。因此，在预估未来季风变化时，同时应该考虑这些因子的变化。

6.9　海洋变化

贯穿整个地球的历史，海洋在地球系统变化中起决定性的作用。海洋储存并传输热量，并与大气交换水及与气候有关的气体。海洋的热容量为大气的 1 000 倍，活性碳为 60 倍。海洋通过物理、化学、生物过程影响气候，从季度、年、10 年到冰期—间冰期尺度，其影响无处不在，当然也会影响到未来的气候变化(Riebesell, *et al.*, 2009)。

海洋正在发生巨大的变化。过去 50 a 海洋比大气多储存了 20 倍的热量(Levitus, *et al.*,

2005)。北极海洋表层海水出现显著淡化(Curry,*et al.*, 2005)。虽然观测还有很大的不确定性(Cunningham,*et al.*, 2007),但是气候模式一致表明,随着大气 CO_2 浓度进一步升高,大西洋经向翻转环流有可能关闭(Gregory,*et al.*, 2005)。工业化以来海洋已经吸收了燃烧化石燃料排放的 CO_2 的 50%,已经显著地改变了海洋的化学性质(Sabine,*et al.*, 2004)。仅此数端即可看出,海洋已经发生了多么大的变化,以及这将对地球系统产生多么深刻的影响。

从海洋表面进入海洋深处的碳称为"非生物溶解泵"。在现代气候条件下,深水在高纬度形成,所以整个海水柱平均温度低于海面。由于有垂直温度梯度,因此海水溶解的无机碳也有垂直梯度。这个因子可以解释当前海洋无机碳梯度的 30%～40%(Toggweiler, *et al.*, 2003)。另 66%的无机碳梯度则可以用生物碳泵来解释。在表层经日光照射通过光合作用固定的有机碳,输送到深海,形成一个为大气中 CO_2 总量 3.5 倍的碳库,存留时间达几百年。因此,这个碳库的任何一个微小的变化,例如生物过程对海洋变化的响应,均可影响大气 CO_2 浓度。这个有机碳泵对海-气 CO_2 交换的影响与溶解泵相反,所以也称为碳化反泵或者碱性泵。钙化浮游生物形成 $CaCO_3$ 壳,沉入深海,就降低了表层海洋的无机碳及碱性,使 CO_2 分压增加。必须指出,无机碳泵及有机碳泵都是维持无机碳垂直梯度的重要机制,但是对海-气 CO_2 交换的影响则是相反的。

溶解碳泵的变化

海洋物理状态的变化对溶解泵及生物泵均有影响。当扰动的振幅有限时,两个泵的相互作用是非线性的,所以很难单独考虑。为了简便,先讨论对溶解泵的影响。大气 CO_2 浓度上升使表层海水温度升高,但同时使溶解的 CO_2 减少。这个正反馈使海洋到 21 世纪之前少吸收 9%～15%的人类活动排放的 CO_2(45～70 Gt C)(Plattner, *et al.*, 2001)。全球变暖的同时会加强水循环,但是对 CO_2 溶解的直接稀释作用不大,而且一个地方降水增加,另一个地方会减少,因此稀释作用彼此抵消,对全球平均的影响不会超过 1%。水循环对海洋吸收 CO_2 有较大影响的地方是北大西洋,那里表层盐度下降,水温上升,使水的密度下降,阻止了深水形成。这可能减少经向气压梯度,使大西洋经向翻转环流减慢。气候模拟表明,21 世纪大西洋经向翻转环流可能减弱。但是,南大洋的海洋环流可能增强,因为中、低纬度相对于环南极的水增暖明显。结果,南半球大洋上穿过环南极洋流(Schmittner, *et al.*, 2008)及大气(Russell, *et al.*, 2006)的经向压力梯度均增加。但是,不同模式估计的因环流变化而产生的溶解泵改变有差异,平均使吸收的 CO_2 减少 3%～20%。主要问题在于对南大洋作为碳汇的作用了解得不够。

海洋 CO_2 系统的化学响应

人类活动排放的 CO_2 有相当一部分被海洋吸收。海洋吸收 CO_2 的能力在于海洋中存在碳酸盐(CO_3^{2-}),可以与从大气中超量吸收的 CO_2 相互作用。海洋可以吸收人类活动排放的碳的 85%(340～420 Gt C),而现在只吸收了 27%。当海洋继续吸收人类排放的 CO_2 时,海洋 CO_2 系统将发生特殊的变化,缓冲能力逐渐减少,即海洋吸收率下降,不止大气 CO_2 变化一个单位的溶解无机碳的平衡变化会减少,天然海洋碳循环热力学及生物强迫也会加强。这些变化是非线性的,而且振幅将随时间增加。

为了估算未来海洋状况的变化,采用简单的设计,即假定大气 CO_2 的排放保持目前的增长率不变,这样到 21 世纪末,大气 CO_2 浓度约为 700 ppmv,把这个作为外界条件,计算海洋 CO_2

系统的各种参数。图 6.24(a)表明，当前表层海洋 pH 的下降伴随着 pCO_2 的增加，pH 可变化 0.3～0.4。无机碳则由于吸收了多余的大气 CO_2 与 pCO_2 一样增加，这个过程称为“海洋碳化”(ocean carbonation)[图 6.24(b)]。吸收 CO_2 多使 CO_2^* 及 HCO_3^- 增加，但是 CO_3^{2-} 减少[图 6.24(c)]。CO_2 吸收能力表现为平衡无机碳，到 2100 年相对工业化前减少 1/3，而方解石及霰石的饱和状态减少一半[图 6.24(d)]，图 6.24(e)说明温度敏感度增加 2.5 倍，图 6.24(f)说明 pCO_2 的化学敏感度增加 3 倍，pH 则只增加 1.4 倍。

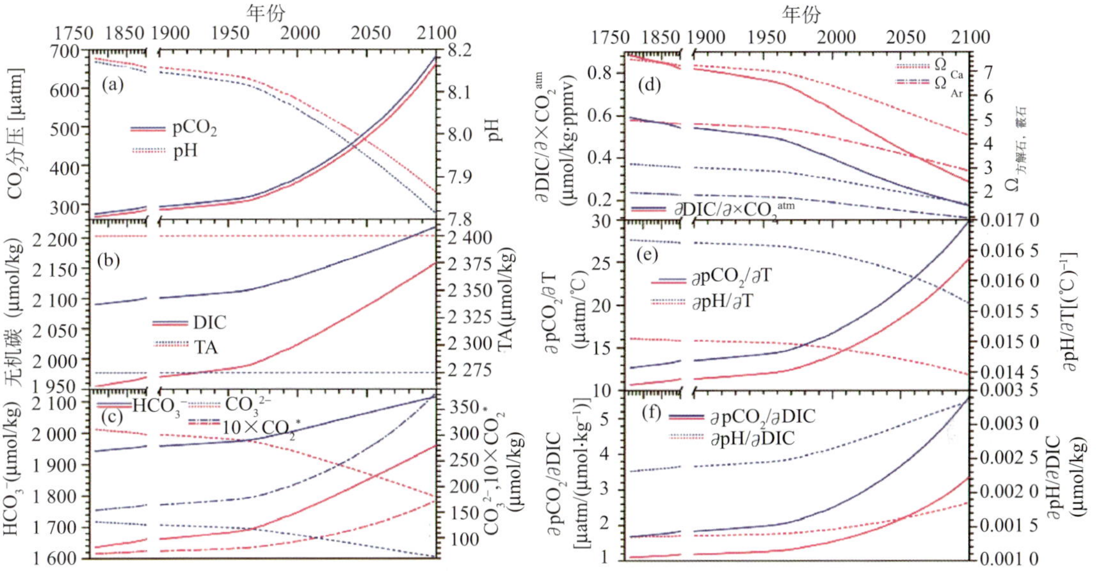

图 6.24　海洋系统特性的变化[蓝色代表高纬度冷水区，红色代表低纬度暖水区。(a)平衡 CO_2 分压及 pH；(b)平衡无机碳及总碱度(TA)；(c)CO_2^*，HCO_3^-，CO_3^{2-} 浓度；(d)CO_2 吸收率及方解石与霰石饱和状态(Ω)；(e)pCO_2 及 pH 的温度敏感性；(f)pCO_2 及 pH 的化学敏感度](Riebesell, *et al.*, 2009)

海洋酸化的影响

海洋吸收了人类排放的 CO_2，造成海水性质的变化，使得海洋生物面临着从未经历过的条件，对海洋生物的影响则可能有得有失。海洋酸化只描述了问题的一个方面。虽然 pH 减少威胁到对 pH 丰度敏感的一组生物，特别是有利于钙化有机物。但海洋碳化则有利于光合有机物，特别是有利于那些获得 CO_2 的方式相对低效的有机物。

海洋酸化对这两组有机物的影响是相反的，对钙化有机物组，如珊瑚、双壳类、腹足纲软体动物、海胆、用 $CaCO_3$ 作结构元素的生物及鱼类是不利的，可能失去生物多样性，导致海洋生态系统的改变。这样的变化能在多大程度上影响海洋生产力，通过食物链能量的传输或生物化学循环还不清楚。

海洋碳化的刺激作用主要表现在与光合作用有关的过程上，这包括 CO_2 增加浮游植物群落的生长率、固碳率、有机物质生产率及细胞外有机物质生产率。

对生物碳泵的影响

为了比较对海洋变化的不同生物响应及潜在的对气候系统的反馈(表 6.3)，用以下 4 个指标来进行评价：(1)反馈符号，即对初始的强迫是增强(＋)还是削弱(－)；(2)敏感度，表示激发响应所需要的变化；(3)能力，表示相对于强迫的反馈强度；(4)寿命，表示反馈的时间长度。

表 6.3 中“±0”表示微不足道，“+”表示低，“++”表示中等，“+++”表示高，“/”表示不确定。

表 6.3 生物对海洋变暖及海洋酸化/碳化的响应及潜在的对气候系统的反馈(Riebesell, *et al.*, 2009)

	反馈过程	反馈符号	敏感度	能力	寿命
对海洋变暖的响应	对贫瘠海洋的营养供给	/	+++	±0	++
	对高营养低叶绿素区的营养供给	−	++	++	+++
	营养利用效率	−	++	++	+++
	营养储存	+		++	+++
	有机物再成矿	+			
对海洋酸化的响应	钙化	−	+	+	+
	稳定作用	+		+++	+++
	化学计量	−	++	++	++
	细胞外有机物生产力	−	++	+++	
	固氮	−	++	+	

海面变暖对海洋生物及海洋碳循环的影响依赖于上部混合层的光及营养条件。在已经营养有限的区域减少营养的供给显然会使初级生产力下降，生物泵的强度也会下降。一旦对表层的营养供给减少，溶解的无机碳供给也随之减少，把营养从深海带回大气的速度也会下降。对高营养低叶绿素的地区减少营养供给，会使表层营养及无机碳下降，减少早先形成的的营养物总量，结果海洋内部再生营养物及碳增加，这种负反馈能维持几百年。

高纬度海区营养盐的利用效率增强，对生物泵有很大影响。当混合层深度变浅时，高纬度海洋表层水中没有被利用的无机营养盐会同 CO_2 结合，形成有机物输送到深层。这个变化可以有效地分离早先形成的营养及再生的营养，并使碳分别进入大气与海洋碳库。在北大西洋及南半球大洋，高纬度海洋混合层深的地区，只有混合层深度变浅才能提高利用营养的效率。在中纬度加强表层的层化，可以促进在高生产力的季节生物质的积累，这个过程也可以维持几百年。

现在对 CO_2 引起的海水变化的生物响应还了解得很不够。深水钙化的下降，以及碳泵强度的下降使表层碱性下降，增强表层吸收大气 CO_2 的能力。$CaCO_3$ 可以在质点汇集过程中起稳定作用，加速物质向深层的传输。减少 $CaCO_3$ 的生产力可以降低生物向深层的输送通量，使有机碳再矿化的深度变浅，减少碳储存。有高浓度 CO_2 时增加细胞外有机物质的生产力，可以加强质点汇集，从而增加有机物的垂直通量。这事实上可能是 C∶N∶P 比值增加的原因。CO_2 分压增高，固氮加强，可以增加表层生物氮库，在氮限制的海洋增大初级生产力，固定碳。

临界点

虽然这些因果关系有可能使海洋生态系统及生物地球化学发生巨大的变化，但是还不清楚哪一种变化是不可逆的，或发生不可控制的生物地球化学反馈。下面举出 4 个可能使海洋达到一种新的状态的例子：(1)表层营养供给减少，在现在具有生产力的区域，海洋可能发生浮游植物盛行群落从大的硅藻转变为小的细胞鞭毛虫及藻青菌，这会导致海洋食物网的某一两个环节中断；(2)海洋酸化作为有机碳输出的稳定器，可以通过减少 $CaCO_3$ 生产，使生物泵的效率显著下降，这可能导致上层海洋营养物及有氧状况减少，影响深海生物结构，这也造成大

气 CO_2 的强正反馈；(3)由于海洋酸化，当海水转为碳酸钙不饱和状态并开始腐蚀钙化有机物的壳及骨架时，就有可能达到临界点；(4)对于珊瑚礁生态系统，当礁石腐蚀超过了再生，则有可能出现临界点，当 CO_2 浓度达到 560 ppmv 时，热带珊瑚的钙化可能下降 30%。

全球碳循环既受气候系统控制，又对气候系统产生影响，所以气候变化与碳循环的变化息息相关，也直接关系到大气、地球生物圈及海洋中活性碳库的重新分布。这种重新分布是生物物理化学过程的综合结果，但是也对气候变化十分敏感。对地球系统科学的一个挑战是：确定什么过程是自然气候循环中原发的，又是如何与各个碳库之间碳通量相互作用的。在预估地球系统对未来碳循环扰动的响应时，也遇到同样的挑战。初看，海洋似乎在这个系统中是一个巨大的缓冲器，但是详细研究就会发现，气候变化及多余的 CO_2 可能改变海洋的碳循环，以至影响其未来吸收人类活动排放的 CO_2 的能力。因此，各学科联合，共同努力来了解这些相互作用的过程及海洋变化的敏感度是十分必要的。

6.10　亚马孙雨林

亚马孙雨林是世界上生物多样性最为丰富的地区，但是同时也可能是生态环境中的脆弱环节之一。在人类活动造成的温室效应加剧的压力下，科学家已经发出了雨林枯萎的警告(Cox, *et al.*, 2004; Malhi, *et al.*, 2009)。而且，这是一个公认的临界成员(Lenton, 2011, 2012)。下面讨论 3 个问题：(1)什么是临界点；(2)21 世纪达到临界点的可能性；(3)人类活动的直接影响有多大。

亚马孙的降水特征

亚马孙低地年平均气温约为 26 ℃，空间变率很小。年降水量约为 2 400 mm，西北部 >3 000 mm，东部雨林—草原过渡带<1 500 mm。比较重要的是干季的强度及长度，水的供应也有影响。可以用 MCWD 指数来描述气候湿润度，这个指数反映的是相邻月缺水量的差以及降水量与蒸发量的差，所以是负值，以 mm/mon 为单位。分析范围自 3°N 到 12°S，西部 72°～60°W，东部 60°～48°W。从观测资料可以确认 3 类生物气候区：(1)热带常绿雨林，MCWD>−200 mm；(2)季节森林，MCWD<−200 mm，年降水量>1 500 mm；(3)草原，MCWD<−300 mm，年降水量≤1 500 mm (Malhi, *et al.*, 2009)。因此，常绿雨林的临界点可能是：MCWD<−200 mm，年降水量<1 500 mm。

21 世纪的预估

为了预估 21 世纪的气候变化，Malhi 等(2009)分析了 IPCC AR4 所用的 19 个模式的模拟，采用 A2 排放方案，比较 1970—1999 年(代表 20 世纪末)及 2070—2099 年(代表 21 世纪末)。分西、东两部分讨论，西部大部分(17/19)模式低估了降水量(与 CRU 或卫星观测比较)，东部大部分(14/19)模式给出的平均状态略干于观测值。如果把 MCWD>−300 mm、年降水量>1 500 mm 作为阈值则东部有 2/3(13/19)的模式未能模拟出东部热带雨林，西部亦有少数(5/19)模式没有做到这一点。所以在下面的分析中不直接用降水量，而是用相对变化来进行分析，结果表明：21 世纪干季(7—10 月)增强，其中 2 个模式 MCWD 负值最大，10/19 个模式接近热带雨林与季节森林的交界(MCWD<−200 mm)，由于降水量仍较高，所以并不是向草原气候转变，湿季较高的降水可弥补部分干季的水资源不足。但是，有一个模式

(HadCM3)模拟的降水量较低，足以进入草原状态，另外4个达到了季节森林—草原状态的水平。如果认为所有模式都是彼此独立的，并且有相等的概率，则有53%(10/19)的可能达到季节森林—草原状态，并有26%(5/19)接近草原的降水状态。然而，实际上各个模式的机遇是不相等的，例如变化最激烈的HadCM3，对亚马孙干旱就模拟得较好，因此，这种极端情况确实也并非不可能。

为什么模式低估了亚马孙的降水？这可能是网格较粗的结果。因为较粗的网格不利于表征尺度小的降水过程，而这对于亚马孙降水是非常重要的。实际上，热带地区大多如此，不过南美尤为突出。许多模式模拟的湿季降水(南美季风)比实际更向南扩展。但是，实际上向南的扩展受到了两个阻碍：(1)安第斯山上空西风带冷风卷挟，使湿的亚马孙气团失去对流能力；(2)罗斯贝波在玻利维亚引起的下沉。这两个机制限制了雨带的向南推进，并加强了亚马孙对流带的降水。对于任何一个粗网格模式来讲，模拟这种区域尺度的大气环流特征都是一种挑战(Chou, *et al.*, 2001)。

但是，干季的增强可能是热带环流增强的结果(Chou, *et al.*, 2004)。温度上升及对流层湿度增大使对流带降水增加，而在其邻近的下沉带降水减少，因此湿季增强，但同时干季也增强并延长，所以MCWD指数就有更大的负值，不过年降水量可能变化不大。这种形势与海表温度变化也有一定关系。热带北大西洋较暖，亚马孙东部及南部干季增强。至少HadCM3模式表明，干旱可能更频繁及持久。

这表明：(1)有30%～50%可能性东亚马孙干季强度增加，可能造成季节性森林；(2)由于全球气候模式一般低估了湿季的降水，未来出现草原的可能性是较低的(0～25%)，但绝不是可以忽略不计的；(3)西亚马孙很可能依然保持雨林，虽然只有很小的可能(10%)转变为季节性干旱。

研究表明(Latif, *et al.*, 2009)，亚马孙雨林的降水与ENSO有密切关系[图6.25(a)]。因此，一旦气候变暖赤道太平洋的海表温度差下降，即东部增温强、西部增温弱，则亚马孙12月—2月降水量会显著减少。而且模式预估的减少量比观测给出来的值要大得多，这可能导致亚马孙雨林枯萎，而且使亚马孙成为CO_2的源，而不是汇[图6.25(b)]。

亚马孙雨林的响应

对于这样的气候变化，亚马孙雨林会做出什么样的反应呢？这可以从3个方面来考虑：(1)降水变化还伴随着其他大气变量的变化，如温度变化，温度变化可能缓解降水变化的影响；(2)预估的21世纪变率是较高的，例如，冰后期的变暖只有0.1 ℃/100a，但21世纪可能有3～5 ℃，这样的变率对任何个体树木来讲都是极高的；(3)还有人为的压力，如砍伐森林、采伐木材、碎木处理及用火等。

首先讨论温度影响。在A2情景下到2100年，大气CO_2可能上升到730～1 020 ppmv，CO_2浓度增加将直接影响植物的光合作用，增强向叶子的扩散率及羧化(Lloyed, *et al.*, 2008)。这可能使生物质逐渐增加，造成一个净生物质碳汇。但是，这也可能加速死亡率及周转率，形成更活跃但都是低生物质森林。因为生态物理饱和，营养供应有限，CO_2施肥作用会逐渐达到饱和。大气温度上升将导致叶子到空气的蒸发压力不足，因此加强蒸腾，造成土壤水分不足。甚至降水量没有变化的情况下，变暖也可能加剧植物对水的需求。温度升高还可能加强植物的代谢活动及呼吸。总之，大气中CO_2浓度上升可能部分缓解季节性增强的影响。模式预估21世纪的高温可能使蒸腾作用增加55%，但是高CO_2浓度有可能使之减少17%，因此净增加效果为 31%，相当于 4.7 mm/d 或 140 mm/mon。这增加了从森林向草原转变的潜在可能性。

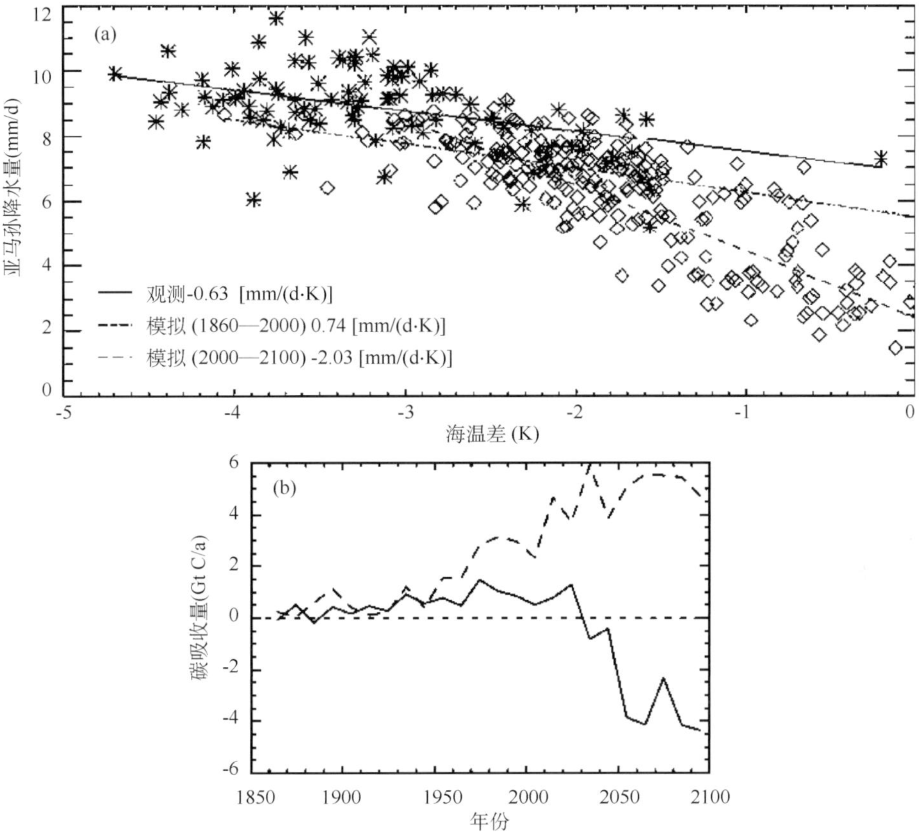

图 6.25　ENSO 与碳循环对亚马孙雨林气候的反馈

[(a)12 月—2 月亚马孙降水量及赤道东西向海表温度差，菱形方块为模式模拟，星号为观测；(b)全球陆面碳吸收，实线为包括气候对碳循环的反馈，2050 年陆面可能成为 CO_2 源，亚马孙雨林的枯萎是主要贡献者，虚线不包括气候对碳循环的反馈，陆地只是碳汇](Latif, *et al.*, 2009)

其次讨论森林对快速气候变化的响应。森林是长生命期有机物，作为一个系统，森林有两种惯性，即"人口惯性"与"微气候惯性"。"人口惯性"反映了这是一个群体，"微气候惯性"反映了局地微气候条件，如蒸发作用、对土壤表面及幼苗的遮蔽等。一旦森林建立，上有封闭的顶棚，下有深入地下的根系，即使局地转为草原气候，也能维持树木生长。这类生态系统惯性足以缓冲亚马孙的不利气候条件，使雨林保持到 22 世纪。那时政策及技术的进步足以控制 CO_2 的增长。

第三讨论人的直接干预。这包括以下三个方面：(1)砍伐森林；(2)直接改变局地气候；(3)野火增加。砍伐森林必然减少土壤中水分的再循环。东亚马孙砍伐森林会减少下风方向西亚马孙的降水。失去森林蒸腾会减少地面的冷却，增加局地温度，并使得剩余森林缺少蒸发的水汽及缺水。土地利用变化及野火，通过烟尘增加大气中的气溶胶，影响降水型。高气溶胶有利于频率低但是强度高的对流，特别是使干季降水减少。亚马孙雨林后退会加深气候变化，改变局地水循环。森林对干季增强可能有某种反弹，但是考虑到野火就很难说了。围绕大草原有一个易燃的带，一般由于缺少易燃的起火点，所以未着火。但随着人类活动增强，居民活动扩展，碎木及木材生产增加了易燃的源。特别是在干旱的年代，火种从农业区渗透到易燃森林引发火灾，如1997，1998，2005和2007年（Alencar, *et al.*, 2004）。

远离临界点

以上分析表明，在中—高排放情景下，东亚马孙干季很可能增强，并有中等程度的可能降水适于季节性森林，而不是热带雨林。温度上升、蒸腾加强、大量砍伐森林及因气候变化而造成的森林后退，会增加季节性水资源缺乏。在干旱边缘或土壤浅薄、贫瘠地区脆弱性最大。大气中CO_2浓度上升可能在一定程度上缓解气候变化的影响。但是，局地升温使森林后退，增加易燃点，会破坏这种生态本身的反弹。特别是东亚马孙有可能越过临界点。所以要尽一切力量避免达到临界点。近来的发展，如扩展保护面积、减少森林砍伐率、偿付亚马孙生态系统服务，说明防止达到临界点不是不可能。

6.11 快速行动

当前人类排放的温室气体，可能正在接近达到“危险的人类干预”的水平。为了避免这样的后果出现，减少温室气体的排放是最主要的目标。本书前面各章主要讲述的是长生命温室气体的减排、捕获与储藏问题。这一小节介绍“快速行动”，目标是减少短生命温室气体。小岛国号召快速行动减缓政策，以避免迫在眉睫的海平面上升，这包括削减氟化烃和黑碳，以及扩大生物固碳。以后的国际会议进一步强调要加强行动。这涉及4个方面：(1)减少生产及消耗氟化烃(HFSs)，停止应用氟氯烃(CFCs)，恢复平流层O_3；(2)减少黑碳的排放，因为黑碳会影响雪盖、冰盖及冰川；(3)减少对流层O_3的有毒气体排放；(4)扩大生物管理，改善森林保护及生产生物碳（Molina, *et al.*, 2009）。

加强《蒙特利尔议定书》

《蒙特利尔议定书》广泛地考虑了各种对环境的威胁，几乎停止了97%约100种消耗O_3的化学物质，估计到21世纪中期O_3层可以恢复。氯氟烃及其他消耗O_3物质也停用了，这些是有很高全球变暖潜力的物质，2005年占长生命温室气体辐射强迫的12%（Forster, *et al.*, 2007）。1990—2010年由于《蒙特利尔议定书》的控制耗损O_3物质可能减少的CO_2当量为135 Gt，大约相当于每年11 Gt CO_2。仅考虑直接对变暖的影响，这可能使变暖推迟7～12 a（Velders, *et al.*, 2007）。如果全球更早采取行动，则可能推迟31～45 a。如果不尽早采取行动，到2010年耗损O_3物质可能相当于每年排放24～76 Gt CO_2，其效果可能与人为排放的CO_2造成的辐射强迫接近。《蒙特利尔议定书》还在发展，主要是停用高全球变暖潜力的氟化烃。2007年缔约国一致同意加速停止使用氟利昂，估计到2040年可能相当于减排16 Gt CO_2。欧盟指出，加速停止使用氯氟烃，会增加氟化烃的排放，这就是说要研制低全球变暖潜力的化学物质，或者没有氟化烃的物质。氟化烃与耗损O_3物质一样，多产生于制造业生产，这是同CO_2不一样的。Velders等(2009)估计了发展中国家家用产品和人口增长对氟化烃的要求，以及氟利昂被氟化烃代替的可能性。全球氟化烃的排放到2050年可能达到每年5.5～

8.8 Gt CO_2当量，这时照常排放总量会迅速增加，并在 2025 年之后远超过原来的估计值。

大家都看到 20 a 来《蒙特利尔议定书》的成绩，这可能使变暖推迟 10 a，有利于减少“危险的人类干预”的威胁。

减少黑碳

黑碳（或煤烟）是一种气溶胶，是由于化石燃料或生物质燃烧不完全产生的颗粒。黑碳有两种途径造成变暖：(1)黑碳在大气中吸收太阳辐射，加热四周的空气；(2)空气中的黑碳沉降使冰雪变黑，加速融化(Forster, *et al.*, 2007)。此外，包含黑碳的气溶胶可以改变云的形成过程，直接影响气候，太阳加热云中的空气，可以驱散低层层状云及对流云，那样就有更多的太阳辐射可以到达地面，增加黑碳的全球变暖影响。但是，当黑碳与其他可溶于水的（硫酸盐）气溶胶混合在一起时，可形成更多的云滴和更多的持久的低层云，这些云会反射更多的太阳辐射，使地面冷却(Forster, *et al.*, 2007)。显然，减少黑碳的排放，可以产生快速的气候响应，因为黑碳在大气中的生存期不过数天到几周(Ramanathan, *et al.*, 2008b)。

黑碳是造成全球变暖的第二或第三大动因，虽然确定其辐射强迫的大小还有不确定性。在确定黑碳的相对变暖影响与气溶胶的冷却作用也有不确定性(Myhre, 2009)。对黑碳的直接气候强迫，IPCC AR4 的估计是(0.34 ± 0.25) W/m^2，Jacobson(2001)的估计为 0.5～0.75 W/m^2，Ramanathan 等(2008b)给出 0.9 W/m^2(0.4～1.2 W/m^2)，是 CO_2强迫的 55%，大于 CH_4、氯氟烃、N_2O 及对流层 O_3 的辐射强迫。此外，IPCC 估计，由于黑碳在冰、雪上沉降还可以增加 0.1 W/m^2。

由于各种反馈作用，Flanner 等(2007)估计黑碳在雪面上造成的变暖，可能是 CO_2影响的 3 倍。Shindell 等(2009)认为黑碳在 1890—2007 年北极地区变暖的 1.9 ℃中的作用可能占 0.5～1.4 ℃。Quinn 等(2008)提出，黑碳在极区从欧洲大陆北部、北美到亚洲的影响占绝对优势，减少黑碳排放，会比 CO_2 减排更容易看到效果。在喜马拉雅山地区，Ramanathan 等(2008a)估计，在较高的地理高度黑碳的加热与 CO_2造成的变暖对冰雪融化同等重要。模拟研究表明 20 世纪 50 年代以来西藏—喜马拉雅地区的 1 ℃变暖，可能有 0.6 ℃与大气黑碳有关。Flanner 等(2009)估计黑碳在欧亚大陆春季融雪中的作用与 CO_2相同，如果除去黑碳至少可以保存工业化前以来融化的冰盖的 25%。这个大的变暖趋势加速了喜马拉雅—西藏冰川的后退，这会威胁到中国及印度的淡水资源。西藏高原的冰川面积在 1995 年为 50 万 km^2，有可能在 2030 年缩减到 10 万 km^2。据中国高原研究所估计，从现在发展趋势来看，到 2050 年可能有 2/3 的冰川消失，因此，当务之急是削减黑碳的排放(Qiu, 2008)。

Cofala 等(2007)估计，如果采用全部现有的技术，到 2030 年可以减少黑碳排放的 50%，这主要指减少燃烧柴油的排放及改进做饭炉子。假如把黑碳排放减少 50%，就有可能抵消 10～20 a CO_2造成的变暖。用没有黑碳的火炉代替传统的火炉做饭，在南亚可以减少黑碳造成的变暖的 70%～80%，在东亚可以减少 20%～40%。

减少对流层 O_3

低层大气（对流层）中的 O_3是一个主要污染物并有很强的温室效应。人类活动并不直接排放 O_3，但是排放污染物气体如 CO，NO_x，CH_4 和其他非甲烷挥发性有机化合物(VOCs)。这些都是 O_3的前身，这些气体通过复杂的光化学反应，开始在地面上 10～15 km 高度形成 O_3。由于工业化以来 CH_4，CO，VOCs 及 NO_x 增加，对流层 O_3浓度增加了 30%(Shindell, *et al.*, 2005),造成的变暖是 CO_2 的 20%。对流层 O_3 对人及植物包括农作物是有毒物质,估计对农作物的影响达到每年损失 140 亿~260 亿美元,威胁到食物供应。

估计通过防止空气污染,包括海运及空运,可以减少 50%以上的 NO_x 及 CO 排放,可以减少 O_3 的辐射强迫 20%~10%,使变暖推迟 10 a(Forster, *et al.*, 2007)。

生物固碳

生物固碳包括通过土地利用变化,造林、重新植林,埋填储藏碳,以及增强农业土壤中的碳,直接从大气中排除 CO_2。森林可以在 50 a 以上减 278 Gt CO_2。目前主要由于热带砍伐森林每年约排放 1.5 Gt C 或 5.5 Gt CO_2(Canadell, *et al.*, 2007)。然而,到 2030 年每年造林可以减少 1.0 Gt CO_2 当量,重新植林可以减少 1.4 Gt CO_2 当量,改进管理还可以再减少 0.3 Gt CO_2 当量。

生物碳技术是通过植物的光合作用固定碳,这样捕获的碳转化为稳定的像碳一样的物质称为生物碳,估计能保持几百至几千年到几万年。这个过程是在缺氧环境下高温分解。这个过程一方面储藏碳,另一方面也是很好的土壤改良剂。高温分解同样也产生生物气体及生物油,可以代替化石燃料负碳源(Lehmann, *et al.*, 2006)。生产生物碳的原料应有尽有,技术也有。采用家用高效厨灶可以生产生物碳,并减少黑碳的排放。

国际生物碳研究所估计,生产生物碳到 2040 年每年减少 1 Gt C 或 3.67 Gt CO_2。如果灌木-碳农业被灌木-燃烧所代替,并且农业与森林的废弃物都用于生产生物碳,那么在半个世纪内就可以使 CO_2 浓度下降 8 ppmv,或者相当于 62.5 Gt CO_2。Lehmann 等(2006)估计到 2100 年生物碳可以每年控制 5.5~9.5 Gt C,或者 20~35 Gt CO_2。Lenton 等(2009)建议,由植物捕获大气中 CO_2 产生生物能,然后再利用碳捕获及储藏技术,结合造林及生产生物碳,可以从大气中除去 100 ppmv 的 CO_2,减少辐射强迫 1.3 W/m^2。

我们正面临着地球系统的巨大的、很大程度上是不可逆转的变化。因此现在的政策应该是一个广泛的、无所不包的考虑所有变暖的来源及所有可能采取的减缓行动。除了强调 CO_2 的减排,还要采用能迅速看到效果的行动。这些快速行动在未来 5~10 a 内完成,使气候在 10 a 或更短时间做出反应,在巴厘行动计划中已经指明了这一点,通过快速行动可以推迟变暖,减少适应的成本,化解对生态系统的危害,促进经济繁荣。

6.12 发出求救信号

Inman(2011)在 *Nature Climate Change* 上撰文"发出求救信号(SOS)",着重探讨了生态系统达到临界点的预警问题。首先,由于变暖及酸化的压力,许多生态系统可能不再缓慢地响应,而是很快从一种状态跳跃到另一种状态。热带雨林枯萎,转化为草原。珊瑚白化,并通过海藻向四周蔓延。清澈的淡水湖是鱼类和植物的避难所,也被藻青菌湮没,并把其他生物排挤出去。气候变化的影响进一步深化,愈来愈多的生态系统变得对这种状态转变更加脆弱。最大的问题是能够在某种程度上预测这样的根本性变化。如果系统变得更脆弱,就可能失去恢复的能力,这将带来严重影响。例如,加拿大大西洋沿岸的鳕鱼受到过度捕捞,有些种类已遭到灭顶之灾。在 20 世纪 70 年代初期捕获量大幅下降,从 20 世纪 60 年代末的年产 80 万 t,到 20 世纪 70 年代初下降到 20 万 t 以下,以致 1992 年发出了禁捕令,但是至今鳕鱼数量依然很低。这就是人们所说的"是不是达到了临界点?"亚马孙雨林的枯萎、格陵兰冰盖的崩溃都属于这种性质。有时还没有确认是否已经接近另一种状态，但对于防止发生状态转变已经为时过晚，那时再设法削减温室气体的排放已经来不及了。一个小的生态系统的状态转变是容易防止的，模式及野外试验都证明了这一点，这是令人鼓舞的。科学家已经发现了若干即将发生状态转变的信号，但是现在要看是否对其他系统也能发现这样的信号。如果真的能够确认即将发生转变的脆弱系统，就有可能采取措施防止发生这种转变。

监测生态系统，发现预警信号，例如一些湖泊或者珊瑚是否接近临界点，可以保护生态环境。当然，要准确地预测是很困难的。但是，绝不像以前大家认为的那样，是不可预测的。虽然状态的转变是多种多样的，例如适于鱼类生存的湖泊经常是清澈的，一旦有藻青菌侵入，湖水就变得混浊，阳光也不能进入水中，水生植物受到影响，这样会波及鱼类。一般藻青菌是高营养物造成的，如注入湖中的水含很高的氮和磷。当然，气候变化也有影响，温度升高，原来能接受的氮、磷水平就不适用了，因为在较高温度下，藻青菌生长得更快。人们为取得这个经验教训付出了代价。有些湖泊就在监测中崩溃了。同样的事件是过度放牧破坏了牧场，牧草被灌木丛取代。

预警信号

研究表明，当一个生态系统接近临界点的时候，往往失去了恢复能力，一旦遭受到打击，例如强风暴袭击，很少能恢复原状。虽然没有办法直接测量一个生态系统是否失去了恢复能力，但是可以通过生态系统对四周环境变化的响应，得到一些有用的信息。模式可能错过了一些信号，这些信号本来可以视作一个系统失去恢复能力亮起的红灯，从而意味着正在发生状态转变。有机物数量的变化可能就是这样一种信号。这可能表现为该物种缓慢减少，这说明系统在达到翻转点时，失去了从一个小的打击下恢复的能力。从统计学上看，这表现为变率增加。在一个稳定的系统中，变率大体上是一个常数，而当这个系统接近临界点时，经常变率会逐渐增加。所以变率增加是一个危险的信号，警告我们这个系统可能一步一步向着转变到一个新的状态发展。

因此，科学家集中于在生存的生态系统中搜寻预警信号，例如在加利福尼亚沿岸捕捞量较大的鱼类，捕捞量变化也较大。用计算机模拟进入湖水中有丰富营养的径流表明，可以用一个关键营养物——磷来代表。大约在转入一个新的状态之前 10 a，磷的水平还是稳定的，但是这时磷的变率已经开始稳定地增加，大约转变前 1 a 磷的变率跳到了最高点。尽管模式能很清楚地揭露出预警信号，但模式还做不到能预测什么时候一个实际的生态系统可能越过临界点。

有人用水蚤做试验，证实在状态转变之前 3 个月，变率大幅度增加。不过在现实生态系统中发现预警信号并不容易，因为现实世界要比试验复杂得多。不过并不是完全不可能发现预警信号。科学家在密歇根湖，把食肉的鲈鱼量增加 1 倍，结果发现湖的生态系统发生了根本的变化，以植物为食的鱼类被挤走了，离开了开阔水域到了紧靠沿岸的水域。在增加鲈鱼之前，反映光合作用的叶绿素水平虽有升有降，但鲈鱼增加后变化振幅加大，又过了数个月鲈鱼才完全占优势。这表明有一定时间可以采取干预行动防止状态的转变。

当然，不止变率这一个指标可以提供预警信号，高分辨率的景观卫星观测也是一个有力的工具。例如可以用相隔 1 a 的观测判断什么地方发生了变化，干旱的草原、湖泊的变化都可以反映生态系统的变化。模式分析表明，淡水湖四周的植被的变化也可以反映湖水的状态转变。湖水的相邻地区之间的关系也可以用来判断湖水状态的转变，当接近临界点时，各个区植被之间的关系逐渐增强。

自然，能对状态转变做出预警的信号绝不止上述这几个方面，不过没有哪一个信号是绝对可靠的。例如：对一个干旱草原转变为沙漠的情况，用 3 个模式进行了模拟研究。有两个模式表明变率增加，不同区域之间的相关也增加，因此确实看到了即将临近的状态转变的预警信号。但是第三个模式则没有看到这一类信号。这个模式表明，草原在接近灭绝时，发生了一种特殊的情况，草的生长呈条状，每条之间间隔 1～10 m，弯弯曲曲就像迷宫一样，说明草的生长很困难。因此，这种类型的生态系统变化也可以作为即将达到临界点的预警信号。这个例子说明，每个生态系统可能有自己的信号。此外，假信号与无信号也是很大的问题。因此，对每个生态系统如何判断它是否接近临界点，要研制不同的模式，也要进行大量的野外试验来证实。不过，尽管一些预警信号并不完善，有时有了信号也不一定即将达到临界点，但是预警信号还是可以提供非常有益的信息，帮助我们管理好生态系统。这有助于我们决定投资的优先权，以挽救那些濒临崩溃边缘的生态系统。

参考文献

《第二次气候变化国家评估报告》编写委员会. 2011. 第二次气候变化国家评估报告. 北京：科学出版社.

丁一汇,林而达,何建坤. 2009. 中国气候变化——科学、影响、适应及对策研究. 北京:中国环境科学出版社.

丁一汇. 2010. 气候变化(大学教材). 北京:气象出版社.

高云,罗勇,张军岩. 2010. 从哥本哈根气候变化大会看气候变化谈判的焦点问题及 IPCC 第五次评估报告的可能作用. 气候变化研究进展,**6**(2):83-85.

联合国政府间谈判委员会. 1992. 联合国气候变化框架公约(中文版).

联合国政府间谈判委员会. 1997. 联合国气候变化框架公约,京都议定书(中文版).

联合国政府间谈判委员会. 2009. 联合国气候变化框架公约,缔约方会议第 15 届会议报告.

联合国政府间谈判委员会. 2010. 联合国气候变化框架公约,缔约方会议第 16 届会议报告.

联合国政府间谈判委员会. 2011. 联合国气候变化框架公约,缔约方会议第 17 届会议报告.

联合国政府间谈判委员会. 2012. 联合国气候变化框架公约,缔约方会议第 18 届会议报告.

罗勇. 2012. 与气候变化国际谈判相关的若干科学问题//宫鹏,梁璐. 全球变化评论(第三辑):地球系统科学前沿讲座. 北京:高等教育出版社.

气候变化国家评估报告编写委员会. 2007. 气候变化国家评估报告. 北京:科学出版社.

唐国利,罗勇,黄建斌,等. 2012. 气候变暖在继续. 气候变化研究进展,**8**(4):235-241.

唐国利,王绍武,闻新宇,等. 2011. 全球平均温度序列的比较. 气候变化研究进展, **7**(2):85-89.

王绍武,龚道溢. 2001. 对气候变暖问题争议的分析. 地理研究,**20**(2):153-160.

王绍武,罗勇,唐国利,等. 2010b. 近 10 年全球变暖停滞了吗? 气候变化研究进展,**6**(2):95-99.

王绍武,罗勇,赵宗慈. 2010a. 关于非政府间国际气候变化专门委员会(NIPCC)报告. 气候变化研究进展,**6**(2):89-94.

王绍武,罗勇,赵宗慈,等. 2004. 全球变暖会导致气候严寒吗? 科技导报,7:8-10.

王绍武,罗勇,赵宗慈,等. 2005a. 关于气候变暖的争议. 自然科学进展,**15**(6):917-922.

王绍武,罗勇,赵宗慈,等. 2005b. 近千年温度变化的争议仍在继续. 气候变化研究进展,**1**(2):72-75.

王绍武,罗勇,赵宗慈,等. 2011. 全球气候变暖原因的争议. 气候变化研究进展,**7**(2):79-84.

赵宗慈,王绍武,罗勇. 2007. IPCC 成立以来对温度升高的评估与预估. 气候变化研究进展,**3**(3):183-184.

郑国光. 2010. 对哥本哈根气候变化大会之后我国应对气候变化新形势和新任务的思考. 气候变化研究进展,**6**(2):79-82.

周天军. 2005. CLIVAR/PAGES 2005—2010 年的工作重点. 气候变化研究进展,**1**(12):40-41.

Adams J, Mann M, Ammann C. 2003. Proxy evidence for an El Niño-like response to volcanic forcing. *Nature*, **426**: 274-278.

Agrawala S. 1999. Early science-policy interactions in climate change: Lessons from the Advisory Group on Greenhouse Gases. *Global Environ Change*, **9**: 157-169.

Albani S, Mahowald N. 2012. Aerosols and climate: How sensitive is earth's climate to atmospheric aerosols? Present. *PAGES news*, **20**(1): 20.

Alencar A A C, Solorzano L A, Nepstad D C. 2004. Modeling forest understory fires in an Eastern Amazonian Landscape. *Ecol Appl*, **14**: 5139-5149.

Allegre C, *et al*. 2012. No need to panic about warming. The Wall Street Journal, Jan,27, http://online.wsj. com/article/SB10001424052970204301404577171531838421366. html? mod = WSJ _ Opinion _ LEADTop&_nocache=1332293603735&user=welcome&mg=id-wsj.

Allen M R, Frame D J, Huntingford C, *et al*. 2009. Warming caused by cumulative carbon emissions towards the trillionth tone. *Nature*, **458**: 1163-1166.

Alley R B, Clark P U, Huybrechts P, *et al*. 2005. Ice-sheet and sea-level changes. *Science*, **310**: 456-460.

Alvarez-Solas J, Charbit S, Ritz C, *et al*. 2010. Links between ocean temperature and iceberg discharge during Heinrich events. *Nature Geoscience*, **3**: 122-126.

An Z S, Clemens S C, Shen J, *et al*. 2011. Glacial-interglacial Indian summer monsoon dynamics. *Science*, **333**: 719-723.

Anderson D M, Mauk E M, Wahl E R, *et al*. 2012. Global warming in an independent record of the past 130 years. *Geophys Res Lett*, http://doi.org/jw9.

Anderson R F, Ali S, Bradtmiller L I, *et al*. 2009. Wind-driven upwelling in the Southern Ocean and the deglacial rise in atmospheric CO_2. *Science*, **323**: 1443-1448.

Andersson A J, Mackenzie F T, Gattuso J P. 2011. Effects of ocean acidification on benthic processes, organisms, and ecosystems//Gattuso J P, Hansson L. Ocean Acidification. New York: Oxford University Press: 122-153.

Andreae M O, Jones C D, Cox P M. 2005. Strong present-day aerosol cooling implies a hot future. *Nature*, **435**: 1187-1190.

Andronova N G, Schlesinger M E. 2001. Objective estimation of the probability density function for climate sensitivity. *J Geophys Res*, **106**(D19): 22605-22611.

Annan J D, Hargreaves J C. 2006. Using multiple observationally-based constraints to estimate climate sensitivity. *Geophys Res Lett*, **33**, L06704.

Annan J D, Hargreaves J C, Ohgaito R, *et al*. 2005. Efficiently constraining climate sensitivity with paleoclimate simulations. *Scientific Online Letters on the Atmosphere*, **1**: 181-184.

Anthony K M W, Anthony P, Grosse G, *et al*. 2012. Geologic methane seeps along boundaries of Arctic permafrost thaw and melting glaciers. *Nature Geoscience*, **5**: 419-426.

Arblaster J M, Meehl G A. 2006. Contributions of external forcings to Southern Annular Mode trends. *J Climate*, **19**: 2896-2905.

Archer D. 2010. The Glolal Carbon Cycle: Princeton Primers in Climate. Princeton University Press: 224.

Archer D, Pierrehumbert R. 2011. The Warming Papers: The Scientific Foundation for the Climate Change Forecast. Oxford, U K: Wiley-Blackwell: 261-273.

Archer D, Buffett B, Brovkin V. 2009a. Ocean methane hydrates as a slow tipping point in the global carbon cycle. *PNAS*, **106**(49): 20596-20601.

Archer D, Eby M, Brovkin V, *et al*. 2009b. Atmospheric lifetime of fossil fuel carbon dioxide. *Annu Rev Earth Planet Sci*, **37**: 117-134.

Arnell N W, Lowe J A, Brown S, *et al*. 2013. A global assessment of the effects of climate policy on the impacts of climate change. *Nature Climate Change*, Adv. Online Pub., doi: 10.1038/NCLMATE1793.

Arrhenius S. 1896. On the influence of carbonic acid in the air upon the temperature of the ground. The London Edinburgh, and Dublin Philosophical Magazine and Journal of Science 5th Series, **465**(251)// Archer D, Pierrehumbert R. 2011. The Warming Papers: The Scientific Foundation for the Climate Change Forecast. Oxford, U K: Wiley-Blackwell: 45-77.

Azar C, Lindgren K, Obersteiner M, *et al*. 2010. The feasibility of low CO_2 concentration targets and the role of bio-energy with carbon capture and storage(BECCS). *Climatic Change*, **100**: 195-202.

Barber R T. 2007. Picoplankton do some heavy lifting. *Science*, **315**: 777-778.

Barker S, Knorr G, Edwards L, *et al*. 2011. 800, 000 years of abrupt climate variability. *Science*, **334**: 347-351.

Barrett P. 1992. Negotiating a Framework Convention on Climate Change: Economic Considerations. //OECD. Convention on Climate Change: Economic Aspects of Negotiation. Paris: OECD. 9-48.

Bauer E, Claussren M, Brovkin V, *et al*. 2003. Assessing climate forcings of the Earth system for the past millennium. *Geophys Res Lett*, **30**(6): 1276, doi: 10.1029/2002 GL016639.

Beerling D, Royer D L. 2011. Convergent Cenozoic CO_2 history. *Nature Geoscience*, **4**: 418-420.

Bender M A, Knutson T R, Tuleya R E, *et al*. 2010. Modeled impact of anthropogenic warming on the frequency of intense Atlantic hurricanes. *Science*, **327**(5964): 454-458.

Berliner L M, Levine R A, Shea D J. 2000. Bayesian climate change assessment. *J Climate*, **13**: 3805-3820.

Bernstein L, Bosch P, Canziani O, *et al*. 2007. Climate Change 2007: Synthesis Report. Cambridge: Cambridge University Press.

Bertrand C, Loutre M F, Crucifix M, *et al*. 2002. Climate of the last millennium: A sensitivity study. *Tellus*, **54**A(3): 221-244.

Betts R A, Falloon P D, Goldewijk K K, *et al*. 2007. Biogeophysical effects of land use on climate: Model simulations of radiative forcing and large-scale temperature change. *Agricultural and Forest Meteor*, **142** (2-4): 216-233.

Blunden J, Arndt D S, Baringer M O, *et al*. 2011. State of the Climate in 2012. *BAMS*, **92**(6): 1-266.

Bock M, Shmitt J, Möller L, *et al*. 2010. Hydrogen isotopes preclude marine hydrate CH_4 emissions at the onset of Dansgaard-Oeschger events. *Science*, **328**: 1686-1689.

Boé J, Hall A, Qu X. 2009. Deep ocean heat uptake as a major source of spread in transient climate change simulations. *Geophys Res Lett*, **36**, L22701.

Bonan G B. 2008. Forests and climate change: Forcing, feedbacks and the climate benefits of forests. *Science*, **320**: 1444.

Bonder M A, Knutson T R, Tuleya R E, *et al*. 2010. Modeled impact of an thropogenic warming on the frequency of intense Atlantic hurricanes. *Science*, **327**(5964): 454-458.

Bondre N, Kiefer T. 2012. Editorial: Harnessing the past and the present in the service of the future. *PAGES news*, **20**(1): 7.

Booth R K, Jackson S T, Forman S L, *et al*. 2005. A severe centennial-scale drought in mid-continental North America 4200 years ago and apparent global linkages. *The Holocene*, **15**: 321-328.

Booth R K, Jackson S T, Sousa V A, *et al*. 2012. Multidecabal drought and amplified moisture variability drove rapid forest community change in a humid region. *Ecology*, **93**: 219-226.

Bouttes N, Roche D M, Paillard D. 2009. Impact of strong deep ocean stratification on the glacial carbon cycle. *Paleoceanography*, **24**, doi: 10.1029/2008PA001707.

Bowman D M J S. 1998. Tansley Review No. 101: The impact of aboriginal landscape burning on the Australian biota. *New Phytologist*, **140**(3): 385-410.

Bowman D M J S, Balch J K, Artaxo P, *et al*. 2009. Fire in the Earth system. *Science*, **324**: 481-484.

Boyd P W, Strzepek R, Fu F, *et al*. 2010. Environmental control of open-ocean phytoplankton groups: Now and in the future. *Limnology and Oceanography*, **55**(3): 1353-1376.

Braconnot P, Harrisson S P, Tudhope S, *et al*. 2012. Tropical climate variability with focus on Last Millennium, Mid-Holocene and Last Glacial Maximum. *PAGES news*, **20**(1): 51-52.

Braconnot P, Otto-Bliesner B, Harrison S, *et al*. 2007a. Results of PMIP2 coupled simulations of the Mid-Holocene and Last Glacial Maximum—Part 1: Experiments and large-scale features. *Clim Past*, **3**: 261-277.

Braconnot P, Otto-Bliesner B, Harrison S, *et al*. 2007b. Results of PMIP2 coupled simulations of the

Mid-Holocene and Last Glacial Maximum—Part 2: Feedbacks with emphasis on the location of the ITCZ and mid-and high latitudes heat budget. *Clim Past*, **3**: 279-296.

Breshears D D, Lopez-Hoffman L, Graumlich L J. 2011. When ecosystem services crash: Preparing for big, fast, patchy climate change. *Ambio*, **40**: 256-263.

Briffa K R. 2000. Annual climate variability in the Holocene: Interpreting the message of ancient trees. *Quart Sci Rev*, **19**(1-5): 87-105.

Briffa K R, Osborn T J, Schweingraber F H, *et al*. 2001. Low-frequency temperature variations from a northern tree ring density network. *J Geophys Res*, **106**(D3): 2929-2941.

Briffa K R, Osborn T J, Schweingruber F H. 2004. Large-scale temperature inferences from tree rings: A review. *Global Planet Change*, **40**(1-2): 11-26.

Broccoli A J, Dixon K W, Delworth T L, *et al*. 2003. Twentieth-century temperature and precipitation trends in ensemble climate simulations including natural and anthropogenic forcing. *J Geophys Res*, **108** (D24): 4798.

Broecker W S. 1998. Paleocean circulation during the last deglaciation: A bipolar seesaw? *Paleoceanography*, **13**: 119-121.

Broham P, Kennedy J J, Harris I, *et al*. 2006. Uncertainty estimates in regional and global observed temperature changes: A new dataset from 1850. *J Geophys Res*, **111**, D12106.

Brovkin V, Ganopolski A, Archer D, *et al*. 2007. Lowering of glacial atmospheric CO_2 in response to changes in oceanic circulation and marine biogeochemistry. *Paleoceanography*, **22**, doi: 1029/2006PA001380.

Budyko M I. 1969. The effect of solar radiation variations on the climate of the Earth. *Tellus*, **21**: 611-619.

Büntgen U, Tegel W, Nicolussik *et al*. 2011. 2500 years of European climate variability and human susceptibility. *Science*, **331**:578-582.

Callendar G S. 1938. The artificial production of carbon dioxide and its influence on climate. *Quart J Roy Meteor Soc*, **64**:223-240.

Canadell J P, Le Quéré C, Raupach M R, *et al*. 2007. Contributions to accelerating atmospheric CO_2 growth from economic activity, carbon intensity, and efficiency of natural sinks. *PNAS*,**104**:18866-18870.

Cane M A, Clement A C, Kaplan A, *et al*. 1997. Twentieth-century sea surface temperature trends. *Science*, **275**: 957-960.

Carslaw K S, Boucher O, Spracklen D V, *et al*. 2010. A review of natural aerosol interactions and feedbacks within the Earth System. *Atmos Chem Phys*, **10**: 1701-1737.

Cazenave A, Remy F. 2011. Sea level and climate: Measurements and causes of Changes. *Interdisiplinary Rev: Climate Change*, **2**(5): 647-662.

Cazenave A. 2012. Sea level rise—How much and how fast will sea level rise over the coming centuries? Preseut. *PAGES news*, **20**(1): 30.

Cermeño P, Dutkiewicz S, Harns R P, *et al*. 2008. The role of nutricline depth in regulating the ocean carbon cycle, *PNAS*, **105**(51): 20344-20349.

Charney J G. 1979. Carbon Dioxide and Climate: A Scientific Assessment. Washington, D C: National Academy of Science: 22.

Chase T N, Knaff J A, Pielke R A sr, *et al*. 2003. Changes in global monsoon circulations since 1950. *Natural Hazards*, **29**: 229-254.

Chen Y L L, Tuo S H, Chen H Y. 2011. Co-occurrence and transfer of fixed nitrogen from *Trichodesmium* spp. to diatoms in the low-latitude Kuroshio Current in the NW Pacific. *Marine Ecology Process Series*, **421**: 25-38.

Cheng H, Sinha A, Colman S M. 2012. Monsoon climate—Will summer rain increase or decrease in monsoon regions? *PAGES news*, **20**(1): 27.

Chikira M. 2010. A cumulus parameterization with state-dependent entrainment rate. Part II: Impact on climatology in a general circulation model. *J Atmos Sci*, **67**: 2194-2211.

Chisholm S. 2000. Stirring times in the Southern Ocean. *Nature*, **407**: 685-687.

Chou C, Neelin J D. 2001. Mechanisms limiting the southward extent of the South American summer monsoon. *Geophys Res Lett*, **28**: 2433-2436.

Chou C, Neelin J D. 2004. Mechanisms of global warming impacts on regional tropical precipitation. *J Climate*, **17**: 2688-2671.

Christiansen B, Schmith T, Thejll P. 2009. A surrogate ensemble study of climate reconstruction methods: Stochasticity and robustness. *J Climate*, **22**: 951-976.

Christie D, Rivera A. 2011. 2nd International Symposium "Reconstruction climate variations in South America and the Antarctic Peninsula over the last 2000 years". *PAGES news*, **19**(2): 77-78.

Christy J R, Norris W B, Spencer R W, *et al*. 2007. Tropspheric temperature change since 1979 from tropical radiosonde and satellite measurements. *J Geophys Res*, 10.1029/2005JD006881.

Church J A, White N J. 2011a. Sea-level rise from late 19th to the early 21st century. *Surveys Geophys*, **32**(4-5): 585-602.

Church J A, White N J, Konikow L F, *et al*. 2011b. Revisiting the Earth's sea-level and energy budgets from 1961 to 2008. *Geophys Res Lett*, **38**, doi 10.1029/2011 GL048794.

Church J A, Gregory J M, White N J, *et al*. 2011c. Understanding and projecting sea level change. *Oceanopraphy*, **24**(2): 130-143.

Ciais P, Tagliabue A, Cuntz M, *et al*. 2012. Large inert carbon pool in the terrestrial biosphere during the Last Glacial Maximum. *Nature Geoscience*, **5**: 74-79.

Clark P U, McCabe A M, Mix A C, *et al*. 2004. Rapid rise of sea level 19,000 years ago and its global implications. *Science*, **304**: 1141-1144.

Clarke L, Edmonds J, Krey V, *et al*. 2009. International climate policy architectures: Overview of the EMF International Scenarios. *Energy Econ*, **31**: s64-s81.

Claussen M. 2012. Hidden glacial carbon. *Nature Geoscience*, **5**: 6-7.

Claussen M, Mysak L A, Weaver A J, *et al*. 2002. Earth system models of intermediate complexity: closing the gap in the spectrum of climate system models. *Clim Dyn*, **18**: 579-586.

Clement A. 2012. El Niño-Southern Oscillation: What is the outlook for ENSO? Present. *PAGES news*, **20**(1): 28.

Clement A C, DiNezio P, Deser C. 2011. Rethinking the Ocean's Role in the Southern Oscillation. *J Climate*, **24**: 4056-4072.

Cobb K M, Charles C D, Cheng H, *et al*. 2003. El Niño-Southern Oscillation and tropical Pacific climate during the last millennium. *Nature*, **424**: 271-276.

Cofala J, Amman M, Klimont Z, *et al*. 2007. Scenarios of global anthropogenic emissions of air pollutants and methane until 2030. *Atmos Eno*, **41**: 8486-8499.

Collett T S, Lee M W, Agena W F, *et al*. 2011. Permafrost-associated natural gas hydrate occurrences on the Alaska North Slope. *Mar Petrol Geol*, **28**: 279-294.

Collins M. 2005. The CMIP modelling groups. El Niño-or La Niña-like climate change? *Clim Dyn*, **24**: 89-104.

Collins M, Booth B B B, Bhaskaran B, *et al*. 2011. Climate model errors, feedbacks and forcing: A comparison of perturbed physics and multi-model ensembles. *Clim Dyn*, **36**: 1737-1766.

Collins M, Booth B B B, Harris G R, *et al*. 2006. Toward quantifying uncertainty in transient climate change. *Clim Dyn*, **27**: 127-147.

Collins M, Long D. 2012. Climate sensitivity—How sensitive is Earth's climate to CO2? Present. *PAGES news*, **20**(1): 11.

Colville E J, Carlson A E, Beard B L, *et al*. 2011. Sr-Nd-Pb isotope evidence for ice-sheet presence on southern Greenland during the last Interglacial. *Science*, **333**: 620-623.

Comiso J C, Nishio F. 2008. Trends in the sea ice cover using enhanced and compatible AMSR-E, SSM/I, and SMMR data. *J Geophys Res*, **113**: C02507.

Conroy J L, *et al*. 2008. Holocene changes in eastern tropical Pacific climate inferred from a Galapágos lake sediment record. *Quat Sci Rev*, **27**: 1166-1180.

Cook E, Krusic P J, Anchukaitis K J, *et al*. 2012. Tree-ring reconstructed summer temperature anomalies for temperate East Asia since 800CE. *Clim Dyn*, **40**, doi: 10.1007/s00382-012-1611-x.

Cook E R, Esper J, D'Arrigo R D. 2004a. Extra-tropical Northern Hemisphere land temperature variability over the past 1000 years. *Quat Sci Rev*, **23**(20-22): 2063-2074.

Cook E R, Woodhonse C A, Eakin C M, *et al*. 2004b. Long-term aridity changes in the Western United States. *Science*, **306**: 1015-1018.

Corbyn Z. 2011. Global warming "confirmed". *Nature Climate Change*, **1**: 437-438.

Costanza R, Graumlich L J, Steffen W. 2007. Sustainability or Collapse? An Integrated History and Future of People on Earth, MIT Press: 520.

Council of the European Union(CEU). 2005. Information note 7242/05; 11th March 2005, http://register. Consilium. Eu/pdf/en/05/st07/st07242.

Cox P M, Betts R A, Collins M, *et al*. 2004. Amazonian forest dieback under climate-carbon cycle projections for the 21st century. *Theor Appl Climatol*, **78**: 137-156.

Cox P M, Betts R A, Jones C D, *et al*. 2000. Acceleration of global warming due to carbon-cycle feed backs in a coupled climate model. *Nature*, **408**: 184-187.

Craig I, Singer S F. 2009. Climate Change Reconsidered: 2009 Report of the Nongovernmental International Panel on Climate Change(NIPCC). The Heartland Institute: 855.

CrowleyT J, Baum S K, Kim K Y, *et al*. 2003. Modeling ocean heat content changes during the last millennium. *Geophys Res Lett*, **30**(18), 1932, doi:10.1029/2003GL107801.

Cubasch U, Meehl G A, Boer G J, *et al*. 2001. Projections of future climate change//Houghton J T, Ding Y, Griggs D J, *et al*. Climate Change 2001: The Scientific Basis. Contribution of Working Group Ⅰ to the Third Assessment Report of the Intergovernmental Panel on Climate Change. Cambridge, United Kingdom and New York, USA: Cambridge University Press: 525-582.

Cullen H. 2010. The Weather of the Future: Heat Waves, Extreme Storms, and Other Scenes from a Climate-Changed Planet. New York: Harper Collins Publishers.

Cunningham S A. 2002. Temporal variability of the Atlantic Meridional Overturning Circulation at 26.5°N. *Science*, **317**: 935-938.

Cunningham S A, Kanzow T, Rayner D, *et al*. 2007. Temporal variability of the Atlantic meridional overturning circulation at 26.5°N. *Science*, **317**: 935-938.

Curry R, Mauritzen C. 2005. Dilution of the northern North Atlantic Ocean in recent decades. *Science*, **308**: 1772-1774.

Curry W B, Oppo D W. 2005. Glacial water mass geometry and the distribution of $\delta^{13}C$ of ΣCO_2 in the western Atlantic Ocean. *Paleoceanography*, **20**, doi: 10.1029/2004 pa001021.

D'Arrigo R, Wilson R, Jacoby G. 2006. On the long-term context for late twentieth century warming. *J Geophys Res*, **111**(D3), doi:10.1029/2005JD006352.

Daniau A L, d'Errico F, Sánchez Goñi M F. 2010a. Testing the hypothesis of fire use for ecosystem management by Neanderthal and Upper Palaeolithic Modern Human populations. *PloSONE*, **5**, doi: 10.1371/journal. pone.0009157.

Daniau A L, Harrison S P, Bartlein P J. 2010b. Fire regimes during the last glacial. *Quat Sci Rev*, **29**:2918-2930.

Davis C H, Li Y, McConnell J R, *et al*. 2005. Snowfall-driven growth in East Antarctica ice sheet mitigates recent sea-level rise. *Science*, **308**: 1898-1901.

de Noblet-Ducoudré N, Boisier J P, Pitman A, *et al*. 2012. Determining robust impacts of land-use induced land-cover changes on surface climate over North America and Eurasia: Results from the first of LUCID experiments. *J Climate*, **25**:3261-3281.

de Sherbinin A, Castro M, Gemenne F, *et al*. 2011. Preparing for resettlement associated with climate change. *Science*, **334**: 456-457.

Dearing J A. 2008. Landscape change and resilience theory: A palaeoenvironmental assessment from Yunnan, SW China. *The Holocene*, **18**: 117-127.

Dearing J A, Jones R T, Shen J, *et al*. 2008. Using multiple archives to understand past and present climate-human- environment interactions: the Lake Erhai catchment, Yunnan Province, China. *J Paleolimnology*, **40**: 3-31.

Delworth T L, Knutson T R. 2000. Simulation of early 20th century global warming. *Science*, **287**: 2246-2250.

Dessai S, Adger W N, Hulme M, *et al*. 2004. Defining and experiencing dangerous climate change—An editorial essay. *Climatic Change*, **64**: 11-25.

Diaz H F, Wahl E R, Kaufman. 2011. Advancing North American climate field reconstructions: Data sources, methods development and comparisons. *PAGES news*, **19**(2): 76-77.

Dickens G R, Paull C K, Wallace P. 1997. Direct measurement of in situ methane quantities in a large gas-hydrate reservoir. *Nature*, **385**: 426-425.

Dobrovolny P, Moberg A, Brázdil R, *et al*. 2010. Monthly, seasonal and annual temperature reconstructions for central Europe derived from documentary evidence and instrumental records since AD 1500. *Climatic Change*, **101**: 69-107.

Doney S C, Schimel D S. 2007. Carbon and climate system coupling on time scales from the Precambrian to the Anthropocene. *Annual Rev Environ Resources*, **32**(1): 31-66.

Donnelly J P, Woodruff J D. 2007. Intense hurricane activity over the past 5,000 years controlled by El Niño and the West African monsoon. *Nature*, **447**: 465-468.

Eby M, Zickfeld K, Montenegro A, *et al*. 2009. Lifetime of anthropogenic climate change: Millennial time-scales of potential CO_2 and surface temperature perturbations. *J Clim*, **22**: 2501-2511.

Editorial. 2010. Climategate closed. *Nature Geoscience*, **3**: 509.

Editorial. 2011. Climate past and future. *Nature Geoscience*, **4**: 413.

Emanuel K, Sundararajan R, Williams J. 2008. Hurricanes and global warming: Results from downscaling IPCC AR4 simulations. *BAMS*, **89**: 347-367.

Emile-Geay J. 2012. El Niño-Southern Oscillationo: What is the outlook for ENSO? Past. *PAGES news*, **20**(1): 29.

Esper J, Cool E R, Schweingruber F H. 2002. Low-frequency signals in long tree-ring chronologies for reconstructing past temperature variability. *Science*, **295**: 2250-2253.

Esper J, Frank D C, Timonen M, *et al*. 2012. Orbital forcing of tree-ring data. *Nature Climate Change*, **2**: 862-866.

Etiope G, Lassey K R, Klusman R, *et al*. 2008. Re-appraisal of the fossil methane budget and related emission from geologic sources. *Geophys Res Lett*, **35**, L09307.

Etiope G. 2012. Methane uncovered. *Nature Geoscience*, **5**: 373-374.

EU Climate Change Expert Group. 2008. The 2 ℃ Target, Information Reference Document. Prepared and Adopted by EU Climate Change Expert Group "FG Science", Final version, Version 9.1, 9 July 2008, 16:15.

European Environment Agency (EEA). 1996. EEA Climate Change in European Union. Copenhagen: EEA: 26.

Evan A, Kossin J P, Chung C, *et al*. 2011. Arabian Sea tropical cyclones intensified by emission of black carbon and other aerosols. *Nature*, **479**: 94-97.

Evans M N, Goosse H, Kiefer T, *et al*. 2012. Ocean 2k Working Group—Call for participation. *PAGES news*, **20**(1): 4.

Falkowski P G, Oliver M J. 2007. Mix and match: How climate selects phytoplankton. *Nature Reviews Microbiology*, **5**: 813-819.

Ferraccioli F, Armadillo E, Jordan T, *et al*. 2009. Aeromagnetic exploration over the East Antarctic Ice Sheet: A new view of the Wilkes Sabglacial Basin. *Tectonophysics*, **478**: 62-77.

Field C B, Lobell D B, Peters H A, *et al*. 2007. Feedbacks of terrestrial ecosystems to climate change. *Annual Rev Environ Res*, **32**:1-29.

Fisenman I, Wettlaufer J S. 2009. Nonlinear threshold behavior during the loss of Arctic sea ice. *PNAS*, **106**: 28-32.

Flanner M G, Zender C S, Randerson J T, *et al*. 2007. Present-day climate forcing and response from black carbon in snow. *J Geophys Res*, **112**, D11202.

Flanner M G, Zeuder C S, Hess N M, *et al*. 2009. Springtime warming and reduced snow cover from carbonaceons particles. *Atmos Chem Phys*, **9**: 2481-2497.

Forest C E, Stone P H, Sokolov A P. 2006. Estimated PDFs of climate system properties including natural and anthropogenic forcings. *Geophys Res Lett*, **33**, L01705.

Forest C E, Stone P H, Sokolov A P. 2008. Constraining climate model parameters from observed 20th century changes. *Tellus*, A**60**: 911-920.

Forest C E, Stone P H, Sokolov A P, *et al*. 2002. Quantifying uncertainties in climate system properties with use of recent observations. *Science*, **295**: 113-117.

Formenti P, Schutz L, Balkanski Y, *et al*. 2011. Recent progress in understanding physical and chemical properties of African and Asian mineral dust. *Atmos Chem Phys*, **11**: 8231-8256.

Forster P M D, Gregory J M. 2006. The climate sensitivity and its components diagnosed from Earth radiation budget data. *J Clim*, **19**: 39-52.

Forster P, Ramaswarmy V, Artaxo P, *et al*. 2007. Changes in atmospheric constituents and in radiative forcing//Solomon S, *et al*. Climate Change 2007: The Physical Science Basis, Contribution of Working Group I to the Fourth Assessment Report of the Intergovernmental Panel on Climate Change. Cambridge United Kingdom and New York, USA: Cambridge University Press: 130-234.

Fourier J B J. 1824. Remarques générales surles temperatures du globe terrestre et des espaces planetaires.

Annales de Chimie et de Physique, vol XXVII, 136-167//Archer D, Pierrehumbert R. 2011. The Warming Papers. The Scientific Foundation for the Climate Change Forecast. Oxford, U K: Wiley Blackwell: 3-20.

Frame D J, Booth B B B, Kettleborough J A, *et al*. 2005. Constraining climate forecasts: The role of prior assumptions. *Geophys Res Lett*, **32**, L09702.

Frame D J, Stone D A, Stott P A, *et al*. 2006. Alternatives to stabilization scenarios. *Geophys Res Lett*, **33**, L14707.

Francey R J, Trudinger C M, van der Schoot M, *et al*. 2010. Difference between trends in the atmospheric CO_2 and reported trends in anthropogenic CO_2 emissions. *Tellus*, **62**: 316-328.

Francey R J, Trudinger C M, van der Schoot M, *et al*. 2013. Atmospheric verification of anthropogenic CO_2 emission trends. *Nature Climate Change*, doi: 10.1038/NCLIMATE1817.

Frank P C, Esper J, Raible C C, *et al*. 2010. Ensemble reconstruction constraints on the global carbon cycle sensitivity to climate. *Nature*, **463**: 527-530.

Fu Q, Manabe S, Johanson C M. 2011. On the warming in the tropical upper troposphere: Models versus observations. *Geophys Res Lett*,doi: 10.1029/2011GL048101.

Fuller D Q, van Etten J, Manning K, *et al*. 2011. The contribution of rice agriculture and livestock pastoralism to prehistoric methane levels: An archaeological assessment. *The Holocene*, **21**(5): 743-759.

Funder S, Goosse H, Jepsen H, *et al*. 2011. A 10,000-year record of Arctic Ocean sea-ice variability-view from the beach. *Science*, **333**: 747-750.

Fung I Y, Doney S C, Lindsay K, *et al*. 2005. Evolution of carbon sinks in a changing climate. *PNAS*, **102**: 11201-11206.

Galeotti S, von der Heydt A, Huber M, *et al*. 2010. Evidence for active ENSO in the late Miocene greenhouse climate. *Geology*, **38**(5): 419-422.

Ganopolski A. 2012. Aerosols and climate: How sensitive is earth's climate to atmospheric aerosols? Past. *PAGES news*, **20**(1): 21.

Ganopolski A, Calov R, Claussen M. 2010. Simulation of the glacial cycle with a coupled climate ice-sheet model of intermediate complexity. *Climate of the Past*, **6**: 229-244.

Ganopolski A, Kubatzkic, Claussen, M, *et al*. 1998. The influence of vegetation-atmosphere-ocean interaction on climate during the mid-Holocene. *Science*, **280**: 1916-1919.

Ganopolski A, Rahmstorf S. 2001. Rapid changes of glacial climate simulated in a coupled climate model. *Nature*, **409**: 153-158.

Gao Y X. 1962. Several Issues related to East Asian Monsoon. Beijing: China Science Press: 1-106.

Gates W L, Henderson-Sellers A, Boer G J, *et al*. 1996. Chapter 5: Climate model-evaluation//IPCC: Climate change 1995: The science of climate change: Contribution of working group I to the second assessment report of the Intergovernmental Panel on Climate Change. Cambridge: Cambridge University Press: 229-284.

Gattuso J P. 2012. Ocean acidification: How will ongoing ocean acidification affect marine life? Present. *PAGES news*, **20**(1): 36.

Gattuso J P, Hansson L. 2011a. Ocean acidification: Knowns, unknowns and perspectives//Gattuso J P, Hansson L. Ocean Acidification. New York: Oxford University Press: 291-312.

Gattuso J P, Bijma J, Gehlen M, *et al*. 2011b. Ocean acidification: background and history//Gattuso J P, Hansson L. New York: Ocean Acidification. Oxford University Press: 1-20.

Gautier D L, Bird K J, Charpentier R R, *et al*. 2009. Assessment of undiscovered oil and gas in the arctic.

Science, **324**: 1175-1179.

Ge Q, Hao Z, Zheng J, *et al*. 2013. Temperature changes of the past 2000 yr in China and comparison with Northern Hemisphere. *Clim Past Discuss*, **9**: 507-523.

Gerber S, Joos F, Brügger P, *et al*. 2003. Constraining temperature variations over the last millennium by comparing simulated and observed atmospheric CO_2. *Clim Dyn*, **20**(2-3): 281-299.

Gergis J, *et al*. 2013. Evidence of unusual late 20th century warming from an Australasian temperature reconstruction spanning the last millennium. *J Climate*, **26**(in press).

Gergis J, Grierson P, Lorrey A, *et al*. 2011. 2nd Australasia 2K Network workshop: Data synthesis and research planning. *PAGES news*, **19**(2): 74-75.

German Advisory Council on Global Change(GACGC). 1995. Scenario for the Development of Global CO_2 Reduction Targets and Implementation Strategies. Statement on the Occasion of the First Conference of the Parties of the Framework Convention on Climate Change in Berlin. Bremerhaven: WBGU.

Gleick P H, Adams R M, Amasino R M, *et al*. 2010. Climate change and the integrity of science. *Science*, **328**: 689-690.

Goldammer J G, Price C. 1998. Potential impacts of climate change on fire regimes in the tropics based on MAGICC and GISS GCM-derived lightning model. *Climatic Change*, **39**(2-3): 273-296.

González-Rouco F, von Storch H, Zorita E. 2003. Deep soil temperature as proxy for surface air-temperature in a coupled model simulation of the last thousand years. *Geophys Res Lett*, **30**(21): 2116.

González-Rouco J F, Beltrami H, Zorita E, *et al*. 2006. Simulation and inversion of borehole temperature profiles in surrogate climates: Spatial distribution and surface coupling. *Geophys Res Lett*, **33**(1), L01703.

Goosse H, Fichefet T. 1999. Importance of ice-ocean interactions for the global ocean circulation: A model study. *J Geophys Res*, **104**: 23337-23355.

Goosse H, Crowley T J, Zorita E, *et al*. 2005. Modelling the climate of the last millennium: What causes the differences between simulations? *Geophys Res Lett*, **32**, L06710.

Graham, *et al*. 2010. Support for global climate reorganization during the "Medieval Climate Anomaly". *Clim Dyn*, **37**: 1217-1245.

Greene C H, Monger B C. 2012. An Arctic wild card in the weather. *Oceanography*, **25**(2): 7-9.

Greening Earth Society. 2002. *World Climate Report*, **7**(15): 1-2.

Gregory J M, Dixon K W, Stouffer R J, *et al*. 2005. A model inter comparison of changes in the Atlantic thermobailine circulation in response to increasing atmospheric CO_2 concentration. *Geophys Res Lett*, **32**, L12703.

Gregory J M, Huybrechts P, Raper S C B. 2004. Threatened loss the Greenland ice-sheet. *Nature*, **428**: 616.

Gregory J M, Stouffer R T, Raper S C B, *et al*. 2002. An observationally based estimate of the climate sensitivity. *J Clim*, **15**(22): 3117-3121.

Gregory J, Forster P. 2008. Transient climate response estimated from radiative forcing and observed temperature change. *J Geophy Res*, **113**, doi: 10.1029/2008 JD 010405.

Hanhijärvi S. 2011. Arctic 2K: Synthesizing paleoclimate data to assess Arctic climate change. *PAGES news*, **19**(2): 73.

Hanhijärvi S. 2012. Arctic 2K: Spatiotemporal temperature reconstruction. *PAGES news*, **20**(2): 92.

Hanhijärvi S, Tingley M P, Korhola A. 2013. Pairwise comparisons to reconstruct mean temperature in the Arctic Atlantic region over the last 2000 years. *Clim Dyn*(in press).

Hansen J, Lebedeff S. 1987. Global trends of measured surface air temperature. *J Gophys Res*, **92**:

13345-13372.

Hansen J, Nazarenko L. 2004. Soot climate forcing via snow and ice albedos. *PNAS*, **101**: 423-428.

Hansen J, Ruedy R, Sato M, *et al*. 2010. Global surface temperature change. *Rev Geophys*, **48**: RG4004.

Hansen J, Sato M, Kharecha P, *et al*. 2008. Target atmospheric CO_2: Where should humidity aim? *The Open Atmos Sci J*, **2**: 217-231.

Hansen J, Sato M, Ruedy R, *et al*. 2007. Dangerous human-made interference with climate: A GISS model E study. *Atmos Chem Phys*, **7**: 2287-2312.

Hansen J, Sato M, Ruedy R. 2012. Perception of climate change. *PNAS*, **109**: E2415-E2423.

Hansen J E. 2005. A slippery slope: How much global warming constitutes "dangerous anthropogenic interference"? *Climatic Change*, **68**: 269-279.

Hare B, Meinshausen M. 2006. How much warming are we committed to and how much can be avoided? *Climatic Change*, **75**: 111-149.

Harrison S P, Bartlein P J. 2012. Fire: Are we facing an increase inwildfires? Past, *PAGES news*, **20**(1): 25.

Harrison S, Braconnot P, Hewitt C, *et al*. 2002. Fourth International Workshop of the Palaeoclimate Modelling Intercomparison Project(PMIP): Launching PMIP2 Phase II. *EOS*, **83**: 447.

Harvey L D D. 2007. Dangerous anthropogenic interference, dangerous climatic change, and harmful climatic change: Non-trivial distinctions with significant policy implications. *Climaic Change*, **82**: 1-25.

Hasselmann K. 1997. Multi-patternfingerprint method for detection and attribution of climate change. *Clim Dyn*, **13**: 601-612.

Hasselmann K. 1998. Conventional and Bayesian approach to climate-Change detection and attribution. *Quart. J Roy Meteor Soc*, **124**: 2541-2565.

Hasselmann K. 2010. The climate change game. *Nature Geoscience*, **3**: 511-512.

Hatfield-Doods S. 2013. All in the timing. *Nature*, **493**: 35-36.

Haywood J M, Bellouin N, Jones A, *et al*. 2011. The roles of aerosol, water vapor and cloud in future global dimming/brightening. *J Geophys Res*, **116**, doi: 10.1029/2011JD016000.

Hegerl G C, Russon T. 2011. Using the past to predict the future? *Science*, **334**: 1360-1361.

Hegerl G C, Crowley T J, Allen M, *et al*. 2007a. Detection of human in fluence on a new 1560a climate reconstruction. *J Clim*, **20**: 650-666.

Hegerl G C, Zwiers F W, Braconnot P, *et al*. 2007b. Understanding and attributing climate change//Solomon S, Qin D, Manning M, *et al*. Climate Change 2007: The Physical Science Basis. Contribution of Working Group I to the Fourth Assessment Report of the Intergovernmental Panel on Climate Change. Cambridge, United Kingdom and New York, USA: Cambridge University Press: 661-745.

Hegerl G C, Crowley T J, Hyde W T, *et al*. 2006. Climate sensitivity constrained by temperature reconstructions over the past seven centuries. *Nature*, **440**: 1029-1032.

Hegerl G C, Hasselmann K, Cubasch U, *et al*. 1997. Multi-fingerprint detection and attribution of greenhouse gas-and aerosol forced climate change. *Clim Dyn*, **13**: 613-634.

Hegseth E N, Sundfjord A. 2008. Intrusion and blooming of Atlantic phytoplankton species in the high Arctic. *J Marine Systems*, **74**: 108-119.

Held I, Zhao M. 2011. The response of tropical cyclone statistics to an increase in CO_2 with fixed sea surface temperatures. *J Clim*, **24**(20): 5353-5364.

Held I M, Winton M, Takahashi K, *et al*. 2010. Probing the fast and slow components of global warming by returning abruptly to pre industrial forcing. *J Clim*, **23**: 2418-2427.

Hendriks I E, Duarte C M, Alvarez M. 2010. Vulnerability of marine biodiversity to ocean acidification: A meta-analysis. *Estuarine Coastal and Shelf Science*, **86**: 157-164.

Hesse T, Butzin M, Bickert T, *et al*. 2011. A model-data comparison of $\delta^{13}C$ in the glacial Atlantic Ocean. *Paleoceanography*, **26**, doi:10.1029/2010PA002085.

Higgins J A, Schrag D P. 2006. Beyond methane: Towards a theory for the Paleocene—Eocene Thermal Maximum. *EPSL*, **245**: 523-537.

Hoegh-Guldberg O, Mumby P J, Hooten A J, *et al*. 2007. Coral reefs under rapid climate change and ocean acidification. *Science*, **318**: 1737-1742.

Hoffert M I, Covey C. 1992. Deriving global climate sensitivity from palaeoclimate reconstructions. *Nature*, **360**: 573-576.

Hofmann M, Rahmstorf S. 2009. On the stability of the Atlantic meridional overturning circulation. *PNAS*, **106**(49): 20584-20589.

Holland M M, Bitz C M, Tremblay B. 2006. Future abrupt reductions in the summer Arctic sea ice. *Geophys Res Lett*, **33**, L23503.

Holodgate M W, Bruce J, Camacho R F, *et al*. 1989. Climate Change: Meeting the Challenge: Report by a Commonwealth Group of Experts. London: Commonwealth Secretariat: 116.

Hönisch B, Ridgwell A, Schmidt D N, *et al*. 2012. The geological record of ocean acidification. *Science*, **335**: 1058-1063.

Hoogakker B A A, Chapman M R, McCave N, *et al*. 2011. Dynamics of North Atlantic Deep Water masses during the Holocene. *Paleoceanography*, **26**, PA4214.

Hsiang S M, Meng K C, Cane M A. 2011. Civil conflicts are associated with the global climate. *Nature*, **476**(7367): 438-441.

Huang R X, Wang W, Liu L L. 2006. Decadal variability of wind energy input to the world ocean. *Deep Sea Research Part II*, **53**(1-2): 31-41.

Huber M, Caballero R. 2003. Eocene El Niño: Evidence for robust tropical dynamics in the "hothouse". *Science*, **299**: 877-881.

Huber M, Knutti R. 2012. Anthropogenic and natural warming inferred from changes in Earth's energy balance. *Nature Geoscience*, **5**: 31-36.

Huybrechts P, de Wolde J. 1999. The dynamic response of the Greenland and Antarctic ice sheets to multiple century climate warming. *J Clim*, **12**: 2169-2188.

Hulme M, Osborn T J, Johns T C. 1998. Precipitation sensitivity to global warming: Comparison of observations with Had CM2 simulations. *Geophys Res Lett*, **25**: 3379-3382.

Huybers P. 2005. Comment on "Hockey sticks, principal components and spurious significance" by S McIntyre and R McKitrick. *Geophys Res Lett*, **32**(20), doi: 10.1029/2005 GL 023395.

Inman M. 2011. Sending out an SOS. *Nature Climate Change*, **1**: 180-183.

IPCC. 1990. Climate Change: The IPCC Scientific Assessment. Cambridge, United Kingdom and New York, USA: Cambridge University Press.

IPCC. 1992. Climate Change 1992: The Supplementary Report to the IPCC Scientific Assessment. Cambridge, United Kingdom and New York, USA: Cambridge University Press.

IPCC. 1996. Climate Change 1995: The Science of Climate Change. Cambridge, United Kingdom and New York, USA: Cambridge University Press.

IPCC. 2001. Climate Change 2001: The Scientific Basis. Contribution of Working Group I to the Third Assessment Report of the Intergovernmental Panel on Climate Change. Cambridge, United Kingdom and

New York, USA: Cambridge University Press.

IPCC. 2007. Climate Change 2007: The Physical Science Basis. Cambridge, United Kingdom and New York, USA: Cambridge University Press.

Isaksen I S A, Gauss M, Myhre G, *et al*. 2011. Strong atmospheric chemistry feedback to climate warming from Arctic methane emissions. *Glob Biogeochem Cycles*, **25**: GB2002.

Jackson C S, Sen M K, Huerta G, *et al*. 2008. Error reduction and convergence in climate prediction. *J Clim*, **21**: 6698-6708.

Jackson J C B. 2001. What was natural in the coastal oceans? *PNAS*, **98**: 5411-5418.

Jackson J C B, Kirby M X, Berger W H, *et al*. 2001. Historical overfishing and the recent collapse of coastal ecosystems. *Science*, **293**: 629-638.

Jackson S T. 2006. Vegetation, environment, and time: the origination and termination of ecosystems. *J Vegetation Science*, **17**: 549-557.

Jackson S T. 2012. Ecosystems: How do ecosystems and associated services respond to climatic change? Past. *PAGESnews*, **20**(1): 41.

Jackson S T, Gray S T, Shuman B N. 2009. Paleoecology and resource management in a dynamic landscape: Case studies from the Rocky Mountain headwaters region//Dietl G, Flessa K W. Conservation Paleobiology. *Paleontological Society Papers*, **15**: 61-80.

Jacobson M Z. 2001. Strong radiative heating due to the mixing state of black carbon in atmospheric aerosols. *Nature*, **409**: 695-697.

Jansen E, Overpeck J, Briffa K R, *et al*. 2007. Palaeoclimate//Solomon S, Qin D, Manning M, *et al*. Climate Change 2007: The Physical Science Basis. Contribution of Working Group I to the Fourth Assessment Report of the Intergovernmental Panel on Climate Change. Cambridge: Cambridge University Press: 435-497.

Jenkins A, Dutrieux P, Jacobsss, *et al*. 2010. Observationsbeneath Pine Island Glacier in West Antarctica and implications for its retreat. *Nature Geoscience*, **3**: 468-472.

Jiang D B, Fu Y H. 2012. Climate change over China with a 2 ℃ global warming. *Chinese J Atmos Sci*, **36**(2): 234-246.

Jiang D B, Zhang Y, Sun J Q. 2009. Ensemble projection of 1～3 ℃ warming in China. *Chinese Sci Bull*, **54**: 3326-3334.

Jones G S, Stott P A, Christidis N. 2012. Attribution of observed historical surface temperature variations to anthropogenic and natural causes using CMIP5 simulations. *J Geophys Res*, doi: 10.1002/jgrd. 50239.

Jones P D, Briffa K R, Osborn T J. 2003b. Changes in the Northern Hemisphere annual cycle: Implications for paleoclimatology? *J Geophys Res*, **108**(D18): 4588.

Jones P D, Briffa K R, Barnett T P, *et al*. 1998. High-resolution palaeoclimatic records for the last millennium: interpretation, Integration and comparison with General Circulation Model control-run temperatures. *The Holocene*, **8**(4): 455-471.

Jones P D, Mann M E. 2004. Climate over past millennium. *Rev Geophys*, **42**: 1-42.

Jones P D, Moberg A. 2003a. Hemispheric and large-scale surface air temperature variations: An extensive revision and an update to 2001. *J Clim*, **16**: 206-223.

Jones P D, Osborn T J, Briffa K R. 1997. Estimating sampling errors in large-scale temperature averages. *J Clim*, **10**(10): 2548-2568.

Jones P D, Osborn T J, Briffa K R. 2001. The evolution of climate over the last millennium. *Science*, **292**: 662-667.

Jones P D, Raper S C B, Bradley R S, *et al*. 1986a. Northern Hemisphere surface air temperature variations, 1851—1984. *J Clim Appl Met*, **25**:161-179.

Jones P D, Raper S C B, Braaley R S, *et al*. 1986b. Southern Hemisphere surface air temperature variations, 1851—1984. *J Clim Appl Met*, **25**:1213-1230.

Joos F. 2012. Carbon cycle dynamics: How are major carbon sinks and sources varying with global change? Past. *PAGES news*, **20**(1):13.

Joos F, Spahni R. 2008. Rates of change in natural and anthropogenic radiative forcing over the past 20,000 years. *PNAS*, **105**(5): 1425-1430.

Joshi M, Hawkins E, Sutton R, *et al*. 2011. Projections of when temperature change will exceed 2 ℃ above pre-industrial levels. *Nature Climate Change*, **1**, doi: 10.1038/NCLIMAE1261.

Joussaume S, Taylor K E. 1995. Status of the Paleoclimate Modeling Intercomparison Project in: Proceedings of the first international AMIP scientific conference, WCRP-92, Monterey, USA, 425-430.

Kageyama M. 2012. Earth system models—How well do Earth system models simulate the dynamics of global change? Past. *PAGES news*, **20**(1): 9.

Kanzow T, Visbeck M. 2012. Ocean circulation: Does large-scale ocean overturning circulation vary with climate change? Present. *PAGES news*, **20**(1): 14.

Kanzow T, Cunningham S A, Johns W E. 2010. Seasonal variability of the Atlantic meridional overturning circulation at 26.5°N. *J Clim*, **23**: 5678-5698.

Kaplan J O. 2012. Land cover change: To what degree do human land cover dynamics affect climate change? Past. *PAGES news*, **20**(1), 23.

Kaplan J O, Krumhardt K M, Ellis E C, *et al*. 2011. Holocene carbon emissions as a result of anthropogenic land cover change. *The Holocene*, **21**(5): 775-791.

Karl T R, Katz R W. 2012. A new face for climate dice. *PNAS*, **109**: 14720-14721.

Karpechko A Y, Gillett N P, Marshall G J, *et al*. 2008. Stratospheric influence on circulation changes in the Southern Hemisphere troposphere in coupled climate models. *Geophys Res Lett*, **35**, L20806.

Kattenberg A, Giorgi F, Grass L H, *et al*. 1996. Climate models—Projections of future climate//Houghton J T, Filho L G M, Callander B A, *et al*. Climate Change 1995: The Science of Climate Change. Contribution of Working Group Ⅰ to the Second Assessment Report of the Intergovernmental Panel on Climate Change. Cambridge, United Kingdom and New York, USA: Cambridge University Press: 285-357.

Kaufman D S, Ager T A, Anderson N J, *et al*. 2004. Holocene thermal maximum in the western Arctic (0—180°W). *Quat Sci Rev*, **23**: 529-560.

Kaufman D S, Schneider D P, McKay N P, *et al*. 2009. Recent warming reverses long-term Arctic cooling. *Science*, **325**: 1236-1239.

Keeling C D. 1960. The concentration and isotopic abundances of carbon dioxide in the atmosphere. *Tellus*, **12**(2): 200-203.

Keeling R F, Kortzinger A, Gruber N. 2010. Ocean deoxygenation in a warming world? Annual *Reviews of Marine Science*, **2**: 199-229.

Keigwin L D. 1996. The Little Ice Age and Medieval Warm Period in the Sargasso Sea. *Science*, **274**: 1504-1508.

Kerr R A. 2009. What happened to global warming? Scientists say just wait a bit. *Science*, **326**: 28-29.

Kerr R A. 2012. Ice-free Arctic Sea may be years, not decades, away. *Science*, **337**:1591.

Kiehl J T. 2007. Twentieth century climate model response and climate sensitivity. *Geophys Res Lett*, **34**, L22710.

Kiessling W, Simpson C. 2011. On the potential for ocean acidification to be a general cause of ancient reef crises. *Global Change Biology*, **7**: 56-57.

Kinnard C, Zdanowicz C M, Fisher D A, *et al*. 2011. Reconstructed changes in Arctic sea ice over the past 1,450 years. *Nature*, **479**: 509-512.

Kirtman B P, Schopf P S. 1998. Decadal variability in ENSO predictability and prediction. *J Clim*, **11**: 2804-2822.

Kitcher P. 2010. The climate change debates. *Science*, **328**: 1230-1234.

Kleidon A, Heimann M. 2000. Assessing the role of deep rooted vegetation in the climate system with model simulations: Mechanism, comparison to observations and implications for Amazonian deforestation. *Clim Dyn*, **16**: 183-199.

Knight J R, Allan R J, Folland C K, *et al*. 2005. A signature of persistent natural thermohaline circulation cycles in observed climate. *Geophys Res Lett*, **32**, L20708.

Knight J, Kennedy J J, Folland C, *et al*. 2009. Do global temperature trends over the last decade falsify climate prediction? In State of the Climate in 2008. *BAMS*, **9018**: S22-23.

Knutson T R, McBride J L, Chan J, *et al*. 2010. Tropical cyclones and climate change. *Nature Geoscience*, **3**: 157-163.

Knutson T R, Held I M, Vecchi G A. 2012. Hurricanes and typhoons: Will tropical cyclones become stronger and more frequent? Present. *PAGES news*, **20**(1): 32.

Knutti R, Hegerl G C. 2008. The equilibrium sensitivity of the Earth's temperature to radiation changes. *Nature Geoscience*, **1**: 735-743.

Knutti R, Sedláček J. 2013. Robustness and uncertainties in the new CMIP5 climate model projections. *Nature Climate Change*, **3**: 369-373.

Knutti R, Meehl G A, Allen M R, *et al*. 2006. Constraining climate sensitivity from the seasonal cycle in surface temperature. *J Clim*, **19**: 4224-4233.

Knutti R, Stocker T F, Joos F, *et al*. 2002. Constraints on radiative forcing and future climate change from observations and climate model ensembles. *Nature*, **416**: 719-723.

Kohfeld K E, Harrison S P. 2001. DIRTMAP: The geological record of dust. *Earth-Sci Rev*, **54**: 81-114.

Köhler P, Bintanja R, Fischer H, *et al*. 2010. What caused Earth's temperature variations during the last 800,000 years? Data-based evidence on radiative forcing and constraints on climate sensitivity. *Quat Sci Rev*, **29**: 129-145.

Köhler P, Fischer H, Munhoven G, *et al*. 2005. Quantitative interpretation of atmospheric carbon records over the last glacial termination. *Global Biogeochemical Cycles*, **19**, doi: 10.1029/2004 GB002345.

Kopp R E, Simons F J, Mifrovica J X, *et al*. 2009. Probabilistic assessment of sea level during the last interglacial stage. *Nature*, **462**: 863-868.

Kort E A, Wofsy S C, Daube B C, *et al*. 2012. Atmospheric observations of Arctic Ocean methane emissions up to 82° north. *Nature Geoscience*, **5**: 318-321.

Koutavas A, Joanidis S. 2009. El Niño during the last glacial maximum. *Geochimica et Cosmochimica Acta*, **73**(13): A690.

Koven C D, Ringeval B, Friedlingstein P, *et al*. 2011. Permafrost carbon-climate feedbacks accelerate global warming. *PNAS*, **108**(36): 14769-14774.

Krause F. 1988. Energy and Climate Change: What Can Western Europe Do? An Analysis of Climatic Imperatives, Climate Economics of Energy Options, and Implications for Energy Planning and Policy (Draft Report). Richmond: IPSEP.

Krauss W. 2010. Rooted in society. *Nature Geoscience*, **3**: 513-514.

Krawchuk M, Moriz M. 2011. Constraints on global fire activity across a resource gradient. *Ecology*, **92**(1): 121-132.

Krinner G, Boucher O, Balkanski Y. 2006. Ice-free glacial northern Asia due todust deposition on snow. *Clim Dyn*, **27**(6): 613-625.

Kroeker K, Kordas R L, Crim R N, *et al*. 2010. Meta-analysis reveals negative yet variable effects of ocean acidification on marine organisms. *Ecology Letters*, **13**: 1419-1434.

Kurz W A, Dymond C C, Stinson G, *et al*. 2008. Mountain pine beetle and forest carbon feedback to climate change. *Nature*, **452**: 987-990.

Kump L R, Bralower T J, Ridgwell A. 2009. Ocean acidification in deep time. *Oceanography*, **22**(4): 94-107.

Lamarque J F, Kyle G P, Meinshausen M, *et al*. 2011. Global and regional evolution of short-lived radiatively-active gases and aerosols in the Representative Concentration Pathways. *Climatic Change*, **109**: 191-212.

Lancelot C. 2012. Marine nutrient cycling: How will the ocean's capacity of biological, carbon pumping Change? Present. *PAGES news*, **20**(1): 16.

Lane P, Donnelly J P. 2012. Hurricanes and typhoons: Will tropical cyclones become stronger and more frequent? Past. *PAGES news*, **20**(1):33.

Lane P, Donnelly J P, Woodruff J D, *et al*. 2011. A decadally-resolved paleohurricane record archived in the late Holocene sediments of a Florida sinkhole. *Marine Geology*, **287**: 14-30.

Latif M, Keenlyside S. 2009. El Niño/Southern Oscillation response to global warming. *PNAS*, **106**(49): 20578-20583.

Lavorel S. 2012. Ecosystems: How do ecosystems and associated services respond to climatic change? Present. *PAGES news*, **20**(1): 40.

Lawrence D M, Slater A G, Tomas R A, *et al*. 2008. Accelerated Arctic land warming and permafrost degradation during rapid sea ice loss. *Geophys Res Lett*, **35**, doi: 10.1029/ 2008GL033894.

Le Quéré C, Rödenbeck C, Buitenhuis E T, *et al*. 2007. Saturation of the Southern Ocean CO_2 sink due to recent climate change. *Science*, **316**: 1735-1738.

Le Quéré C, Takahashi T, Buitenhuis E T, *et al*. 2010. Impact of climate change and variability on the global oceanic sink of CO_2. *Glob Biogeochem Cycles*, **24**:GB4007.

Lean J L, Rind D H. 2008. How natural and anthropogenic influences alter global and regional surface temperatures: 1889 to 2006. *Geophys Res Lett*, **35**, L 18701, doi: 10.1029/2008 GL 034864.

Lean J L, Rind D H. 2009. How will earth's surface temperature change in future decades? *Geophys Res Lett*, **36**, L 15708,doi: 10.1029/2009 GL 038932.

Lee T, Zwiers F, Tsao M. 2008. Evaluation of proxy-based millennial reconstruction methods. *Clim Dyn*, **31**: 263-281.

LeGrande A N, Schmidt G A, Shindell D T, *et al*. 2006. Consistent simulations of multiple proxy responses to an abrupt climate change event. *PNAS*, **103**(4): 837-842.

Lehmann J, Gaunt J, Rondon M. 2006. Bio-char sequestration in terrestrial ecosystems—A review. *Mitigation Adaptation Strategies Global Change*, **11**: 403-427.

Lemoine D. 2012. Abrupt changes: To what extent are tipping points a concern in coping with global change? Present. *PAGES news*, **20**(1): 42.

Lenton T M. 2011. Early warning of climate tipping points. *Nature Climate Change*, **1**: 201-209.

Lenton T M. 2012. Earth system models—How well do Earth system models simulate the dynamics of global change? Present. *PAGES news*, **20** (1): 8.

Lenton T M, Vanghan N E. 2009. The radiative forcing potential of different climate geoengineering options. *Atmos Chem Phys Disc*, **9**: 2559-2608.

Lenton T M, Held H, Kriegler E, *et al*. 2008. Tipping elements in the Earth's climate system. *PNAS*, **105**(6): 1786-1793.

Lerche I, Yu Z, Torudbakken B, *et al*. 1997. Ice loading effects in sedimentary basins with reference to the Barents Sea. *Mar Petrol Geol*, **14**: 277-338.

Levitus S, Antonov J, Boyer T. 2005. Warming of the world ocean, 1995—2003. *Geophys Res Lett*, **32**, L020604.

Lewandowsky S, Gignac G E, Vaugham S. 2013. The pivotal role of perceived scientific consensus in acceptance of science. *Nature Climate Change*, **3**:399-404.

Li J, Xie S, Cook E R, *et al*. 2011. Interdecadal modulation of El Niño amplitude during the past millennium. *Nature Climate Change*, **1**(2): 114-118.

Li W K W, McLaughlin F A, Lovejoy C, *et al*. 2009. Smallest algae thrive as the Arctic Ocean freshens. *Science*, **326**: 539.

Li W, Fu R, Dickinson R E. 2006. Rainfall and its seasonality over the Amazon in the 21st century as assessed by the coupled models for the IPCC AR4. *J Geophys Res*, **111**, D02111.

Lindsay R W, Zhang J. 2005. The thinning of Arctic sea ice, 1998—2003: Have we passed a tipping point? *J Clim*, **18**: 4879-4894.

Liu J P, Curry J A, Wang H J, *et al*. 2012. Impact of declining Arctic sea ice on winter snowfall. *PNAS*, **109**: 4074-4079.

Liu Z, Otto-Bliesner B L, He F, *et al*. 2009. Transient simulation of last deglaciation with a new mechanism for Bølling-Allerrød warming. *Science*, **325**: 310-314.

Ljungqvist F C. 2010. A new reconstruction of temperature variability in the extra-tropical Northern Hemisphere during the last two millennia. Geografiska Annaler: Series A, *Physical Geography*, **92**(3): 339-351.

Lloyed J, Farquhar G D. 2008. Effects of rising temperatures and [CO_2] on the physiology of tropical forest trees. *Philos Trans R Soc London Ser B*, **363**: 1811-1817.

Lockwood M. 2010. Solar change and climate: An update in the light of the current exceptional solar minimum. *Proc R Soc A*, **466**: 303-329.

Lowe J A, Huntingford C, Raper S C, *et al*. 2009. How difficult is it to recover from dangerous levels of global warming? *Environ Res Lett*, **4**: 014012.

Lumpkin R, Speer K. 2007. Global Ocean meridional overturning. *J Phys Ocean*, **37**: 2550-2562.

Lunt D J, Haywood A M, Schmidt G A, *et al*. 2010. Earth system sensitivity inferred from Pliocene modeling and data. *Nature Geoscience*, **3**: 60-64.

Luterbacher J, Dietrich D, Xoplaki E, *et al*. 2004. European seasonal and annual temperature variability, trends, and extremes since 1500. *Science*, **303**: 1499-1503.

Luterbacher J, Gonzalez-Rouco F J, McCarroll D, *et al*. 2012. Synthesizing paleoclimatic data to reconstruct 2000 years of European/Mediterranean temperature change. *PAGES news*,**20**(2): 94.

Luterbacher J, McCarroll D, Fleitmann D, *et al*. 2011. The first Euro-Med 2K regional workshop: Review of current knowledge, available data and plans for multproxy integration. *PAGES news*, **19**(2): 75-76.

Macias-Fauria M, Grinsted A, Helama S, *et al*. 2009. Unprecedented low twentieth winter sea ice extent in the Western Nordic Seas since A. D. 1200. *Clim Dyn*, **34**(6): 781-795.

Mahli Y, Aragao L E O C, Gabraith D, *et al*. 2009. Exploring the likelihood and mechanism of a climate-change-induced dieback of the Amazon rainforest. *PNAS*, **106**(49): 20610-20615.

Mahowald N. 2011. Aerosol indirect effect on biogeochemistry and climate. *Science*, **334**: 794-796.

Mahowald N, Ward D S, Kloster S, *et al*. 2011. Aerosol impacts on climate and biogeochemistry. *Annual Rev Environ Resources*, **36**: 45-74.

Mahowald N M, Muhs D R, Levis S, *et al*. 2006. Change in atmospheric mineral aerosols in response to climate : Last glacial period, preindustrial, modern, and doubled carbon dioxide climates. *J. Geophys. Res.*, **111**, doi: 10.1029/2005JD006653.

Malhi Y, Aragäo L, Galbraith D, *et al*. 2009. Exploring the likelihood and mechanism of a climate-change-induced dieback of the Amazon rainforest. *PNAS*, **106**(49): 20610-20615.

Manabe S, Stouffer R J. 1980. Sensitivity of a global climate model to an increase of CO_2 concentration in the atmosphere. *J Geophys Res*, **85**: 5529-5554.

Manabe S, Wetherald R T. 1975. The effects of doubling the CO_2 concentration on the climate of a general circulation model. *J Atoms Sci*, **32**(1): 3-15.

Mann M E, Jones P D. 2003. Global surface temperatures over the past two millennia. *Geophys Res Lett*, **30**(15):**1820**:1-4,5,doi:10.1029/2003GL017814.

Mann M E, Bradley R S, Hughes M K. 1999. Northern Hemisphere temperatures during the past millennium: Inferences, uncertainties and limitations. *Geophys Res Lett*, **26**:759-762.

Mann M E, Bradley R S, Hughes M K. 1998. Global-scale temperature patterns and climate forcing over the past six centuries. *Nature*, **392**: 779-782.

Mann M E, Rntherford S, Wahle, *et al*. 2005. Testing the fidelity of methods used inproxy-based reconstructions of past climate. *J Clim*, **18**(20): 4097-4107.

Mann M E, Zhang Z H, Hughes M K, *et al*. 2008. Proxy-based reconstructions of hemispheric and global surface temperature variations over the past two millennia. *PNAS*, **105**: 13252-13257.

Mann M E, Zhang Z H, Rutherford S, *et al*. 2009. Global signatures and dynamical origins of the Little Ice Age and Medieval climate anomaly. *Science*, **326**: 1256-1260.

Mantsis D F, Clement A C, Broccoli A J, *et al*. 2011. Climate feedbacks in response to change in obliquity. *J Clim*, **24**: 2830-2845.

Marcott S A, Shakun J D, Clark P U, *et al*. 2013. A reconstruction of regional and global temperature for the past 11,300 years. *Science*, **339**: 1198-1201.

Margari V, Skinner L C, Tzedakis P C, *et al*. 2010. The nature of millennial-scale climate variability during the past two glacial periods. *Nature Geoscience*, **3**:127-131.

Marlon J R, Bartlein P J, Carcaillet C, *et al*. 2008. Climate and human influences on global biomass burning over the past two millennia. *Nature Geoscience*, **1**: 697-702.

Martin J H, Gordon R M, Fitawater S E. 1990. Iron in Antarctic waters. *Nature*, **345**: 156-158.

Martin J H, Gordon R M, Fitzwater S E. 1999. Iron in Antarctic waters. *Nature*, **353**: 123-123.

Martin J H. 1990. Glacial-interglacial CO_2 change: The iron hypothesis. *Paleoceanography*, **5**(1): 1-13.

Maslin M. 2009. Global Warming: A Very Short Introduction. Oxford: Oxford University Press: 192.

Maslin M, Austin P. 2012. Uncertainty: Climate models at their limit? *Nature*, **486**: 183-184.

Masui T, Matsumoto K, Hijioka, *et al*. 2011. An emission pathway for stabilization at 6 W/m^2 radiative forcing. *Climatic Change*, **109**: 59-76.

Matsumoto K, Oba T, Lynch-Stieglitz J, *et al*. 2002. Interiorhydrograph and circulation of the glacial Pacific

Ocean. *Quat Sci Rev*, **21**: 1693-1704.

Matthews H D, Zickfeld K. 2012. Climate response to zeroed emissions of greenhouse gases and aerosols. *Nature Climate Change*, **2**:338-341, doi: 10.1038/nclimate1424.

Matthews H D, Gillett N P, Stott P A, *et al*. 2009. The proportionality of global warming to cumulative carbon emissions. *Nature*, **459**: 829-832.

Mayewski P A, Meredith M P, Summerhayes C P, *et al*. 2009. State of the Antarctic and Southern Ocean climate system. *Rev Geophys*, **47**: RG1003.

McAvaney B J, Covey C, Joussaume J, *et al*. 2001. Model evaluation//Houghton J T, Ding Y, Griggs D J, *et al*. Climate Change 2001: The Scientific Basis. Cambridge: Cambridge University Press: 471-523.

McCarren H,Thomas E, Hasegawa T, *et al*. 2008. Depth-dependency of the Paleocene-Eocene carbon isotope excursion: Paired benthic and terrestrial biomarker records(ODP Leg 208, Walvis Ridge). *Geochemistry, Geophysics, Geosystems*, **9**: doi: 10.1029/2008GC002116.

McClean J L, Maltrud M E, Bryan F O. 2006. Measures of fidelity of eddying ocean models. *Oceanography*, **19**: 104-117.

McInerney F A, Wing S L. 2001. The Paleocene-Eocene Thermal Maximum: A perturbation of carbon cycle, climate, and biosphere with implications for the future. *Annual Rev Earth and Planetary Sci*, **39**: 489-516.

McIntyre S, McKitrick R. 2003. Corrections to the Mann *et al*. (1998) proxy data base and Northern Hemispheric average temperature series. *Energy and Environment*, **14**(6): 751-771.

McIntyre S, McKitrick R. 2005a. The M&M critique of the MBH98 Northern Hemisphere climate index: Update and implications. *Energy and Environment*, **16**: 69-99.

McIntyre S, McKitrick R. 2005b. Reply to comment by Von Stoch and Zorita on "Hockey sticks, prencipal components and spurious significance". *Geophys Res Lett*, **32**(20), L20714.

McIntyre S, McKitrick R. 2005c. Reply to comment by Hunbers on "Hockey sticks, principal components and spurious significance". *Geophys Res Lett*, **32**(20), L20713.

McIntyre S, McKitrick R. 2005d. Hockey sticks, principal components and spurious significance. *Geophys Res Lett*, **32**(3),L03710.

McKay N P, Overpeck J T, Otto-Bliesner B L. 2011. The role of ocean thermal expansion in last interglacial sea level rise. *Geophys Res Lett*, **38**, doi:10.1029/2011 GL 048280.

McManus J F, Francois R, Gherardi J M, *et al*. 2004. Collapse and rapid resumption of Atlantic meridional circulation linked to deglacial climatechanges. *Nature*, **428**:834-837.

McPhee M. 2003. Is thermobarcity a major factor in Southern Ocean ventilation? *Antarc Sci*, **15**: 153-160.

McWethy D B, Whitlock C, Wilmshurst J M, *et al*. 2010. Rapid landscape transformation in South Island, New Zealand, following initial Polynesian settlement. *PNAS*, **107**(50): 21343-21348.

Mears C, Wentz F J, Thorne P, *et al*. 2011. Assessing uncertainty in estimates of atmospheric temperature changes from MSU and AMSU using a Monte-Carlo technique. *J Geophys Res*, 10.1029/2010JD014954.

Meehl G A. 1995. Global coupled general circulation models. *BAMS*, **76**: 951-957.

Meehl G A, Washington W M. 1993. South Asian summer monsoon variability in a model with doubled atmospheric carbon dioxide concentration. *Science*, **260**: 1101-1104.

Meehl G A, Washington W M. 1996. El Niño-like climate change in a model with increased atmospheric CO_2 concentrations. *Nature*, **382**:56-60.

Meehl G A, Boer G, Covey C, *et al*. 2000. The Coupled Model Intercomparison Project(CMIP). *BAMS*, **81**(2): 313-318.

Meehl G A, Covey C, McAvaney B, *et al*. 2005. Overview of the Coupled Model Intercomparison Project. *BAMS*, **86**(1): 89-93.

Meehl G A, Covey C, Delworth T, *et al*. 2007a. The WCRP CMIP3 multimodel data set: A new era in climate change research. *BAMS*, **88**(9): 1383-1394.

Meehl G A, Goddard L, Murphy J, *et al*. 2009. Decadal prediction, can it be skillful? *BAMS*, **90**(10): 1467-1485.

Meehl G A, Stocker T F, Collins W D, *et al*. 2007b. Global climate projections//Solomon S, Qin Dahe, Manning M, *et al*. Climate Change 2007: The Physical Science Basis. Contribution of Working Group Ⅰ to the Fourth Assessment Report of the Intergovernmental Panel on Climate Change. Cambridge, United Kingdom and New York, USA: Cambridge University Press: 747-845.

Meehl G A, Washington W M, Ammann C M, *et al*. 2004. Combinations of natural and anthropogenic forcings in 20th century climate. *J Clim*, **17**: 3721-3737.

Meehl G A, Washington W M, Arblaster J M, *et al*. 2012. Climate system response to external forcings and climate change projections in CCSM4. *J Clim*, **25**: 3661-3683.

Meeting Briefs. 2011. Climate outlook looking much the same or even worse. *Science*, **334**: 1616.

Meinshausen M, Meinshausen N, Hare W, *et al*. 2009. Greenhouse-gas emission targets for limiting global warming to 2 ℃. *Nature*, **458**: 1158-1162.

Meinshausen M, Raher S, Wigley T. 2011a. Emulating coupled atmosphere-ocean and carbon cycle models with a simpler model MAGICC6—Part 1: Model description and calibration. *Atmos Chem Phys*, **11**: 1417-1456.

Meinshausen M, Wigley T, Raper S. 2011b. Emulating coupled atmosphere-ocean and carbon cycle models with a simpler model, MAGICC6—Part2: Applications. *Atmos Chem Phys*, **11**: 1457-1471.

Meinshausen M, Smith S J, Calvin K, *et al*. 2011c. The RCP greenhouse gas concentrations and their extensions from 1765 to 2300. *Climatic Change*, **109**: 213-241.

Meinshausen M. 2006. What does a 2 ℃ target mean for greenhouse gas concentrations? A brief analysis based on multi-gas emission parthways and several climate sensitivity uncertainty estimates//Schellnhuber H J, Cramer W, Nakicenovic N, *et al*. Avoiding Dangerous Climate Change. Cambridge: Cambridge University Press: 265-279.

Menviel L, Joos F. 2012. Toward explaining the Holocene carbon dioxide and carbon isotope records: Results from transient ocean carbon cycle-climate simulations, *Paleoceanography*, **27**: PA1207, doi:10. 1029/2011 PA002224.

Mercer J. 1978. West Antarctic ice sheet and CO_2 greenhouse effect—Threat of disaster. *Nature*, **271**: 321-325.

Mikolajewicz U, Gröger M, Maier-Reimer E, *et al*. 2007. Long-term effects of anthropogenic CO_2 emissions simulated with a complex earth system model. *Clim Dyn*, **28**: 599-633.

Mitchell J F B. 2002. Prediction and detection of anthropogenic climate change//Pearce R P. Meteorology at the Millennium. San Diego: Academic Press: 152-164.

Mitchell J F B, Johns T C. 1997. On modification of global warming by sulfate aerosols. *J Clim*, **10**: 245-267.

Mitchell J F B, Manabe S, Meleshko V, *et al*. 1990. Equilibrium climate change and its implications for the future//Houghton J T, Jenkins G J, Ephraums J J. Climate Change. The IPCC Scientific Assessment. Contribution of Working Group Ⅰ to First Assessment Report of the Intergovernmental Panel on Climate Change. Cambridge, United Kingdom and New York, USA: Cambridge University Press: 137-164.

Mitchell J F B, Johns T C, Ingram W J, *et al*. 2000. The effect of stabilizing atmospheric carbon dioxide concentrations on global and regional climate change. *Geophys Res Lett*, **27**: 2977-2980.

Mitrovica J X, Gomez N, Clark P. 2009. The sea-level fingerprint of west Antarctic collapse. *Science*, **323**: 753.

Miura H, Sotoh M, Nasuno T, *et al*. 2007. A Madden-Julian Oscillation event realistically simulated by a global cloud-resolving model. *Science*, **318**: 1763-1765.

Moberg A, Sonechkin D M, Holmgren, *et al*. 2005. Highly variable Northern Hemisphere temperatures reconstructed from low- and high-resolution proxy data. *Nature*, **433**: 613-617.

Molina M, Zaelke P, Sarma K M, *et al*. 2009. Reducing abrupt climate change risk using the Montreal Protocol and other regulatory actions to complement cuts in CO_2 emissions. *PNAS*, **106**(49): 20616-20621.

Montzka S A, Dlugokencky E J, Butler J H. 2011. Non-CO_2 greenhouse gases and climate change. *Nature*, **476**: 43-50.

Mooney H, Larigauderie A, Cesario M, *et al*. 2009. Biodiversity, climate change, and ecosystem services. *Current Opinion in Environmental Sustainability*, **1**: 46-54.

Mooney S. 2011. Late Quaternary fire regimes of Australasia. *Quat Sci Rev*, **30**: 28-46.

Moore J K, Braucher O. 2008. Sedimentary and mineral dust sources of dissolved iron to the world ocean. *Biogeosciences*, **5**: 631-656.

Morales M, Barberena R, Belardi J B, *et al*. 2009. Reviewing human-environment interactions in arid regions of southern South America during the past 3000 years. *Palaeo Palaeo Palaeo*, **281**:283-295.

Morice C P, Kennedy J J, Rayner N A, *et al*. 2012. Quantifying uncertainties in global and regional temperature change using an ensemble of observational estimates: The HadCRUT4 data set. *J Geophys Res*, **117**, D08101, doi: 10.1029/2011JD017187.

Moss R H, Edmonds J A, Hibbard K A, *et al*. 2010. The next generation of scenarios for climate change research and assessment. *Nature*, **463**: 747-756.

Moy C, Seltzer G, Rodbell D, *et al*. 2002. Variability of El Niño/Southern Oscillation activity at millennial timescales during the Holocene epoch. *Nature*, **420**(6912): 162-165.

Murphy J M, Sexton D M, Barnett D N, *et al*. 2004. Quantification of modeling uncertainties in a large ensemble of climatic change simulations. *Nature*, **430**: 768-772.

Myhre G. 2009. Consistency between satellite-derived and modeled estimates of the direct aerosol effect. *Science*, **325**: 187-190.

Naish T, Powall R, Levy R, *et al*. 2009. Obliquity-paced, Pliocene West Antarctic Ice Sheet oscillations. *Nature*, **458**: 322-328.

Nakatsuka T, Sano M. 2011. The first Asia 2K regional workshop. *PAGES news*, **19**(1): 38.

Nakicenovic N, Swart R. 2000. IPCC Special Report on Emissions Scenarios. Cambridge: Cambridge University Press.

NEEM community members. 2013. Eemian interglacial reconstructed from a Greenland folded ice core. *Nature*, **493**: 489-494.

Neff J C, Ballantyne A P, Farmer G L, *et al*. 2008. Increasing eolian dust deposition in the western United States linked to human activity. *Nature Geoscience*, **1**:189-195.

Neukom R, Gergis J. 2012. Southern Hemisphere high-resolution palaeoclimate records of the last 2000 years. *The Holocene*, **22**(5): 501-524.

Neukom R, Luterbacher J, Villalba R, *et al*. 2011. Multiproxy summer and winter surface air temperature field reconstructions for southern South America covering the past centuries. *Clim Dyn*, **37**: 35-51.

Noordwijk Ministerial Conference(NMC). 1989. The Noordwijk Declaration on Climate Change, Ministerial Conference on Atmospheric Pollution and Climate Change. Noordwijk, The Netherlands.

Nordhaus W D. 2012. Why the global warming skeptics are wrong? The New York Review of Books. March, 22, http://www. nybooks. com/articles/archives/2012/mar/22/why-global-warming-skeptics-are-wrong/? pagination=false.

North G R, Stevens M. 1998. Detecting climate signals in the surface temperature record. *J Clim*, **11**: 563-577.

Notz D. 2009. The future of ice sheets and sea ice: Between reversible retreat and unstoppable loss. *PNAS*, **106**(49): 20590-20595.

NRC(National Research Council). 2006. Surface Temperature Reconstructions for the Last 2000 Years. Washington, D C: National Academies Press: 132.

NRC Committee on the Importance of Deep Time. 2011. Understanding Earth's Deep Past: Lessons for Our Climate Future. New York: National Academies: 190.

Nyberg J, Malmgren B A, Winter A, *et al*. 2007. Low Atlantic hurricane activity in the 1970s and 1980s compared to the past 270 years. *Nature*, **447**: 698-702.

Oerlemans J. 2005. Extracting a climate signal from 169 glacier records. *Science*, **308**: 675-677.

Osborn T L, Briffa K R. 2006. The spatial extent of 20th-century warmth in the context of the past 1200 years. *Science*, **311**: 841-844.

Otto-Bliesner B L, Joussaume S, Braconnot P, *et al*. 2009. Modeling and data synthesis of past climates. *EOS*, **11**: 93.

Overeem I, Anderson R S, Wobus C W, *et al*. 2011. Sea ice loss enhances wave action at the Arctic coast. *Geophys Res Lett*, **38**, doi: 10.1029/2011GL04681.

Pagani M, Caldeira K, Archer D, *et al*. 2006. An ancient carbon mystery. *Science*, **314**: 1556-1557.

Pagani M, Liu Zhonghui, La Ririere J, *et al*. 2010. High Earth-system climate sensitivity determined from Pliocene carbon dioxide concentrations. *Nature Geoscience*, **3**: 27-30.

PAGES 2k Consortium. 2013. Continental temperature variability during the last two millennia. *Nature Geoscience*, on line, doi: 10.1038/NGEO1797.

Painter T H, Deems J S, Belnap J, *et al*. 2010. Response of Colorado River runoff to dust radiative forcing in snow. *PNAS*, **107**: 17125-17130.

Pan Y, Birdseg R A, Fang J, *et al*. 2011. A large and persistent carbon sink in the world's forests. *Science*, **333**: 988-993.

Parmentier F J W, Christensen T R, Sφrensen L L, *et al*. 2013. The impact of lower sea-ice extent on Arctic greenhouse-gas exchange. *Nature Climate Change*, **3**: 195-202.

Pauling A, Luterbacher J, Casty C, *et al*. 2006. Five hundred years of gridded high-resolution precipitation reconstructions over Europe and the connection to large-scale circulation. *Clim Dyn*, **26**(4): 387-405.

Pearce F. 2010. Lessons from Climategate. *Nature*, **407**: 157.

Pelejero C, Calvo E, Hoegh-Guldberg O. 2010. Paleo-perspectives on ocean acidification. *Trends in Ecology and Evolution*, **25**: 332-344.

Peters G P, Marland G, Quéré C L, *et al*. 2011. Rapid growth in CO_2 emissions after the 2008—2009 global financial crises. *Nature Climate Change*, **2**: 2-4.

Peters G P, Andrew R M, Boden T, *et al*. 2012. The challenge to keep global warming below 2 ℃. Nature Climate Change, Advance Online Pub, http://www. nature. com/natureclimatechange.

Petoukhov V, Claussen M, Berger A, *et al*. 2005. EMIC Intercomparison Project(EMIP-CO_2): Comparative analysis of EMIC simulations of climate, and of equilibrium and transient responses to atmospheric CO_2 doubling. *Clim Dyn*, **25**: 363-385.

Pfeffer W T. 2011. Land ice and sea level rise: A thirty-year perspective. *Oceanography*, **24**(2): 94-111.

Piani C, Frame D J, Stainforth D A, *et al*. 2005. Constraints on climate change from a multi-thousand member ensemble of simulations. *Geophys Res Lett*, **32**, L23825.

Pitman A J, de Noblet-Ducoudré N, Cruz F T, *et al*. 2009. Uncertainties in climate responses to past land cover change: first results from the LUCID intercomparison study. *Geophys Res Lett*, **36**, doi: 10.1029/2009GL039076.

Plattner G F, Joos F, Stocker T F, *et al*. 2001. Feedback mechanisms and sensitivities of ocean carbon uptake under global warming. *Tellus*, **53B**: 564-592.

Plattner G K, Knutti R, Joos F, *et al*. 2008. Long-term climate commitments projected with climate and carbon cycle models. *J Clim*, **21**: 2721-2751.

PMIP. 2000. Paleoclimate Modeling Intercomparison Project(PMIP), Proceedings of the Third PMIP Workshop, WCRP-111, WMO/TD-No. 1007, 271pp.

Po-Chedley S, Fu Q. 2012. A bias in the mid-tropospheric channel warm target factor on the NOAA-9 microwave sounding unit. *J Atmos Ocean Technol*, **29**: 646-652.

Pollack H N, Smerdon J E. 2004. Borehole climate reconstructions: Spatial structure and hemispheric average. *J Geophys Res*, **109**(D11), D11106, doi:10.1029/2003JD004163.

Pollard D, DeConto R M. 2009. Modelling West Antarctic ice sheet growth and collapse through the past five million years. *Nature*, **458**: 329-332.

Polyak L, Jakobsson M. 2011. Quaternary sedimentation in the Arctic Ocean: Recent advances and further challenges. *Oceanography*, **24**: 52-64.

Polyak L, Alley R B, Andrews J T, *et al*. 2010. History of sea ice in the Arctic. *Quat Sci Rev*, **29**: 1757-1778.

Polyak L. 2012. Arctic sea ice: When will the Arctic Ocean become ice-free and what will be the effects? Past. *PAGES news*, **20**(1): 19.

Pongratz J, Reick C H, Raddatz T, *et al*. 2011. Past land use decisions have increased mitigation potential of reforestation. *Geophysl Res Lett*, **38**, doi: 10.1029/2011GL047848.

Pongratz J, Reick C H, Raddatz T, *et al*. 2010. Biogeophysical versus biogeochemical climate response to historical anthropogenic land cover change. *Geophys Res Lett*, **37**, doi: 10.1029/2010GL043010.

Power M J, Malon J, Ortiz N, *et al*. 2008. Changes in fire regimes since the LGM: An assessment based on a global synthesis and analysis of charcoal data. *Clim Dyn*, **30**: 887-907.

Pritchard H D, Vaughan D G. 2007. Widespread acceleration of tidewater glaciers on the Antarctic Peninsula. *J Geophys Res*, **112**, doi: 10.1029/2006JF000597.

Qiu J. 2008. The third pole. *Nature*, **454**: 393-396.

Quinn P K, Bates T S, Baum E, *et al*. 2008. Short-lived pollutants in the Arctic: Their climate impact and possible mitigation strategies. *Atmos Chem Phys*, **8**: 1723-1735.

Rahmstorf S, Crucifix M, Ganopolski A, *et al*. 2005. Thermohaline circulation hysteresis: A model intercomparison. *Geophy Res Lett*, **32**, L23605.

Ramage C S. 1971. Monsoon Meteorology. New York: Academic Press: 296.

Ramanathan V, Carmichael G. 2008a. Global and regional climate change due to black carbon. *Nature Geoscience*, **1**: 221-227.

Ramanathan V. 1988. The greenhouse theory of climate change: A test by an inadvertent global experiment.

Science, **240**: 293-299.

Ramanathan V, Feng Y. 2008b. On avoiding dangerous anthropogenic interference with the climate system: Formidable challenges ahead. *PNAS*, **105**: 14245-14250.

Ramaswamy V, Chanin M L, Angell J, *et al*. 2001. Stratospheric temperature trends: Observations and model simulations. *Rev Geophys*, **39**: 71-122.

Ramaswamy V, Schwarzkopf M D, Randel W J, *et al*. 2006. Anthropogenic and natural influencies in the evolution of lower stratospheric cooling. *Science*, **311**: 1138-1141.

Randalls S. 2010. History of the 2 ℃ climate target. WIREs: *Climate Chang*, **1**: 598-605.

Rao S, Riahi K. 2006. The role of Non-CO_2 greenhouse gases in Climate Change mitigation: Long-term scenarios for the 21st century. *Energy J*, **27**: 177-200.

Reichler T, Kim J. 2008. How well do coupled models simulate today's climate? *BAMS*, **89** (3): 303-311.

Reid P C, Johns D G, Edwards M, *et al*. 2007. A biological consequence of reducing Arctic ice cover: Arrival of the pacific diatom Neodenticula seminae in the North Atlantic for the first time in 800,000 years. *Global Change Biology*, **13**: 1910-1921.

Renssen H, Goosse H, Fihefet T, *et al*. 2005. Simulating the Holocene climate evolution at northern high latitudes using a coupled atmosphere-sea ice-ocean-vegetation model. *Clim Dyn*, **24**: 23-43.

Riahi K, Gruebler A, Nakicenovic N. 2007. Scenarios of long-term socio-economic and environmental development under climate stabilization. *Technol Forecast Social Change*, **74**: 887-935.

Riahi K, Rao S, Krey V, *et al*. 2011. RCP8.5—A scenario of comparatively high greenhouse gas emissions. *Climatic Change*, **109**: 33-57.

Richardson T L, Jackson G A. 2007. Small phytoplankton and carbon export from the surface ocean. *Science*, **315**: 838-840.

Richey J N, Poore R Z, Flower B P, *et al*. 2007. 1400-yr multiproxy record of climate variability from the Northern Gulf of Mexico. *Geology*, **35**(5): 423-426.

Riebesell U, Tortell P D. 2011. Effects of ocean acidification on pelagic organisms and ecosystems//Gattuso J P, Hansson L. Ocean Acidification. Now York: Oxford University Press: 99-121.

Riebesell U, Körtzinger A, Oschlies A. 2009. Sensitivities of marine carbon fluxes to ocean change. *PNAS*, **106**(49): 20602-20609.

Rijsberman F R, Swart R J. 1990. Targets and Indicators of Climate Change: Report of Working Group Ⅱ of the Advisory Group on Greenhouse Gases. Stockholm: Stockholm Environmental Institute: 166.

Robock A. 2000. Volcanic eruptions and climate. *Rev Geophy*, **38**(2): 191-219.

Rogelj J, Chen C, Nable J, *et al*. 2010. Analysis of the Copenhagen Accord pledges and its global climatic impacts—A snapshot of dissonant ambitions. *Environ Res Lett*, **5**, 034013.

Rogelj J, Hare W, Lowe J, *et al*. 2011. Emission pathways consistent with a 2 ℃ global temperature limit. *Nature Climate Change*, **1**: 413-418.

Rogelj J, Meinshausen M, Knutti R. 2012a. Global warming under old and new scenarios using IPCC climate sensitivity range estimates. *Nature Climate Change*, **2**: 248-253.

Rogelj J, McCollum D L, O'Neill B C, *et al*. 2012b. 2020 emissions levels required to limit warming to below 2 ℃. *Nature Climate Change*, Adv Online Publ, doi:10.1038/NCLIMATE1758.

Rogelj J, McCollum D L, Reisinger A, *et al*. 2013. Probabilistic cost estimates for climate change mitigation. *Nature*, **493**: 79-83.

Röthlisberger R, Bigler M, Wolff E W, *et al*. 2004. Ice core evidence for the extent of past atmospheric CO_2 change due to iron fertilization. *Geophys Res Lett*, **31**, doi:10.1029/2004 GL 020338.

Rowlands D J, Frame D J, Ackerley D, *et al*. 2012. Broad range of 2050 warming from an observationally constrained large climate model ensemble. *Nature Geoscience*, **5**: 256-260.

Rubbin E S, Zhai H. 2012. The cost carbon capture and storage for natural gas combined cycle power plants. *Environ Sci Technol*, **46**: 3076-3084.

Ruddiman W F. 2003. The anthropogenic greenhouse era began thousands of years ago. *Climatic Change*, **61**: 261-293.

Ruddiman W F, Kutzbach J E, Vavrus S J. 2011. Can natural or anthropogenic explanations of late-Holocene CO_2 and CH_4 increases be falsified? *The Holocene*, **21**(5): 865-879.

Russell J L, Dixon K W, Gnanadesikan A, *et al*. 2006. The southern hemisphere westerlies in a warming world: Propping open the door to the deep ocean. *J Clim*, **19**: 6382-6390.

Russill C, Nyssa Z. 2009. The tipping point trend in climate change communication. *Global Environmental Change*, **19**(3): 336-344.

Rutherford S, Mann M E, Osborn T J, *et al*. 2005. Proxy-based Northern Hemisphere surface temperature reconstruction: Sensitivity to method, predictor network, target season, and target domain. *J Clim*, **18**: 2308-2329.

Sabine C L, Feely R A, Gruber N, *et al*. 2004. The oceanic sink for anthropogenic CO_2. *Science*, **305**: 367-371.

Sano M, Feng S, Nakatsuka T, *et al*. 2012. 2nd Workshop of the PAGES Asia 2k working Group. *PAGES news*, **20**(2): 93.

Santer B D, Painter J F, Mears C A, *et al*. 2012. Identifying human influences on atmospheric temperature. *PNAS* Early Edition, www.pnas.org/cgi/doi/10.1073/pans.1210514109.

Santer B D, Taylor K E, Wigley T M L, *et al*. 1996. A search for human influence on the thermal structure of the atmosphere. *Nature*, **382**: 39-46.

Sarmento H, Montoya J M, Vázquez-Dominguez E, *et al*. 2010. Warming effects on marine microbial food-web processes: How far can we go when it comes to predictions? *Philosophical Transactions of the Royal Society B*, **365**: 2137-2149.

Sarmiento J L, Slater R, Barber R, *et al*. 2004. Response of ocean ecosystems to climate warming. *Global Biogeochemical Cycles*, **18**: 1-23.

Schaphoff S, Lucht W, Gerten D, *et al*. 2006. Terrestrial biosphere carbon storage under alternative climate projections. *Climatic Change*, **74**: 97-122.

Schellnhuber H J. 2009. Tipping elements in the Earth System. *PNAS*, **106**(49): 20561-20563.

Schilt A, Baumgartner M, Blunier T, *et al*. 2010. Glacial-interglacial and millennial-scale variations in the atmospheric nitrous oxide concentration during the last 800,000 years. *Quat Sci Rev*, **29**(1-2): 182-192.

Schimel D. 1995. Terrestrial ecosystems and carbon cycle. *Global Change Biology*, **1**:77-91.

Schimel D. 2012. Carboncycle dymamics: How are major carbon sinks and sources varying with global change? Present. *PAGES news*, **20**(1):12.

Schimel D S, House J I, Hibbard K A, *et al*. 2001. Recent patterns and mechanisms of carbon exchange by terrestrial ecosystems. *Nature*, **414**:169-172.

Schmidt G A. 2012. Climate sensitivity—How sensitive is Earth's climate to CO_2? *PAGES news*, **20**(1):11.

Schmidt G A, Jungelaus J H, Ammann C M, *et al*. 2011. Climate forcing reconstructions for use in PMIP simulations of the last millennium(v1.0). *Geoscientific Model Development*, **4**: 33-45.

Schmidt G A, Jungelaus J H, Ammann C M, *et al*. 2012. Climate forcing reconstructions for use in PMIP simulations of the last millennium(v1.1). *Geoscientific Model Development*, **5**: 185-191.

Schmittner A. 2012. Marine nutrient cycling: How will the ocean's capacity of biological, carbon pumping Change? Past. *PAGES news*, **20**(1): 17.

Schmittner A, Abe-Ouchi A, Braconnot P, *et al*. 2011a. PMIP3 Workshop. *PAGES news*, **19**(2):83-84.

Schmittner A, Oschlies A, Matthews H D, *et al*. 2008. Future changes in climate, ocean circulation, ecosystem and biogeochemical cycling simulated for a business-as-usual CO_2 emission scenario until AD 4000. *Global Biogeochem Cycles*, GB1013, doi: 10.1029/2007 GB 002953.

Schmittner A, Seanko O A, Weaver A J. 2003. Coupling of the hemispheres in observations and simulations of glacial climate change. *Quat Sci Rev*, **22**: 659-671.

Schmittner T, Urban N M, Shakun J D, *et al*. 2011b. Climate sensitivity estimated from temperature reconstructions of the Last Glacial Maximum. *Science*, **334**: 1385-1388.

Schneider D, Held H, Ganopolski A, *et al*. 2006a. Climate sensitivity estimated from ensemble simulations of glacial climate. *Clim Dyn*, **27**: 149-163.

Schneider D, Steig E, van Ommen T D, *et al*. 2006b. Antarctic temperature over the past two centuries from ice cores. *Geophys Res Lett*, **33**, L16707.

Schwartz P, Randall D. 2004. An abrupt climate change scenario and its implications for United States National security. The Observer, 22 Feb.

Scott V, Gilfillan S, Markusson N, *et al*. 2012. Last chance for carbon capture and storage. *Nature Climate Change*, Adv Online Pub, doi: 10.1038/NCLMATE 1695.

Seidel S, Keyes D. 1983. Can We Delay a Greenhouse Warming? Washington, D C: US Environmental Protection Agency.

Serreze M C, Barry R G. 2011. Processes and impacts of Arctic amplification: A research synthesis. *Global and Planetary Change*, **77**: 85-96.

Serreze M C, Stroeve J C. 2012. Arctic sea ice: When will the Arctic Ocean become ice-free and what will be the effects? Present. *PAGES news*, **20**(1): 18.

Shepherd A, Ivins E R, Geruo A, *et al*. 2012. A reconciled estimate of ice-sheet mass balance. *Science*, **338**: 1183-1189.

Shepherd A, Wingham D, Payne T, *et al*. 2003. Larsen ice shelf has progressively thinned. *Science*, **302**: 856-859.

Shepherd J G, Working Group on Geoengineering the Climate. 2009. Geoengineering the climate: Science, Governance and Uncertainty, Royal Society, 98pp.

Shindell D T, Schmidt G A. 2004. Southern Hemisphere climate response to ozone changes and greenhouse gas increases. *Geophys Res Lett*, **31**, doi: 10.1029/2004GL020724.

Shindell D, Faluvegi G. 2009. Climate response to regional radiative forcing during the 20th century. *Nature Geoscience*, **2**: 294-300.

Shindell D T, Faluvegi G, Bell N, *et al*. 2005. An emissions-based view of climate forcing by methane and tropospheric ozone. *Geophys Res Lett*, **32**: L04803.

Shuman B, Henderson A K, Plank C, *et al*. 2009. Woodland-to-forest transition during prolonged drought in Minnesota after ca. AD 1300. *Ecology*, **90**: 2792-2807.

Siddall M, Pollard D. 2012. Sea level rise—How much and how fast will sea level rise over the coming centuries? Past. *PAGES news*, **20**(1): 31.

Siddall M, Valdes P J. 2011. Implications of ocean thermal expansion. *Nature Geoscience*, **1**: 299-300.

Sigman D M, Borle E A. 2000. Glacial/interglacial variations in atmospheric carbon dioxide. *Nature*, **407**: 859-869.

Singer S F. 1999. Human contribution on climate change remains questionable. *EOS*, **80**(16):183.

Singer S F. 2003. Science editor bias on climate change? *Science*, **301**:595-596.

Singer S F, 2008. Nature, Not Human Activity, Rules the Climate: Summary for Policymakers of the Report of the Nongovernmental International Panel on Climate Change. Chicago, I L: The Heartland Institute.

Skinner L. 2012a. A long view on climate sensitivity. *Science*, **337**: 917-919.

Skinner L. 2012b. Ocean circulation: Does large-scale ocean overturning circulation vary with climate change? Past. *PAGES news*, **20**(1): 15.

Smerdon J E. 2012. Climate models as a test bed for climate reconstruction methods: Pseudoproxy experiments. *Wiley Interdiscipinary Review: Climate Change*, **3**: 63-77.

Smerdon J E, Kaplan A, Chang D, *et al*. 2010. A pseudoproxy evaluation of CCA and RegEM methods for reconstructing climate fields of the last millennium. *J Clim*, **23**: 4856-4880.

Smith T M, Reynolds R W. 2005. A global merged land-air-sea surface temperature reconstruction based on historical observations(1880—1997). *J Clim*, **18**:2021-2036.

Soja A, Tchebakova N M, French N H F, *et al*. 2007. Climate-induced boreal forest change: Predictions versus current observations. *Global and Planetary Change*, **56**: 274-296.

Solomon S, Plattner G K, Knutti R, *et al*. 2009. Irreversible climate change due to carbon dioxide emissions. *PNAS*, **106**: 1704-1709.

Solomon S, Rosenlof K H, Portmann R W, *et al*. 2010. Contributions of stratospheric watervapor to decadal change in the rate of global warming. *Science*, **327**: 1219-1223.

Solomon S, Young P J, Hassler B. 2012. Uncertainties in the evolution of stratospheric ozone and implications for recent temperature changes in the tropical lower stratosphere. *Geophys Res Lett*, **39** (10): 1029/2012GL052723.

Soon W, Bahunas S, Idso C, *et al*. 2003. Reconstructing climate and environmental changes of the past 1000 years: Reappraisal. *Energy and Environment*, **14**: 233-296.

Stainforth D A, Aina T, Christensen C, *et al*. 2005. Uncertainty in predictions of the climate response to rising levels of greenhouse gases. *Nature*, **433**: 403-406.

Steffensen J P, Andersen K K, Bigler M, *et al*. 2008. High-resolution Greenland ice core data show abrupt climate change happens in few years. *Science*, **321**: 680-684.

Steig E, *et al*. 2013. Significance of exceptional recent climate and glacier changes in West Antarctica. *Nature Geoscience*,**6**(in press).

Stendel M, Mogensen I A, Christensen J H. 2006. Influence of various forcings on global climate in historical times using a coupled atmosphere-ocean general circulation model. *Clim Dyn*, **26**(1): 1015.

Stern N. 2007. Stern Review on the Economics of Climate Change. Cambridge: Cambridge University Press.

Stier P, Feichter J, Roecker E, *et al*. 2006. The evolution of the global aerosol system in a transient climate simulation from 1860 to 2100. *Atmospheric Chemistry and Physics*, **6**: 3059-3076.

Stocker T F. 2013. The closing door of climate targets. *Science*, **339**: 280-282.

Stott P A, Jones G S, Lowe J A, *et al*. 2006. Transient climate simulations with the HadGEM1 model: Causes of past warming and future climate change. *J Clim*, **19**: 2763-2782.

Stroeve J, Holland M M, Meier M, *et al*. 2007. Arctic sea ice decline: Faster than forecast. *Geophys Res Lett*, **34**: L09501.

Sugi M, Noda A, Sato N. 2002. Influence of global warming on tropical cyclone climatology: An experiment with the JMA global model. *J Meteor Soc Japan*, **80**: 249-272.

Takemura T, Egashira M, Matsuzawa K, *et al*. 2009. A simulation of the global distribution and radiative forcing of soil dust aerosols at the Last Glacial Maximum. *Atmos Chem Phys*, **9**: 3061-3073.

Taylor K E, Stouffer R J, Meehl G A, *et al*. 2012. An overview of CMIP5 and the experiment design. *BAMS*, **93**(4): 485-498.

Tett S F B, Betts R, Crowley T J, *et al*. 2007. The impact of natural and anthropogenic forcings on climate and hydrology since 1550. *Clim Dyn*, **28**(1): 3-34.

Tett S F B, Jones G S, Stott P A, *et al*. 2002. Estimation of natural and anthropogenic contributions to twentieth century temperature change. *J Geophys Res*, **107**(D16): 4306.

Tett S F B, Mitchell J F B, Parker D E, *et al*. 1996. Human influence on the atmospheric vertical temperature structure: Detection and observations. *Science*, **274**: 1170-1173.

Tett S F B, Stott M A, Allen W J, *et al*. 1999. Causes of twentieth century temperature change. *Nature*, **399**: 569-572.

Teuling A J, Seneviratne S I, Stöckli K, *et al*. 2010. Contrasting response of European forest and grassland energy exchange to heatwaves. *Nature Geoscience*, **3**: 722-727.

The International Ad Hoc Detection and Attribution Group. 2005. Detecting and attributing external influences on the climate system: A review of recent advances. *J Clim*, **18**: 1291-1314.

Thomas E. 2012. Ocean acidification: How will ongoing ocean acidification affect marine life? Past. *PAGES news*, **20**(1): 37.

Thomson A M, Calvin K V, Smith S J, *et al*. 2011. RCP4.5: A pathway for stabilization of radiative forcing by 2100. *Climatic Change*, **109**: 77-94.

Toggweiler J R, Gnanadesikan A, Carson S, *et al*. 2003. Representation of the carbon cycle in box models and GCM: 1 solubility pump. *Global Biogeochem Cycles*, **17**: 1026, doi:10.1029/2001GB001401.

Tol R S J. 2007. Europe's long-term climate target: A critical evaluation. *Energy Policy*, **35**: 424-432.

Tollefson J. 2010. An erosion of trust? *Nature*, **466**: 24-26.

Tonello M, Maldonado A. 2011. PAGES international course: South American climatology and quantitative high-resolution climate reconstructions in Palaeoecology. *PAGES news*, **19**(1):39.

Toniazzo T, Gregory J M, Huybechts P. 2004. Climate impact of a Greenland deglaciation and its possible irreversibility. *J Clim*, **17**: 21-33.

Trenberth K E, Stepaniak D P, Caron J M. 2000. The Global monsoon as seen through the divergent atmospheric circulation. *J Clim*, **13**, 3969-3993.

Trenberth K E, Fasullo J T. 2010. Simulation of present-day and twenty-first-century energy budgets of the Southern Oceans. *J Clim*, doi: 10.1175/2009JCL3152.1.

Trouet V, Stahle D, Diaz H. 2012. North American dendroclimatic data: Compilation, characterization, and spatiotemporal analysis. *PAGES news*, **20**(1): 52.

Tudhope A W, Chilcott C P, McCulloch M T, *et al*. 2001. Variability in the El Niño-Southern oscillation through a glacial-interglacial cycle. *Science*, **291**: 1511-1517.

Turner J, Comiso J C, Marshall G J, *et al*. 2009. Non-annular atmospheric circulation change induced by stratospheric ozone depletion andits role in the recent increase of Antarctic sea ice extent. *Geophys Res Lett*, **36**: L08502.

Tyndall J. 1861. On the absorption and radiation heat by gases and vapors, and on the physical connexion of radiation, absorption, and conduction. *Philosophical Magazine*, Series 4,22, 169-194, 273-285.

Tzedakis P C, Channell J E T, Hodell D A, *et al*. 2012. Determining the nature length of the current interglacial. *Nature Geoscience*, **5**:138-141.

Umer M, Verschuren D. 2010. The first Africa 2K regional Workshop. *PAGES news*, **18**(2): 93-94.

UNFCCC. 1992. United Nations Framework Convention on Climate Change Report of the Intergovernmental Negotiating Committee for a Frame work Convention on Climate Change on the Work of the Second Part of its Fifth Session, held at New York from 30 Appil to 9 May 1992. A/AC. 237/18(Part II)/Add. 1.

UNFCCC. 2009. United Nations Framework Convention on Climate Change Report of the Conference of Parties on its fifteenth Session, held in Copenhagen from 7 to 19 December 2009. FCCC/CP/2009/ 11/Add. 1,2010.

UNFCCC. 2010. United Nations Framework Convention on Climate Change report of the Conference of the Parties on its Sixteenth Session, held in Cancun from 20 November to 10 December 2010(FCCC/CP/2010/7/Add. 1, United Nations,2011); available athttp://unfcc. int/resource/docs/ 2010/ cop16/eng/07a01. pdf.

Valdes P. 2011. Built for stability. *Nature Geoscience*, **4**: 414-416.

van den Hurk B, Seneviratne S I, Batlle-Bayer L. 2012. Land cover change: To what degreed human land cover dynamics affect climate change? Present. *PAGES news*, **20**(1), 22.

van Ommen T, the Antarctica 2K steering Committee. 2012. Lst Workshop of the PAGES Antarctica 2K Working Group. *PAGES news*, **20**(1): 47.

van Vuuren D P, Edmonds J A, Kainuma M, *et al*. 2011a. A special issue on the RCPs. *Climatic Change*, **109**: 1-4.

van Vuuren D P, Edmonds J A, Kainuma M, *et al*. 2011b. The representative concentration pathways: An overview. *Climatic Change*, **109**: 5-31.

van Vuuren D P, Stehfest E, den Elzen M G J, *et al*. 2011c. RCP2. 6: Exploring the possibility to keep global mean temperature increase below 2 ℃. *Climatic Change*, **109**: 95-116.

Vecchi G A, Knutson T R. 2011. Estimating annual numbers of Atlantic hurricanes missing from the HURDAT database(1878—1965) using ship track density. *J Clim*, **24**: 1736-1746.

Velders G J M, Andersen S O, Daniel J S, *et al*. 2007. The importances of the Montreal Protocol in protecting climate. *PNAS*, **104**: 4814-4819.

Velders G J M, Fahey D W, Daniel J S, *et al*. 2009. The large contribution of projected HFC emissions to future climate forcing. *PNAS*, **106**: 10949-10954.

Velicogna I, Wahr J. 2006. Acceleration of Greenland ice mass loss in spring 2004. *Nature*, **443**: 329-331.

Vellinga M, Wood R A. 2002. Global climatic impacts of a collapse of the Atlantic Thermohaline Circulation. *Climatic Change*, **54**: 251-267.

Viau A E, Ladd M, Gajewaki K. 2012. The climate of North America during the past 2000 years reconstructed from pollen data. *Global Planet Change*,**84-85**: 75-83.

Villalba R, Grosjeam M, Kiefer T. 2009. Long-term multi-proxy climate reconstructions and dynamics in South America(LOTRED-SA): State of the art and perspectives. *Palaeo*, **281**:175-179.

von der Heydt A S, Nnafie A, Dijkstra H A. 2011. Cold tongue/Warm pool and ENSO dynamics in the Pliocene. *Climate Past Dis*, **7**: 997-1027.

von Gunten L, Wanner H, Kiefer T. 2012. 2nd PAGES 2k network meeting: Review of status and plans for synthesis. *PAGES news*, **20**(1): 46.

von Storch H, Zotita E. 2005. Comment on "Hockey sticks, prencipal components and spurious significance" by McIntyre and R McKitrick. *Geophys Res Lett*, **32**(20), doi:10. 1029/2005 G L 022753.

von Stoch H, Zorita E, Jones J M, *et al*. 2004. Reconstructing past climate from noisy data. *Science*, **306**: 679-682.

von Storch H, Zorita E, Jones J M, *et al*. 2006. Response to comment on "Reconstructing past climate from noisy data". *Science*, **312**:529c.

Wadham J L, Arndt S, Tulazyk, *et al*. 2012. Potential methane reservoirs beneath Antarctica. *Nature*, **488**: 633-637.

Wahl E R, Ammann C M. 2007. Robustness of the Mann, Bradley, Hughes reconstruction of Northern Hemisphere surface temperatures: Examination of criticism based on the nature and processing of proxy climate evidence. *Climatic Change*, **85**: 33-69.

Wahl E R, Smerdon J E. 2012. Comparative performance of paleoclimate field and index reconstructions derived from climate proxies and noice-only predictors. *Geophys Res Lett*, **39**: L06703.

Wahl E R, Anderson D M, Bauer B A, *et al*. 2010. An archive of high-resolution temperature reconstructions over the past 2+ millennia. *Geochemistry Geophysics Geosystems*, **11**(1): Q01001.

Wahl E R, Ritson D M, Ammann C M, *et al*. 2006. Comment on "Reconstructing past climate from noisy data". *Science*, **312**: 529.

Wang B. 2012. Monsoon climate: Will summer rain increase or decrease in monsoon regions? Present. *PAGES news*, **20**(1): 26.

Wang B, Ding Q H. 2006. Changes in global monsoon precipitation over the past 56 years. *Geophys Res Lett*, **33**: L06711, Doi:10.1029/2005 GL 025347.

Wang B, Ding Q H. 2008. Global monsoon: Dominant mode of annual variation in the tropics. *Dyn Atmos Ocean*, **44**: 165-183.

Wang B, Liu J, Kim H J, *et al*. 2011. Recent change of the global monsoon precipitation(1979—2008). *Clim Dyn*, doi: 10.1007/s00382-011-1266-z.

Wang P X. 2009. Global monsoon in a geological perspective. *Chinese Sci Bull*, **54**:1113-136.

Wang Z, Chappellaz J, Park K, *et al*. 2010. Large variations in Southern Hemisphere biomass burning during the last 650 years. *Science*, **330**: 1663-1666.

Wanner H. 2005. Call for a PAGES initiative on "Past Regional Climate Variability". *PAGES news*, **13**(1): 19-21.

Wanner H, Luterbacher J. 2002. The LOTRED approach—A first step towards a "Paleoreanalysis" for Europe. *PAGES news*, **10**(3): 9-11.

Wassmann P. 2011. Arctic marine ecosystems in an era of rapid climate change. *Progress in Oceanography*, **90**: 1-17.

Watanabe T, Suzuki A, Minobe S, *et al*. 2011. Permanent El Niño during the Pliocene warm period not supported by coral evidence. *Nature*, **471**: 209-211.

Weaver A J, Saenko O A, Clark P U, *et al*. 2003. Meltwater pulse 1A from Antarctica as a trigger of the Bølling-Allerød warm interval. *Science*, **299**: 1709-1713.

Westerling A L. 2012. Fire: Are we facing an increase in wildfires? Present. *PAGES news*, **20**(1): 24.

Westerling A, Hidalgo H, Cayan D, *et al*. 2006. Warming and earlier spring increases Western U. S. forest wildfire activity. *Science*, **313**: 940-943.

Westerling A, Turner M G, Smithwick E A H, *et al*. 2011. Continued warming could transform greater Yellowstone fire regimes by mid-21st Century. *PNAS*, **108**(32): 13165-13170.

Wigley T M L, Raper S C B. 2001. Interpretation of high projections for global-mean warming. *Science*, **293**: 451-454.

Wigley T M L. 2005. The climate change commitment. *Science*, **307**: 1766-1769.

Williams A, Allen C D, Millar C I, *et al*. 2010a. Forest responses to increasing aridity and warmth in the southwestern Unites. *PNAS*, **107**(50): 21289-21294.

Williams J W, Shuman B, Bartlein P J. 2009. Rapid responses of the prairie-forest ecotone to early Holocene aridity in mid-continental North America. *Global and Planetary Change*, **66**: 195-202.

Williams J W, Shuman B, Bartlein P J, *et al*. 2010b. Rapid, time-transgressive, and variable responses to early Holocene mid-continental drying in North America. *Geology*, **38**: 135-138.

Williams J W, Shuman B N, Thompson T, *et al*. 2004. Late Quaternary vegetation dynamics in North America: Scaling from taxa to biomes. *Ecological Monographs*, **74**: 309-334.

Wingham D J, Ridout A J, Scharroo R, *et al*. 1998. Antarctic elevation change from 1992 to 1996. *Science*, **282**: 456-458.

Winton M. 2006. Does the Arctic sea ice have a tipping point? *Geophys Res Lett*, **33**: L23504.

Wittenberg A T. 2009. Are historical records sufficient to constrain ENSO simulations? *Geophys Res Lett*, **36**, doi: 10.1029/2009GL038710.

Witze A. 2012. Climate change confirmed... again. *Nature Geoscience*, **5**:4.

World Meteorological Organization (WMO). 1989. Proceedings of the World Conference on the Changing Atmosphere: Implications for Global Security Toronto, Canada.

Wotton B, Nock C, Flannigan M. 2010. Forest fire occurrence and climate change in Canada. *International J Wildland Fire*, **19**: 253-271.

Yu Z. 2011. Holocene carbon flux histories of the world's peat lands: Global carbon-cycle implications. *The Holocene*, **21**(5):761-774.

Zachos J C, Röhl U, Schellenberg S A, *et al*. 2005. Extreme acidification of the Atlantic Ocean at the Paleocene-Eocene boundary(~55 Mya). *Science*, **308**: 1611-1615.

Zeebe R E. 2011. Where are you heading Earth? *Nature Geoscience*, **4**: 416-417.

Zeng N, Dickinson R E, Zeng X. 1996. Climaticimpact of Amazon deforestation: A mechanistic model study. *J Clim*, **9**: 859-883.

Zhao M, Held I, Lin S J, *et al*. 2009. Simulations of global hurricane climatology, interannual variability, and response to global warming using a 50 km resolution GCM. *J Clim*, **22**: 6653-6678.

Zheng W, Braconnot P, Guilyardi E, *et al*. 2008. ENSO at 6 ka and 21 ka from ocean-atmosphere coupled model simulations. *Clim Dyn*, **30**(7-8): 745-762.

Zhu H, Hendon H. 2009. Convection in a parameterized and super parameterized model and its role in the representation of the MJO. *J Atmos Sci*, **66**: 2796-2811.

Zou C Z, Goldberg M D, Cheng Z H, *et al*. 2006. Recalibration of microwave sounding unit for climate studies using simultaneous nadir overpasses. *J Geophys Res*, doi: 10.1029/2005JD006798.

缩　略　语

20C3M(20 世纪气候模拟计划)
ADP(德班行动平台)
AGCM(大气环流模式)
APIM(亚洲—太平洋综合模式)
AMOC(大西洋经向翻转环流)
AWG-KP(特设工作组)
AWG-LCA(长期合作行动特设工作组)
BEST(伯克利地面温度计划)
BP(距 1950 年多少年)
B2k(距 2000 年多少年)
CCS(碳捕获及储藏)
CCSM4(通用气候系统模式第 4 版)
CEU(欧盟理事会)
CGCM(耦合环流模式)
CHEM(化学模式)
CIE(碳同位素异常)
CLIVAR(气候变率和可预报性研究计划)
CMIP(耦合模式比较计划)
CRU(英国东英吉利大学气候研究部)
EBM(能量平衡模式)
ECS(平衡气候敏感度)
EMICS(中等复杂程度模式)
ENSO(厄尔尼诺-南方涛动)
ESS(地球系统敏感度)
FWCC(第一次世界气候大会)
GCAM(全球变化评估模式)
GISS(美国宇航局戈达德空间科学研究所)
GRACE(重力恢复与气候实验)
GWP(全球变暖潜势)
IEA(国际能源组织)
IGBP(国际地圈生物圈计划)
IIASA(国际应用系统分析研究所)
IMAGE(全球环境评估综合模式)
IAF(综合评估框架)
IPCC(政府间气候变化专门委员会)
IPCC FAR(政府间气候变化专门委员会第一次评估报告)
IPCC SAR(政府间气候变化专门委员会第二次评估报告)
IPCC TAR(政府间气候变化专门委员会第三次评估报告)
IPCC AR4(政府间气候变化专门委员会第四次评估报告)
IPSEP(可持续能源路线国际计划)
LA(卫星激光高度仪)
LGM(末次冰期冰盛期)
LIA(小冰期)
MESSAGE(能量供应战略选择及其环境影响模式)
MPI(季风降水指数)
MWP(中世纪暖期)
NADW(北大西洋深水)
NAO(北大西洋涛动)
NCDC(美国气候资料中心)
NIPCC(非政府间国际气候变化专门委员会)
NOCHEM(无化学模式)
OAE(海洋缺氧事件)
OECD(经济合作与发展组织)
PAGES(过去全球变化)
PAGES news(过去全球变化:新闻)
PCMDI(气候模式诊断与比较计划)
PDSI(帕默干旱指数)

PEB(古新世—始新世交界)
PETM(古新世—始新世热力极大)
PMIP(古气候模式比较计划)
RA(卫星雷达高度仪)
RCPs(典型排放路径)
RSS(加利福尼亚圣·罗萨遥感系统)
SEPP(科学与环境政策计划)
SMB(冰面质量平衡)
SRES(排放情景专门报告)
SSS(海面盐度)
SST(海面温度)
STAR(马里兰卫星应用与研究中心)
TCR(瞬变气候响应)
TLS(平流层低层)
TLT(对流层低层)
TMT(对流层中—上层)
TOGA(热带海洋和全球大气计划)
TTT(整个对流层)
UAH(胡特斯维尔阿拉巴马大学)
UNEP(联合国环境规划署)
UNFCCC (联合国气候变化框架公约)
WCAP(世界气候应用计划)
WCDP(世界气候资料计划)
WCIP(世界气候影响研究计划)
WCP(世界气候计划)
WCRP(世界气候研究计划)
WMO(世界气象组织)
YD(新仙女木事件)

关键词索引

后　记

全书已经校对完毕，大家一年多来的努力总算告一段落。想写几句轻松的话，活跃一下气氛。

每写一章书，好比安排一个晚上的演出，最后总要有那么一出"压轴戏"。我在写这本书时，是先写自己不熟悉的内容，也就是先"啃硬骨头"。所以，除了第1章之外，编写的顺序是第2章、第5章及第6章，最后才轮到写自己稍为熟悉的第3章和第4章。写到最后一章即第4章，本来想写一节GWP(全球变暖潜势)作为本章的结束，但是看来看去，总也没有写作的激情。今年4月的一天早上，我还没有起床，忽然想到为什么不把最近才给《气候变化研究进展》写的《21世纪温度可能超过过去1万年》拿来做"压轴"的文章呢？第4章讲"预估"，从万年角度来看未来的变暖，而且是Marcott等2013年3月才在*Science*上刊登的文章，第一次建立了全新世温度序列。该内容足够新，观点站得足够高，所以就用来做第4章最后一节了。同样，第2章写了一些生物、地球化学过程，从海洋酸化写到野火，总觉得比较散，但是碳循环又是一个十分复杂的过程，一时找不到恰当的总结性论文，恰好2013年2月Francey等在*Nature Climate Change*上刊登了一篇论文，研究人类排放的碳与大气中CO_2浓度变化的分歧，于是就以介绍这篇文章的观点为主，写了一节作为第2章的"压轴戏"。这篇文章观点足够新，又提出来了一个根本问题，用来"压轴"份量不算轻了。

全书共引用了652篇英文文献，其中有196篇发表于2011—2013年，占30%。其余有60%发表于2000—2010年，只有不足10%的文献发表于2000年之前，这充分地反映了本书内容的"新"。这是作者十分注意的一个倾向。因为，当今全球变暖是一个国际上的热门问题，如果不抓住最新的动向，写出来就太陈旧了。

但是再往下分析，却不免增加了几分惆怅。本书只引用了20余篇中文文献，其中一半是我们几位对气候变暖的争议，一半是国际会议的决议或者对国际会议的报导。当然，也可能我们没有看到一些重要的我国的论文，或者一些论文正在撰写或审稿之中。可能主要原因还是我国的科学家没有在全球变暖的核心科学问题上提出权威性的意见。新一代排放方案RCPs是欧洲科学家设计的，2 ℃阈值是欧洲科学家提出来的，新一代气候模式CMIP5是由美国NCAR的科学家主持的，最新的*Ocean Acidification*（《海洋酸化》）一书是法国人Gattuso和Hansson（2011）主编的。在我们引用的652篇英文文献中，来源刊物占第一位的是*Science*，共81篇（12.4%）。此外，*PAGES news* 53篇（8.1%），*Nature* 52篇。但是才创刊没有几年的子刊物*Nature Geoscience*和*Nature Climate Change*分别有29和16篇，合计起来*Nature*系列共97篇（14.9%），占引用文章的第一位。这说明"全球变暖"的话语权还不在我们手中。*PAGES news*于2012年出版了"全球变化综合前景"专号，Bondre和Kiefer（2012）写了编者按，18个题目每个题目写2篇文章，一篇文章谈现在，一篇讲过去，总共36篇文章。但是，36篇文章作者中没有一位是我国作者，这说明在全球变化的核心问题上我们还缺少话语权。当然，由于各种原因，我国的科学研究成果有时在国际上未受到充分的注意，这是事实。但是，这大概还不是发生上面谈到的情况的主要原因。

因此，从这个角度看，我们的科学家确实任重道远，尤其我们的青年科学家，对他们来讲这是一个挑战。本来想轻松一下，不知不觉又回到了严肃的问题上了。

最后，读者们看完本书，如果发现有什么错误，请发电子邮件给我，以便改正。我们的作者中有青年人，他们会在"全球变暖"这个问题上继续研究下去。

王绍武

2013年4月于北京